Thermodynamik
der
Turbomaschinen

Thermodynamische Bewertung und Berechnung der Dampfturbinen, Turbo-Kompressoren, Turbo-Kältemaschinen und Gasturbinen unter besonderer Berücksichtigung graphischer Verfahren

Von

Dr. Ing. Guido Zerkowitz

Mit 89 Abbildungen

München und Berlin
Druck und Verlag von R. Oldenbourg
1913

Vorwort.

Die Thermodynamik hat der Mitarbeit der Ingenieure manche Anregung zu verdanken. So waren die Gedanken, die Carnot im Jahre 1824 in seiner Schrift über die bewegende Kraft der Wärme darlegte, für alle Zeiten bahnbrechend, obwohl er in der Wärme einen Stoff sah.

Die technische Thermodynamik erblickt ihre Hauptaufgabe darin, für die Berechnung und Bewertung der Wärmemaschinen zuverlässige Grundlagen zu gewinnen. Da die praktisch brauchbaren Wärmemaschinen zunächst als Kolbenmaschinen entstanden sind, so wurden in den Lehrbüchern der technischen Wärmelehre vor allem die Prozesse der Kolbenmaschinen behandelt. Als in den letzten Jahren die Turbomaschinen, namentlich die Dampfturbinen und Turbokompressoren, immer mehr an Bedeutung gewannen, mußten zum Teile neue wärmetechnische Grundlagen geschaffen werden. Der Begründer der Thermodynamik der Strömungsvorgänge ist Gustav Zeuner. Auf dem Gebiete der Dampfturbinen, in neuerer Zeit auch der im Entstehen begriffenen Gasturbinen, hat sich Stodola durch seine Theorien unvergängliche Verdienste erworben. Sehr gefördert wurde die praktische Berechnung durch das von Mollier entworfene *i/s*-Diagramm für Dämpfe, während durch eingehende Versuche und Forschungsarbeiten nach verschiedenen Richtungen das Verhalten der Turbinen klargelegt wurde. Weniger durchforscht sind die Vorgänge in den Turbokompressoren. Ostertag hat nach dem Vorbilde des Mollier-Diagrammes eine Entropietafel für Luft entworfen. Es besteht jedoch gegen die Anwendung der Entropiediagramme für Luft eine gewisse — mitunter nicht ganz unberechtigte — Abneigung, so daß vielfach das Arbeitsdiagramm benutzt wird.

In der vorliegenden Schrift werden die Prozesse aller Turbomaschinen auf einheitlicher thermodynamischer Grundlage behandelt.

Bei der Bearbeitung des Stoffes wird darnach gestrebt, auch den mit dem Gegenstande weniger vertrauten Leser in das Wesen der Vorgänge einzuführen. Hierbei werden die in meinen Veröffentlichungen in der Zeitschrift für das gesamte Turbinenwesen (1908, 1911, 1912) entwickelten Gedanken verwertet, jedoch durch neuere eigene Untersuchungen vielfach ergänzt.

Der erste Teil ist allgemeiner Art und soll die Hauptgesichtspunkte für die Benützung der Arbeits- und Entropiediagramme für Strömungsvorgänge klarlegen. Den Ausgangspunkt bilden die ersten beiden Hauptsätze der Thermodynamik. Es wird ein neues allgemeines Verfahren entwickelt, um die zugeführte Wärme bei einem beliebigen Prozesse mit Hilfe der Kurven konstanten Wärmeinhaltes im p/v-Diagramm darzustellen. Die Berechtigung der Abbildung der nichtumkehrbaren Strömungsvorgänge wird eingehend untersucht. Zur Vermeidung von Mißverständnissen wird die »äußere Arbeit« im Sinne von Clausius von der »technischen Arbeit«, deren Bedeutung näher erläutert wird, unterschieden.

Daran anschließend werden einige Grundgesetze für Gase und Dämpfe, soweit sie für die graphische Berechnung in Betracht kommen, kurz mitgeteilt. Es folgt ein Abschnitt über die Düsen, in dem u. a. die für deren Verhalten maßgebenden Beziehungen unabhängig vom Gasgesetz entwickelt werden.

Der zweite Teil ist den Dampfturbinen gewidmet. Nach Behandlung der thermodynamischen Vorgänge und deren Beurteilung auf Grund der Diagramme folgt die praktische Berechnung an Hand der Mollier-Tafel mit Hilfe des »spezifischen Gefälles«, wodurch sich namentlich die Ermittelung der Stufenzahl sehr einfach gestaltet. Auch die neueren Bauarten, so die kombinierten Turbinen und die Ljungströmturbine, werden berücksichtigt. Für die Untersuchung des Druckverlaufes in einer vorliegenden Schauflung wird ein neues Verfahren angegeben. Bei den Regelungsvorgängen wird u. a. dargelegt, in welcher Weise der Veränderlichkeit des Eintrittsdruckes bei konstanter Belastung Rechnung zu tragen ist.

Der dritte Teil befaßt sich mit der Berechnung und Beurteilung der Turbokompressoren, wobei sowohl das T/S-Diagramm, als auch, namentlich mit Rücksicht auf die gekühlten Kompressoren, das p/v-Diagramm herangezogen wird. Für die Darstellung der erforderlichen Arbeit werden besondere Verfahren angegeben, ebenso für die Verteilung der Arbeit auf die einzelnen Stufen. Nach Aufstellung der Beziehungen für das spezifische Gefälle und den Wirkungsgrad am

Radumfang wird der Entropiesatz für den wirklichen Prozeß und für den ideellen Vergleichsvorgang entwickelt.

Im vierten Teil wird die Frage der Verwendbarkeit von Turbomaschinen für die Kältetechnik untersucht. Die Ergebnisse sind jedoch, namentlich in bezug auf die Kaltluftmaschine, noch ungünstiger als mitunter angenommen wird.

Der fünfte Teil befaßt sich in Kürze mit der Gasturbine. Von einer eingehenderen Untersuchung dieser Maschine wird abgesehen, da über das Verhalten der bisherigen Ausführungen noch kein einwandfreies Versuchsmaterial vorliegt.

Bei der Behandlung des Stoffes wird darauf Wert gelegt, die theoretischen Grundlagen an Hand zuverlässiger experimenteller Untersuchungen weiter auszubauen. Zu diesem Zwecke ist die gleichzeitige Berücksichtigung physikalischer Gesetze und gewisser Erfahrungswerte, die sich aus dem betriebstechnischen Verhalten der Maschinen ergeben, erforderlich. Bei der Besprechung der Vorgänge wird stets von den graphischen Darstellungen ausgiebig Gebrauch gemacht. Die Diagramme ermöglichen eine sehr übersichtliche Beurteilung der Vorgänge, wenn auch bei ihrer Benützung eine gewisse Vorsicht am Platze ist.

Manchen wertvollen Rat verdanke ich den Herren Geh. Hofrat Prof. Dr. M. Schröter, Geh. Hofrat Prof. Dr. R. Mollier, Prof. P. Langer und insbesondere Herrn Prof. Dipl.-Ing. E. Lewicki, dem ich auch für die freundliche Überlassung von Versuchsergebnissen sehr zu Dank verpflichtet bin.

Bei der Durchrechnung der Beispiele, beim Entwurfe der Abbildungen und beim Lesen der Korrekturen waren mir die Herren Assistent Dipl.-Ing. H. Alt und W. Roßbach in sehr anerkennenswerter Weise behilflich.

Dresden, im Dezember 1912.

G. Zerkowitz.

Inhaltsverzeichnis.

I. Teil.

Die Thermodynamik der Strömungsvorgänge.

II. Teil.

Dampfturbinen.

III. Teil.

Turbokompressoren.

IV. Teil.

Zur Verwendung von Turbomaschinen in der Kältetechnik.

V. Teil.

Thermodynamische Grundlagen der Gasturbinen.

I. Teil.

Die Thermodynamik der Strömungsvorgänge.

Zum Zwecke einer thermodynamisch begründeten Beurteilung der Prozesse in den Turbomaschinen muß man sich vergegenwärtigen, worin das Wesen der Arbeitsübertragung in diesen Maschinen besteht. In den Turbinen wird in Düsen oder Leiträdern Dampf (oder Gas) entspannt, der dem Laufrad zugeführt wird. Während der Strömung durch die Düse wird dem Dampfe von außen keine Arbeit, bzw. Wärme, zugeführt, auch wird nicht Arbeit nach außen abgegeben, wenn man von dem geringfügigen Wärmeaustausch mit der Wandung absieht. Im Laufrade findet dann eine Strömung mit Arbeitsabgabe statt. Je nachdem hierbei eine weitere Entspannung des Dampfes eintritt oder nicht, spricht man von einer Überdruck-, bzw. von einer Gleichdruckturbine.

Beim Turbokompressor findet zunächst im Laufrade eine Strömung mit Arbeitszufuhr von außen statt. Dadurch wird einerseits die kinetische Energie des Gasstrahles erhöht, andererseits wird schon im Laufrade eine Druckerhöhung verursacht. Das dem Laufrad abströmende Medium erfährt dann im Diffusor, bzw. im Leitapparat eine weitere Druckzunahme, indem die kinetische Energie in potentielle umgesetzt wird. Im Diffusor wird ebenso wie im Leitrad der Turbine Arbeit weder zu- noch abgeführt.

Die Arbeitsübertragung in den Laufrädern der Turbomaschinen ist auf die sog. »Reaktionswirkung« zurückzuführen. Die Reaktion ist eine Folge der Geschwindigkeitsänderungen, denen das Medium bei der Strömung durch die Schaufeln unterworfen wird, und zwar beziehen sich diese Änderungen im allgemeinen sowohl auf die Größe, als auch auf die Richtung der Geschwindigkeit. Für die meisten technischen Zwecke genügt hierbei die Betrachtung des »mittleren Stromfadens«. In Anbetracht dieses Umstandes wollen wir hier von der Benutzung der hydrodynamischen Ansätze absehen und uns nur vergegenwärtigen, daß die Strömungsgeschwindigkeit über der Reynoldsschen »kritischen« liegt, so daß die Reibungsarbeit dem Quadrate der Geschwindigkeit proportional ist. Dagegen sollen alle thermischen Verhältnisse unter Berücksichtigung der auftretenden Verluste an Hand graphischer Darstellungen eingehend besprochen werden.

Eine wesentliche Voraussetzung für die sinngemäße Anwendung der Diagramme bildet das Verständnis der Hauptsätze der Thermodynamik. Es möge daher zunächst untersucht werden, welche Folgerungen aus den beiden Hauptsätzen der Wärmelehre hinsichtlich der Strömungsvorgänge gezogen werden können.

a) Folgerungen aus dem ersten Hauptsatz.

Alle technisch wichtigen Gesetze der Wärmetheorie lassen sich auf die beiden Hauptsätze, den Energie- und den Entropiesatz, zurückführen. Der erste Hauptsatz (Energieprinzip) lautet:

$$dQ = du + A\,dL_a \quad \ldots\ldots\ldots \quad \text{(I)}.$$

Darin bedeutet Q die der Gewichtseinheit des Körpers von außen zugeführte Wärme, u die innere Energie für 1 kg, auch kurzweg »Energie« genannt. $A = \frac{1}{427}$ ist das mechanische Äquivalent der Wärme und L_a die »äußere Arbeit« im Sinne von Clausius. Die Energie u hängt nur von den Zustandsgrößen (Druck p in kg/m², spezifisches Volumen v in m³/kg und Temperatur t in Celsiusgraden) ab. Dabei besteht zwischen den Zustandsgrößen für homogene, isotrope Körper die Zustandsgleichung, die in ihrer allgemeinen Form $f\,(p, v, t) = 0$ geschrieben werden kann.

Durch Integration der Gleichung I) erhält man:

$$Q = u_2 - u_1 + A\,L_a \quad \ldots\ldots\ldots \quad \text{(I a)}.$$

Zuweilen führt man in den I. Hauptsatz nicht die geleistete Arbeit L_a, sondern die aufgewendete $\mathfrak{A}$ ein. Setzt man $A\,L_a = -\,\mathfrak{A}$, so erhält man

$$u_2 - u_1 = Q + \mathfrak{A}.$$

Darnach ist die Änderung der Energie gleich der Summe der Äquivalente aller Wirkungen, und zwar ist diese Änderung unabhängig von der Art des Überganges. Man unterscheidet:

a) umkehrbare Prozesse,

b) nicht umkehrbare Prozesse.

Das Verständnis für diese Unterscheidung ist für die richtige Bewertung der Zustandsänderungen in den Turbomaschinen von ausschlaggebender Bedeutung. Als umkehrbare Prozesse bezeichnet man diejenigen, die unendlich langsam verlaufen und daher aus lauter Gleichgewichtszuständen bestehen. Bezeichnend für die umkehrbaren oder reversiblen Vorgänge ist, daß sie in umgekehrter Richtung durchlaufen werden können, wobei zum Schlusse weder am arbeitenden Körper (Dampf, Gas), noch an den sonst am Vorgange beteiligten Körpern Änderungen vorliegen dürfen. Es muß in jeder Hinsicht nach Durchführung des Prozesses in der umgekehrten Richtung der Anfangszustand wiederhergestellt sein. Es läßt sich nachweisen, daß für den umkehrbaren Prozeß

$$L_a = \int p\,dv \quad \text{(Ib)}$$

gesetzt werden darf, d. h. für reversible Prozesse ist die »äußere Arbeit« L_a gleich der Deformationsarbeit $\int p\,dv$. Die Bezeichnung »Deformationsarbeit« rührt von Grashof her. In der graphischen Darstellung, die zuerst Clapeyron (1834) benützt hat[1]) und bei der p als Ordinate und v als Abszisse aufgetragen wird, ergibt sich die äußere Arbeit L_a als geschlossene Fläche zwischen der Kurve und der Abszissenachse (Fig. 1). Das p/v-Diagramm heißt daher auch Arbeitsdiagramm. Für umkehrbare Prozesse erhält man somit aus (I):

$$dQ = du + A\,p\,dv \quad \text{(II)}.$$

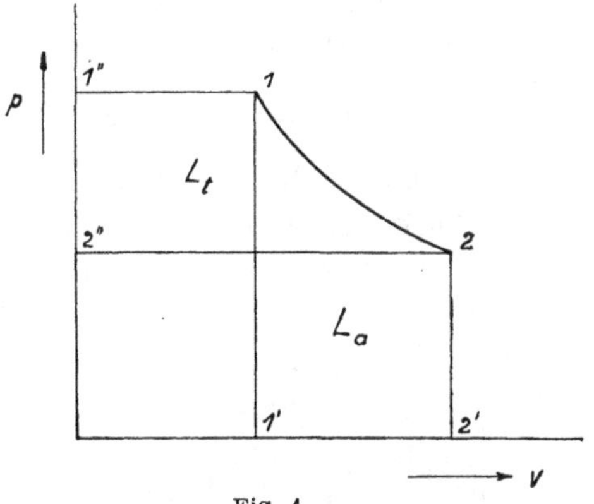

Fig. 1.

Dabei wird nach Zeuner[2]) vorausgesetzt, daß »während der Zustandsänderung des Körpers fortwährend Gleichgewicht zwischen dem Körperdruck und dem äußeren Drucke stattfindet«, daß ferner »die Ausdehnung langsam und gleichförmig stattfindet, daß also die Oberflächenelemente in der Richtung ihrer Normalen langsam und gleichförmig nach außen (bei der Kompression nach innen) fort rücken.«

Bevor wir dazu übergehen, das Wesen der Strömungsvorgänge zu untersuchen, wollen wir noch durch Einführung des Wärmeinhaltes

---

[1]) Vgl. die Zusammenstellung von Schröter und Prandtl in der »Enzyklopädie der mathematischen Wissenschaften«.

[2]) Zeuner, Technische Thermodynamik, Bd. I.

die Gleichung (II) auf eine für technische Zwecke besonders geeignete Form bringen. In der Physik bezeichnet man die Größe

$$i = u + A\,p\,v$$

als die Wärmefunktion bei konstantem Druck oder auch als das zweite thermodynamische Potential (Gibbs). Führen wir diese Größe i, die in der Theorie der Wärmemaschinen als Wärmeinhalt oder auch nach Stodola als die »technische Energie« bezeichnet wird, in die obige Gleichung ein, so erhält man aus (II):

$$dQ = di - Avdp \quad \dots\dots\dots \quad \text{(III)}.$$

Für Zustandsänderungen bei konstantem Druck ist $dQ = di$. Dabei gilt Gleichung (III) ebenfalls nur für umkehrbare Prozesse.

Dagegen möge für den allgemeinen Fall die Gleichung

$$dQ = di + A\,dL_t \quad \dots\dots\dots \quad \text{(IV)}$$

aufgestellt werden.

Durch Integration von (IV) erhält man:

$$Q = i_2 - i_1 + A\,L_t \quad \dots\dots\dots \quad \text{(IVa)}$$

Die Größe L_t möge »technische Arbeit« bezeichnet werden zum Unterschiede von der äußeren Arbeit L_a. Sobald der Prozeß umkehrbar ist, gilt:

$$dL_t = -vdp \text{ oder } L_t = -\int_1^2 vdp = +\int_2^1 vdp \quad . \quad \text{(IIIa)}.$$

Es läßt sich in einfacher Weise zeigen, daß für die Prozesse in den Turbomaschinen nicht die innere Energie u und die äußere Arbeit L_a, sondern der Wärmeinhalt i und die technische Arbeit L_t maßgebend sind. Zur näheren Einsicht gelangt man durch Heranziehung der Zeunerschen Grundgleichung für die Strömungsvorgänge, die sich noch insofern verallgemeinern läßt, als man sie in einer sowohl für die Kraft-, als für die Arbeitsmaschinen gültigen Form aufstellen kann. Einer beliebigen Turbomaschine werde das Medium und zwar G kg/sek zugeführt. Die Energie beim Eintritt sei u_1, beim Austritt u_2, die Geschwindigkeit beim Eintritt w_1, beim Austritt w_2. Ebenso seien für den Eintrittsquerschnitt der Druck mit p_1, das spezif. Volumen mit v_1, für den Austrittsquerschnitt der Druck mit p_2, das spezif. Volumen mit v_2 bezeichnet (Fig. 2). Die zu-

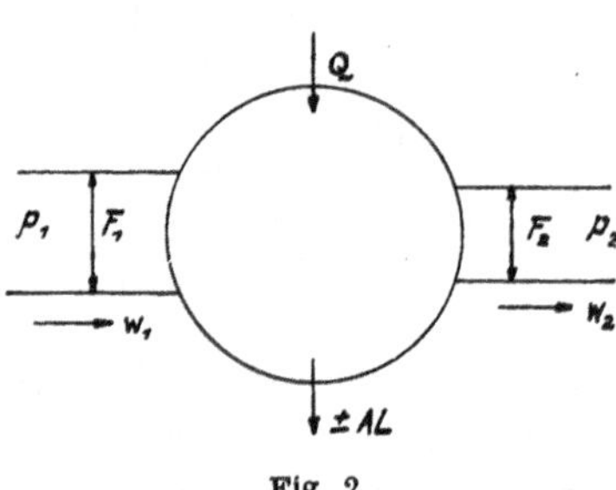

Fig. 2.

geführte Energie (in Kal.) beträgt somit pro kg $\left(u_1 + A\,\frac{w_1^2}{2g}\right)$, die entzogene $\left(u_2 + A\,\frac{w_2^2}{2g}\right)$. Außerdem ist noch die Arbeit des Oberflächendruckes zu berücksichtigen. Die zwischen den Querschnitten F_1 und F_2 befindliche Flüssigkeit steht nämlich unter der Einwirkung der nachdrängenden Masse und zwar wirkt diese mit einer Kraft $F_1 p_1$, leistet somit eine Arbeit $F_1 p_1 dx = F_1 p_1 w_1 dt$. Ebenso wird beim Austritt an der Fläche F_2 auf die vorauseilende Flüssigkeitsmasse eine Kraft $F_2 p_2$ ausgeübt, mithin eine Arbeit $F_2 p_2 dx = F_2 p_2 w_2 dt$ geleistet. Mit Rücksicht auf die Kontinuitätsbedingung $Gv = Fw$ ist die Arbeit im Querschnitt F_1 auch gleich $Gp_1 v_1 dt$ und im Querschnitt F_2 gleich $Gp_2 v_2 dt$. Bezieht man alle Größen auf eine Sekunde und auf die Gewichtseinheit, so erhält man:

$$Q = (u_2 + A\,p_2 v_2) - (u_1 + A\,p_1 v_1) + A\,\frac{w_2^2 - w_1^2}{2g} + Q_s \pm A\,L$$

oder

$$Q = i_2 - i_1 + A\,\frac{w_2^2 - w_1^2}{2g} + Q_s \pm A\,L \quad . \quad . \quad . \quad (V).$$

Hierin bedeutet Q die während des Prozesses von außen zugeführte Wärme, Q_s die durch Strahlung und Leitung abgegebene Wärme. AL ist die übertragene Arbeit in Kal. Das Vorzeichen von AL ist positiv für die Kraftmaschine (Turbine), negativ für die Arbeitsmaschine (Kompressor).

Gleichung (V), die nichts anderes als der strenge Ausdruck des Energiesatzes ist, gilt sowohl für die ganze Maschine als für einzelne ihrer Teile, wie Düsen, Laufräder usw. Nur ist gegebenenfalls noch die Arbeit der Massenkräfte zu berücksichtigen, so z. B. beim Durchströmen durch das Laufrad die der Ergänzungskräfte der Relativbewegung. Sonst ist (V) allgemein gültig, also auch dann, wenn der Vorgang mit Reibungsverlusten behaftet ist. Vorausgesetzt ist jedoch, daß Beharrungszustand besteht, d. h. daß in gleichen Zeiten dieselbe Flüssigkeitsmenge durchströmt, da sonst die Zustandsgrößen selbst veränderlich sind.

Betrachtet man die Maschine als Ganzes, so dürfen die Geschwindigkeiten w_1 und w_2 im allgemeinen vernachlässigt werden. Ausgenommen hiervon sind nur die Niederdruckgebläse (Ventilatoren), bei denen infolge der kleinen Pressungserhöhung die kinetische Energie in den Leitungen berücksichtigt werden muß. Sonst aber darf man von der Größe $A\,\frac{w_2^2 - w_1^2}{2g}$ absehen. Ebenso möge vorläufig aus

Gründen der größeren Übersichtlichkeit die Wärmemenge Q_s nicht berücksichtigt werden, die in den meisten Fällen eine nur untergeordnete Rolle spielt. Man erhält so aus der Gleichung (V) die Beziehung:

$$Q = i_2 - i_1 \pm AL \quad \ldots \ldots \ldots \text{(Va)},$$

die mit Gleichung (IVa) identisch ist, sobald $L = L_t$ gesetzt wird. Die in den Kreiselradmaschinen übertragene Arbeit entspricht mithin der sog. »technischen« und nicht der »äußeren« Arbeit. Der Grund hierfür liegt in der bereits untersuchten Wirkung des Oberflächendruckes, die sich übrigens auch bei der Kolbenmaschine in ähnlicher Weise äußert.

Besonders häufig tritt der Fall ein, daß von außen keine Wärme zu- oder abgeführt wird, mithin $Q = 0$ ist. In diesem Falle wird:

$$\pm AL = \pm AL_t = i_1 - i_2 \quad \ldots \ldots \text{(Vb)},$$

d. h. das Äquivalent der (technischen) Arbeit ergibt sich diesfalls als Differenz der Wärmeinhalte am Anfang und am Ende des Prozesses. Diese Beziehung gilt allgemein, gleichgültig, ob der Vorgang mit oder ohne Widerstände verläuft, also umkehrbar ist oder nicht. Auch ersieht man, daß in diesem Falle der Weg der Zustandsänderung nicht maßgebend ist.

Dagegen ist für die Ermittelung der Arbeit aus dem p/v-Diagramm nicht gleichgültig, ob der Prozeß mit Reibung behaftet ist oder nicht. Betrachtet man z. B. die Strömung des Dampfes durch eine Düse (Fig. 3), so muß die Expansion für den Fall, daß keine Widerstände auftreten, adiabatisch verlaufen. Dieser Prozeß wäre umkehrbar und für ihn würde die Beziehung $L_t = \int_2^1 v\,dp$ gelten. Im Diagramm entspricht L_t der Fläche $A_1 A_2' B_2 B_1$, wobei $A_1 A_2'$ die adiabatische Expansion darstellt. Der wirkliche Vorgang wird dagegen durch die Reibung des Dampfstrahles an den Wänden, ferner durch innere Reibung und Wirbelungen beeinflußt. Die Reibungsarbeit verwandelt sich in Wärme, die sich dem Dampfe mitteilt und die Expansionslinie verändert. Diese verläuft nicht mehr längs $A_1 A_2'$, sondern nach $A_1 A_2$, wobei Punkt A_2 einen höheren Wärmeinhalt aufweist als A_2'. Der wirkliche Vorgang ist nun im Sinne der Thermodynamik nicht um-

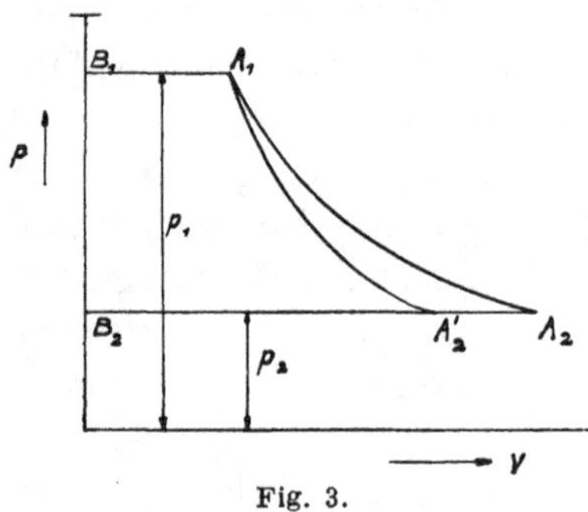

Fig. 3.

kehrbar und für ihn darf die Arbeit nicht mehr durch Integration des Ausdruckes $v\,d\,p$ gewonnen werden. An die Stelle der Gleichung (II) tritt nach Grashof die Beziehung

$$dQ + dW = du + A p dv \quad \ldots\ldots \quad \text{(IIa)}$$

worin dW den Reibungswiderständen Rechnung trägt. Dabei ist $dQ + dW$ die dem Körper im ganzen mitgeteilte Wärme, also teils die von außen zugeführte (der Umgebung entzogene), teils die durch Reibung bei der Strömung entstandene[1]).

Führt man wiederum den Wärmeinhalt i ein, so ergibt sich

$$dQ + dW = di - A v dp \quad \ldots\ldots \quad \text{(VI)}$$

und durch Integration:

$$Q + W = i_2 - i_1 - A\int_1^2 v dp = i_2 - i_1 + A\int_2^1 v dp \quad \text{(VIa)}.$$

Subtrahiert man (VIa) von (IVa), so erhält man:

$$A L_t = A\int_2^1 v dp - W \quad \ldots\ldots \quad \text{(VII)},$$

d. h. die technische Arbeit entspricht nicht mehr der Fläche zwischen Ordinatenachse und Zustandslinie, sondern sie ist die Differenz der Größe $\int v\,d\,p$ und der Widerstandsarbeit W/A.

Für den Fall der Arbeitsmaschine (Kompressor) erhält man in analoger Weise, da $L = L_t$ in (V) mit dem negativen Vorzeichen zu versehen ist:

$$A L_t = A\int_1^2 v dp + W \quad \ldots\ldots \quad \text{(VIII)},$$

d. h. in diesem Falle ist die technische Arbeit um den Arbeitswert der Widerstände größer als das Integral $\int v\,d\,p$.

Es möge nun untersucht werden, in welcher Weise eine Wärmemenge im Arbeitsdiagramm dargestellt werden kann. Die Gleichungen (V) und (VI) besagen, daß es für den Verlauf der Expansionslinie gleichgültig ist, ob die Wärme von außen zugeführt oder durch Reibung hervorgerufen wird, da es nur auf die Summe $dQ + dW$ ankommt. Man kann somit schreiben:

$$dQ_{\text{tot}} = dQ + dW = du + A p dv = di - A v dp,$$

wobei unter Q_{tot} die gesamte zugeführte Wärme zu verstehen ist.

---

1) Vgl. Grashof, Theoretische Maschinenlehre, Bd. I, S. 61.

Für die graphische Darstellung von Q_{tot} möge folgendes Verfahren (Fig. 4) vorgeschlagen werden, welches eine gewisse Analogie mit einem von Zeuner angegebenen besitzt. Bedeutet 1, 2 eine beliebige Zustandsänderung, so lege man durch Anfangs- und Endpunkt je eine Adiabate und außerdem eine beliebige Kurve konstanten Wärmeinhaltes $i =$ konst. Der Wärmeinhalt im Punkte 1 sei i_1, im Punkte 2 dagegen i_2. Für die Zustandsänderung 1, 2 gilt[1]):

$$Q_{tot} = i_2 - i_1 + A \text{ Fläche } 1265.$$

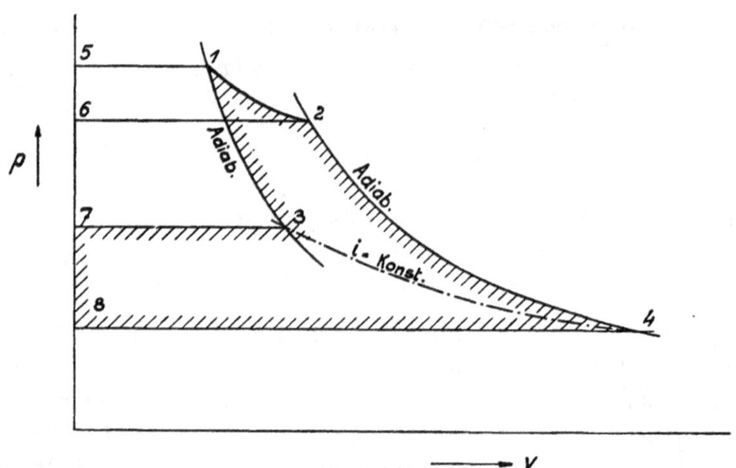

Fig. 4.

Für die Adiabaten 1, 3 bzw. 2, 4 gelten die Gleichungen:

$$O = i_3 - i_1 + A \text{ Fläche } 1375$$
$$O = i_4 - i_2 + A \text{ Fläche } 2486.$$

Nun ist aber $i_3 = i_4$, mithin

$$i_2 - i_1 = A \text{ (Fläche 2486 — Fläche 1375)}.$$

Setzt man diese Beziehung in die obige Gleichung für Q_{tot} ein, so erhält man:

$$Q_{tot} = A \text{ (Fläche 1265 + Fläche 2486 — Fläche 1375)},$$

d. h. Q_{tot} wird im p/v-Diagramm durch die schraffierte Fläche dargestellt.

Dabei ist die Konstruktion unabhängig von der Lage der Kurve konstanten Wärmeinhaltes. Man kann diese z. B. auch durch 1 oder 2 legen, wobei nur e i n e Adiabate einzuzeichnen ist. Führt man das

---

[1]) Strenggenommen müßte bei diesen Formeln die Fläche noch mit einer Verhältniszahl multipliziert werden, die vom Maßstab des Diagrammes abhängt.

Verfahren z. B. für eine Turbinendüse derart aus, daß man die Kurve konstanten Wärmeinhaltes durch den Punkt A_2 legt, und ist X der Schnitt dieser Kurve mit der Adiabate durch A_1, so entspricht Fläche $A_1 A_2 B_2 Y X A_1$ der gesamten zugeführten Wärme. Da im vorliegenden Fall von außen keine Wärme aufgenommen wird, so erhält man in dieser Weise die Arbeit der Widerstände W/A. Zieht man diese in Fig. 5 von der Fläche $A_1 A_2 B_2 B_1$ ab, so verbleibt für die nutzbare (technische) Arbeit die Fläche $A_1 X Y B_1$. Man kann dieses Ergebnis auch folgendermaßen aussprechen: *Die nicht*

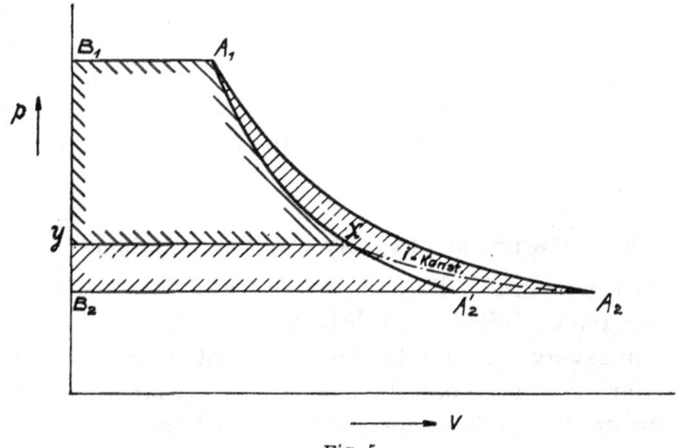

Fig. 5.

umkehrbare Expansion A_1A_2 ist hinsichtlich der Arbeitsübertragung gleichwertig mit einer umkehrbaren (adiabatischen) Expansion A_1X, welche aber nur bis zum Enddrucke p_x führt.

Das angegebene Verfahren kann man auch in anderer Weise begründen. Sobald kein Wärmeaustausch mit der Umgebung erfolgt, ergibt sich bekanntlich die (technische) Arbeit als Differenz der Wärmeinhalte am Anfang und am Ende des Prozesses. In Fig. 6 stellt 1, 2 eine beliebige Zustandsänderung dar. Für den Punkt 1 ist der Wärmeinhalt gleich i_1, für den Punkt 2 gleich i_2. Um die Differenz der Wärmeinhalte $i_1 - i_2$ graphisch darstellen zu können, zeichnet man sich irgendeine Adiabate ein und legt durch

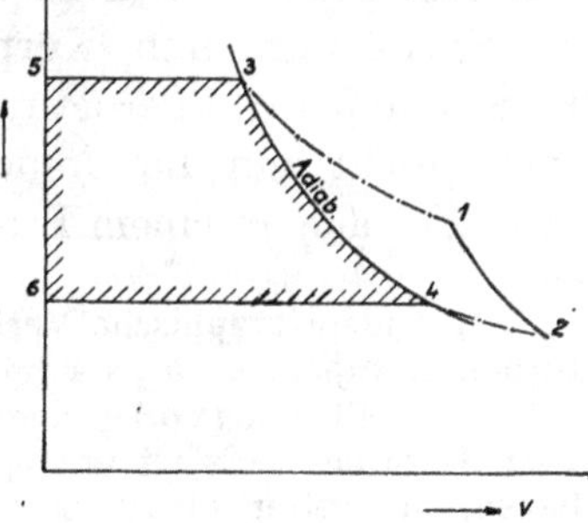

Fig. 6.

die Punkte 1 und 2 je eine Kurve konstanten Wärmeinhaltes bis zum Schnitte mit der Adiabate, wodurch man die Punkte 3 und 4 erhält.

Für die adiabatische Zustandsänderung 3, 4 gilt mit Rücksicht auf die Gleichung (IVa):

$$O = i_2 - i_1 + A \text{ Fläche } 3465,$$

mithin ist

$$i_1 - i_2 = A \text{ Fläche } 3465,$$

d. h. man kann in dieser Weise die Differenz der Wärmeinhalte als geschlossene Fläche darstellen. Die Konstruktion in Fig. 5 kann auch als besonderer Fall der Fig. 6 aufgefaßt werden, indem die beliebige Adiabate 3, 4 im vorliegenden Falle einfach durch den Anfangspunkt der Expansion gelegt wird. Die Differenz der Wärmeinhalte $i_1 - i_2$ bezeichnet man häufig als das »Wärmegefälle«, da diese Größe für die Umsetzung von potentieller in kinetische Energie eine ähnliche Rolle spielt wie das hydraulische Gefälle beim Ausflusse von tropfbaren Flüssigkeiten[1]).

b) Folgerungen aus dem zweiten Hauptsatz.

Wiewohl schon mit Hilfe des ersten Hauptsatzes der Gegensatz zwischen dem realen, nicht umkehrbaren und dem idealen, umkehrbaren Strömungsvorgang zum Ausdruck kommt, liefert erst der zweite Hauptsatz der Thermodynamik, der Entropiesatz, das eigentliche Kriterium für die Beurteilung der nicht umkehrbaren Prozesse. Außerdem — und dies gilt für die praktische Bewertung der Turbomaschinen wie der kalorischen Maschinen überhaupt — gelangt man zu besonders übersichtlichen und bequemen graphischen Darstellungen, wenn man vom Entropiebegriffe Gebrauch macht. Es würde zu weit führen, wenn man an dieser Stelle den zweiten Hauptsatz in ausführlicher Weise behandeln wollte. Es sei nur bemerkt, daß er ein Erfahrungssatz ist, der sich auf Tatsachen stützt. Clausius formulierte ihn durch den Ausspruch: »Wärme kann nicht von selbst von einem kälteren zu einem wärmeren Körper übergehen«, und Ostwald prägte den Begriff vom sog. »Perpetuum mobile zweiter Art«[2]). Der zweite Hauptsatz spricht nun die Unmöglichkeit eines solchen Perpetuum mobile aus. Für alle an einem Prozesse beteiligten Körper gibt es eine mathe-

[1]) Andere graphische Verfahren befinden sich im Buche von Belluzzo »Le turbine a vapore ed a gas« (Mailand 1905).

[2]) M. Planck (Vorlesungen über Thermodynamik, Leipzig 1911) geht dabei vom Satze aus: »Es ist unmöglich, eine periodisch funktionierende Maschine zu bauen, die weiter nichts bewirkt als Hebung einer Last und Abühlung eines Wärmereservoirs.«

matisch definierte Hilfsgröße, die niemals abnehmen kann, sondern entweder konstant bleibt oder zunimmt. Diese Hilfsgröße ist die Entropie.

Wir schreiben den zweiten Hauptsatz in der Form:

$$dQ \leqq T dS \quad \ldots \ldots \ldots \quad \text{(IX)}$$

bzw.

$$\int \frac{dQ}{T} \leqq S - S_0 \quad \ldots \ldots \ldots \quad \text{(IXa).}$$

Darin bedeutet Q wiederum die von außen zugeführte Wärme, T die absolute Temperatur und S die Entropie. Das Gleichheitszeichen gilt für umkehrbare Vorgänge, während für nicht umkehrbare Prozesse $dQ < T\,dS$ ist. Die mathematische Bedeutung der Entropie besteht darin, daß sie für homogene, isotrope Körper eine Funktion der Zustandsgrößen ist, also vom Weg der Zustandsänderung nicht abhängt. Dagegen ist Q, die zugeführte Wärme, auch vom Verlauf des Prozesses abhängig.

Betrachtet man Gleichung (IX), so erhellt, daß der Ausdruck $1/T$ ein integrierender Faktor für das Wärmedifferential ist. Am einfachsten läßt sich dies an Hand des Beispiels der idealen Gase unmittelbar nachweisen. Die grundlegenden Drosselversuche von Thomson und Joule haben ergeben, daß Energie und Wärmeinhalt für Gase nur von der absoluten Temperatur abhängen, d. h. es ist:

$$u = c_v T + \text{konst.} \quad \ldots \ldots \ldots \quad \text{(X)}$$

$$i = c_p T + \text{konst.} \quad \ldots \ldots \ldots \quad \text{(XI).}$$

c_v und c_p sind die spezifischen Wärmen bei konstantem Volumen, bzw. konstantem Druck. Ganz allgemein gilt:

$$c_v = \left(\frac{\partial Q}{\partial T}\right)_v, \quad c_p = \left(\frac{\partial Q}{\partial T}\right)_p \quad \ldots \ldots \quad \text{(XII).}$$

Für ideale Gase besteht die Zustandsgleichung:

$$pv = RT \quad \ldots \ldots \ldots \quad \text{(XIII),}$$

worin R die Gaskonstante bedeutet.

Die Wärmegleichung lautet dann für umkehrbare Prozesse:

$$dQ = c_v dT + A p dv.$$

Dividiert man die Gleichung durch T, so erhält man:

$$\frac{dQ}{T} = c_v \frac{dT}{T} + A p \frac{dv}{T} = c_v \frac{dT}{T} + A R \frac{dv}{v}$$

oder durch Integration:

$$S_2 - S_1 = c_v \lg \frac{T_2}{T_1} + AR \lg \frac{v_2}{v_1} \quad \ldots \quad \text{(XIVa).}$$

Bei einer umkehrbaren Zustandsänderung ohne äußere Wärmezufuhr wird $dQ = 0$, d. h. die Entropie bleibt konstant. Aus diesem Grunde heißt die Adiabate auch Isoentrope.

Benützt man die Wärmegleichung in der Form

$$dQ = c_p \, dT - A v dp,$$

so erhält man:

$$S_2 - S_1 = c_p \lg \frac{T_2}{T_1} - A R \lg \frac{p_2}{p_1} \quad . \quad . \quad . \quad . \quad \text{(XIVb)}.$$

Trägt man sich, wie Belpaire (1872) zuerst angegeben hat, in einem Diagramme die absolute Temperatur als Ordinate, die Entropie als Abszisse auf, so erhält man diejenige Darstellung, für die Mollier die Bezeichnung »Wärmediagramm« vorgeschlagen hat (Fig. 7). Denkt man sich einen umkehrbaren Prozeß in diesem Wärmediagramm abgebildet, indem für jeden Punkt die Werte der Temperatur mit Hilfe der Zustandsgleichung, die der Entropie mit Hilfe der Definitionsgleichung (IX) berechnet werden, so stellt die Fläche zwischen der Kurve und der Abszissenachse die gesamte zugeführte Wärme $Q = \int T \, dS$ dar. Isobaren (Druck konstant) und Isochoren (spezifisches Volumen konstant) ergeben sich in der Abbildung in einfacher Weise als logarithmische Kurven. (Vgl. die Beziehungen XIVa, b.)

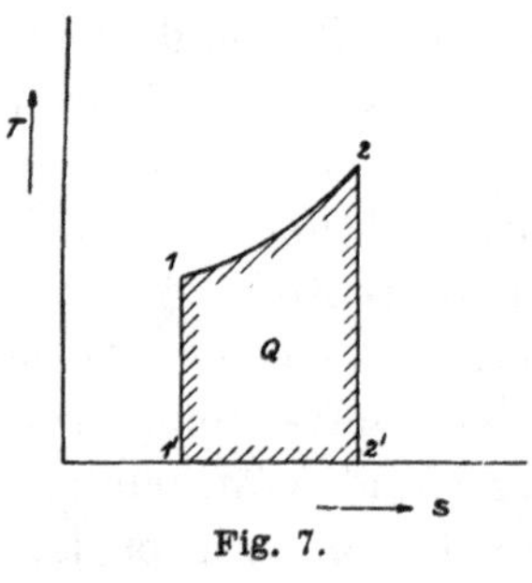

Fig. 7.

Bei den bisherigen Betrachtungen dieses Abschnittes wurde vorausgesetzt, daß sich der Prozeß in umkehrbarer Weise vollzieht. Nur in diesem Falle darf streng genommen das Wärmediagramm ohne weiteres benützt werden, wie insbesondere aus den Darlegungen von M. Planck (a. a. O.) hervorgeht. Ist aber der Vorgang nicht umkehrbar, so ergibt der Ausdruck $\int T \, dS$ nicht mehr die von außen zugeführte Wärme.

In Wirklichkeit wird der Prozeß in den Turbomaschinen durch Reibungs- und Wirbelungserscheinungen beeinflußt. Der wirkliche Vorgang weicht daher vom idealen ab, indem der Endzustand für alle am Prozesse beteiligten Körper einen höheren Entropiewert aufweist als der Anfangszustand. Denkt man sich (Fig. 8) eine einstufige Turbine, etwa in der Bauart de Laval, so findet zunächst in der Düse eine Expansion $A_1 A_2$ statt, die nicht umkehrbar verläuft und von der Adiabate $A_1 A_2'$ abweicht. Da in einer derartigen Gleichdruckturbine im Laufrad keine weitere Expansion stattfindet — d. h. beim Verlassen des Laufrades hat der Dampf noch den Druck p_2 —, so wird infolge der Reibung im Laufrade der Wärmeinhalt bei konstantem Drucke erhöht. Beim Austritt aus dem Laufrad wird die kinetische Energie des Dampfstrahles vernichtet, wodurch eine nochmalige Erhöhung des Wärmeinhaltes eintritt. Auch dieser Vorgang verläuft bei konstantem Drucke. Der Dampf verläßt die Turbine in einem Zustande, der durch den Wärmeinhalt i_2^* (entsprechend Punkt A_2^*) bestimmt wird. Will man im p/v-Diagramme die Nutzarbeit der Turbine darstellen, so muß man, wie im Abschnitt a angegeben wurde, durch Punkt A_2^* eine Kurve konstanten Wärme-

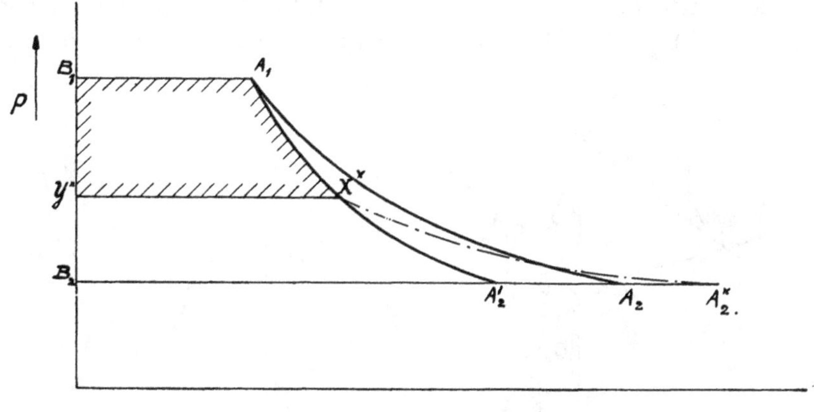

Fig. 8.

inhaltes legen und mit der Adiabate $A_1 A_2'$ zum Schnitt bringen. Die Nutzarbeit der Turbine, bzw. der betrachteten Turbinenstufe, ergibt sich dann als Fläche $A_1 X^* Y^* B_1$.

Der Dampf gelangt tatsächlich aus seinem Anfangszustand (Punkt A_1) mit Hilfe von nicht umkehrbaren Prozessen zum Endzustand (Punkt A_2^*). Wenn man nun den Prozeß im Wärmediagramm darstellen will, so muß man sich zunächst vergegenwärtigen, daß nur Anfangs- und Endpunkt der gesamten Zustandsänderung als Gleichgewichtszustände angesehen werden können. Wenn man aber auch die dazwischenliegenden Punkte aus dem p/v-Diagramm einfach ins T/S-Diagramm überträgt, so muß noch besonders untersucht werden, welche thermodynamische Bedeutung diese Abbildung besitzt.

Die Voraussetzung, daß während des Prozesses der Druck an allen Teilen des Körpers und auch in allen Teilen seiner Oberfläche gleich groß ist, trifft nicht mehr zu, sobald Strömungen mit hoher

Geschwindigkeit vorliegen, die von Reibungs- und Wirbelungserscheinungen begleitet sind. Um nun trotzdem die Abbildung des nichtumkehrbaren Strömungsvorganges verwenden zu können, kann man sich eines Ersatzprozesses bedienen. Man kann nämlich von A_1 nach $A_2{}^*$ über A_2 auch mit Hilfe von gedachten umkehrbaren Vorgängen gelangen, wenn man sich vorstellt, daß zwar keine Reibung auftritt, daß aber von außen eine Wärmemenge Q' zugeführt wird, mit anderen Worten man bildet nicht den wirklichen Prozeß ab, sondern einen fingierten, der dem wahren hinsichtlich der Darstellung — nicht der Arbeitsübertragung — gleichwertig ist. Für diesen Vorgang hätte man zunächst die Wärmemenge $Q_1' =$ Fläche $A_1\,A_2\,C_2\,C_1$ und dann noch die Wärmemenge $Q_2' =$ Fläche $A_2\,A_2{}^*\,C_2{}^*\,C_2$ von außen zuzuführen. (Fig. 9.) Der Beweis für die Zulässigkeit des Ersatzes kann

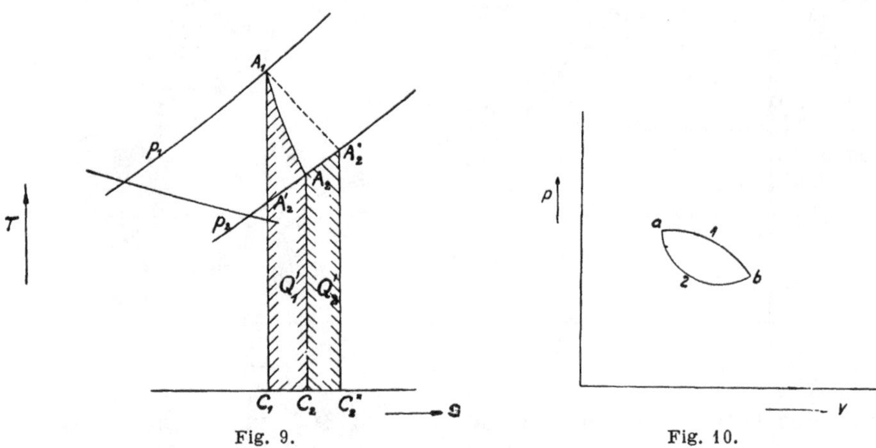

Fig. 9. Fig. 10.

in folgender Weise geführt werden. Nach Clausius gilt für einen Kreisprozeß und zwar auch dann, wenn Teile desselben irreversibel sind:

$$\Sigma\,(Q) = A\,\Sigma\,(L_a).$$

Da bei einem Kreisprozeß am Schlusse sowohl der Anfangswert der Energie u als der des Wärmeinhaltes i wieder auftritt, so gilt auch:

$$\Sigma Q = A\,\Sigma\,(L_t) \quad . \quad . \quad . \quad . \quad . \quad . \quad . \quad (XV).$$

Es läßt sich dies auch in einfacher Weise unmittelbar nachweisen. Man führe (Fig. 10) einen Prozeß von a nach b auf dem Wege $a\,1\,b$ durch und kehre dann zum Ausgangspunkte a auf dem Wege $b\,2\,a$ zurück. Für die Zustandsänderung $a\,1\,b$ gilt:

$$Q = i_b - i_a + A\,L_t$$

und für die Zustandsänderung $a\,2\,b$:

$$Q' = i_b - i_a + A\,L_t'.$$

Folglich ist:

$$Q - Q' = A\,(L_t - L_t').$$

Dabei ist es gleichgültig, ob die Prozesse umkehrbar verlaufen oder nicht. Nur muß man sich hüten, sofern der eine oder der andere Prozeß irreversibel ist, die zwischen den beiden Kurven liegende Fläche als Maß für die Arbeit anzusehen[1]).

Nun stelle man sich (Fig. 8) einen Kreisprozeß derart vor, daß man in nicht umkehrbarer Weise von A_1 nach A_2^* über A_2 geht, dann aber in umkehrbarer Weise den Prozeß auf demselben Wege wieder rückgängig macht.

Beim Hingange wird von außen keine Wärme zugeführt und daher die (technische) Arbeit

$$L_t = \frac{1}{A}\,(i_1 - i_2^*)$$

geleistet.

Beim umkehrbaren Rückgang wird die Arbeit $L_t' + L_t$ aufgewendet und dabei nach außen die Wärmemenge Q' abgegeben und zwar zunächst bei der isobarischen Zustandsänderung die Wärmemenge Q_2' = Fläche $C_2^*\,A_2^*\,A_2\,C_2$, dann bei der darauffolgenden Kompression die Wärmemenge Q_1' = Fläche $C_2\,A_2\,A_1\,C_1$. Dabei ist:

$$Q' = Q_1' + Q_2'.$$

Infolge der Gleichung (XV) ist aber:

$$-\,Q' = A\,(L_t - L_t')$$

oder

$$A\,L_t = A\,L_t' - Q'.$$

Nun ist für den umkehrbaren Rückgang $L_t' = \int_2^1 v\,d\,p$, folglich ist mit Rücksicht auf die Gleichung (VII) $Q' = W$,

d. h. die in Wärme umgesetzte Widerstandsarbeit W ist gleich derjenigen Wärme, die für eine umkehrbare Zustandsänderung auf demselben Wege von außen zugeführt werden müßte.

Der Ausdruck $\int T\,dS$ ergibt somit beim nichtumkehrbaren Prozeß ohne äußere Wärmezufuhr die Größe W:

$$W = \int T\,dS \quad . \; . \; . \; . \; . \; . \; . \quad \text{(XVI)}.$$

---

[1]) Die Ausführungen von Zeuner (Techn. Thermodynamik, Bd. I, S. 71 usw.) gelten nur für eine bestimmte Art von irreversiblen Vorgängen. Namentlich hat die Integration $L' = \int p'\,d\,v$ keine allgemeine Bedeutung.

Diese Beziehung gilt sowohl für den Dampfturbinenprozeß als für den ungekühlten Kompressor.

Es kann aber auch der Fall eintreten, daß der Vorgang auch noch durch äußere Zufuhr, bzw. Abfuhr von Wärme beeinflußt wird. In diesem Falle tritt an die Stelle der Gleichung (XVI):

$$W + Q = \int T dS \quad \ldots \ldots \quad \text{(XVII)}.$$

Dadurch haben wir den zweiten Hauptsatz für die wirklichen Strömungsvorgänge durch eine Gleichung dargestellt. Zumeist entfällt die Größe Q; beim gekühlten Turbokompressor tritt sie mit dem negativen Vorzeichen auf und entspricht der von der Luft an das Kühlwasser abgegebenen Wärmemenge. Bei den wirklichen Prozessen in den vielstufigen Turbinen und Kompressoren treten noch andere Verluste auf, so namentlich Undichtigkeiten, die Mischungsvorgänge hervorrufen, welche bekanntlich irreversibel sind und daher eine weitere Entropievermehrung verursachen. Die Betrachtung dieser Erscheinungen möge der getrennten Behandlung in den folgenden Abschnitten vorbehalten bleiben.

Erwähnt sei noch, daß auch Jouguet[1]) den zweiten Hauptsatz für nicht umkehrbare Prozesse durch eine Gleichung ausdrückt. Er schreibt:

$$\frac{dQ}{T} = dS - dP,$$

wobei dP den Reibungswiderständen Rechnung trägt. Die Größe TdP nennt Jouguet »travail non compensé«. Sie entspricht dem Ausdrucke dW in unserer Darstellungsart, die uns in die Lage versetzt, vom Entropiediagramm auch für nichtumkehrbare Prozesse Gebrauch zu machen. Aus dem Gesagten erhellt, daß dies vollkommen zulässig ist, nur muß man sich dabei vergegenwärtigen, daß man in Wirklichkeit nicht den tatsächlichen Prozeß, sondern einen gedachten Ersatzprozeß abbildet.

Übrigens kann man auch von einem mittleren Werte der Temperatur und der Entropie in den Zwischenzuständen sprechen, wodurch man auch der Darstellung des realen Vorganges eine physikalische Bedeutung beilegen kann. Dies ist mitunter um so zulässiger, als z. B. die Expansion in den Düsen zwar von Widerständen beeinflußt wird, jedoch von der reibungsfreien Expansion nicht wesentlich abweicht. In diesem Sinne sind Resultate von Messungen des Temperaturverlaufes in Düsen aufzufassen, wie sie z. B. Stodola und

[1]) Jouguet, Théorie des Moteurs Thermiques, Paris 1909.

Batho ausgeführt haben: Man bestimmt die mittlere Temperatur des Dampfstrahls.

Setzt man wiederum $Q + W = Q_{tot}$, so gilt:

$$Q_{tot} = \int T dS \; . \; . \; . \; . \; . \; . \; . \; (XVIII)$$

als Ausdruck des zweiten Hauptsatzes für Strömungsvorgänge. Um Mißverständnissen vorzubeugen, ist hier besonders zu betonen, daß (XVIII) nicht als allgemeiner Ausdruck des zweiten Hauptsatzes überhaupt angesehen werden kann; denn die Abweichung des wirklichen Vorganges vom Idealprozeß kann auch durch andere Erscheinungen verursacht werden als durch die Reibung.

Von der Widerstandswärme W ist nur ein Teil als Verlust anzusehen. Verlust gegenüber der reibungsfreien Expansion ist nur die Größe $i_2^* - i_2' =$ Fläche $C_1 A_2' A_2^* C_2^*$. Der Wärmewert der Fläche $A_1 A_2' A_2$ wird als rückgewinnbare Reibungswärme bezeichnet. Es ist ein besonders glücklicher Umstand, namentlich im Hinblicke auf die experimentelle Untersuchung, daß der Weg der Expansions- und Kompressionslinien bei den Turbomaschinen belanglos ist und nur Anfangs- und Endwert des Wärmeinhaltes (abgesehen von der nach außen an die Luft, ev. an das Kühlwasser abgegebenen Wärme) maßgebend sind. Dadurch vereinfacht sich nämlich die Untersuchung auf dem Prüffelde in ganz erheblicher Weise: Bei überhitztem Dampf und Luft genügt es, am Ein- und Austrittsstutzen je eine Druck- und Temperaturmessung vorzunehmen.

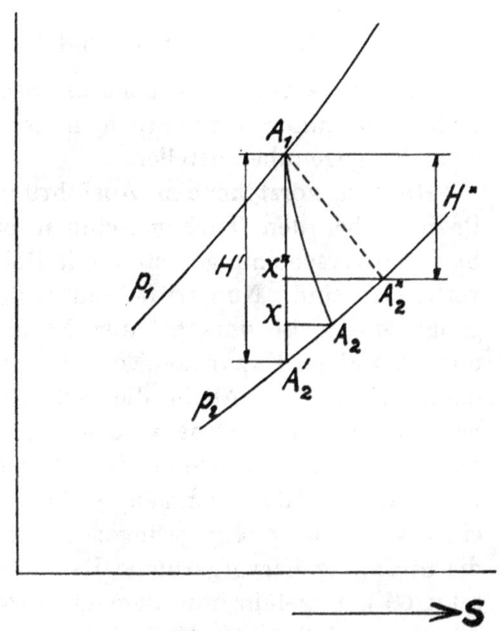

Fig. 11.

Eine übersichtliche und für die praktische Berechnung sehr bequeme Darstellung erhält man, wenn man sich nach dem Vorschlage von Mollier[1]) in einem Diagramme den Wärmeinhalt als Ordinate, die Entropie als Abszisse aufträgt (Fig. 11). Da sich, solange von außen keine Wärmezufuhr erfolgt, die übertragene Arbeit einfach aus der Differenz der beiden Wärmeinhalte am Anfang und am Ende des Vorganges ergibt, erspart man sich dadurch das zeitraubende Planimetrieren von Flächen.

Für eine Dampfturbine entspricht die Strecke $A_1 A_2' = H'$ dem »verfügbaren Gefälle«, die Strecke $A_1 X^* = H^*$ dem »nutzbaren Gefälle«. Dabei ist $A L' = H'$, $A L^* = H^*$, wobei L' und L^* die Leistungen bedeuten. Man könnte diese Darstellung auch als das »Gefällsdiagramm« bezeichnen, da die Größe H für den Dampfturbinenbau dieselbe Bedeutung hat wie das hydraulische Gefälle für die Wasserturbinen.

c) Kolben- und Turbomaschinen.

Es dürfte vielleicht nicht unzweckmäßig erscheinen, Turbo- und Kolbenmaschinen hinsichtlich ihres thermodynamischen Verhaltens einander gegenüberzustellen.

In den vorstehenden Ausführungen wurde dargelegt, daß die Prozesse bei den Turbomaschinen nicht umkehrbar sind, weil die Strömungserscheinungen stets mit Reibungs- und Wirbelungsverlusten verbunden sind. Nun trifft man auch bei den Kolbenmaschinen Vorgänge, die nicht umkehrbarer Natur sind. Man denke nur an die unvollständige Expansion, die Droßlungsverluste usw. bei Kolbendampfmaschinen. Allein die Art, in welcher der wirkliche Prozeß bei der Kolbenmaschine vom idealen abweicht, ist eine ganz andere als bei der Turbomaschine. Bei allen Kolbenmaschinen, selbst bei den neuzeitlichen Gasmaschinen, strömt das Medium im Zylinder mit einer verhältnismäßig geringen Geschwindigkeit. Da aber die durch die Strömung hervorgerufene Reibungsarbeit, die sich in Wärme umsetzt (W), ungefähr mit dem Quadrate der Geschwindigkeit wächst, so erhellt, daß dieser Verlust bei der Turbomaschine eine wesentlich wichtigere Rolle spielt als bei der Kolbenmaschine. Andererseits stellt sich bei den Turbomaschinen im Beharrungszustande an jeder Stelle eine nahezu konstante Temperatur ein, so daß zwischen dem strömenden Medium und den Wandungen ein nur geringer Wärmeaustausch stattfindet. Bei den Kolbenmaschinen beeinflußt dagegen dieser Wärmeaustausch die Zustandsänderungen in erheblicher Weise. Es ist hinlänglich bekannt, daß bei der Kolbendampfmaschine der

[1]) Mollier, Z. d. Ver. d. Ing. 1904, S. 271 ff.

»Abkühlungsverlust« beim Zusammentreffen des Frischdampfes mit den verhältnismäßig kalten Wandungen eine wichtige Rolle spielt.

Man ersieht, daß sich die inneren (thermischen) Verluste bei den Kolben- und Turbomaschinen in ihrem Wesen unterscheiden. Dazu kommt noch der Umstand, daß bei der Kolbenmaschine infolge der Umsetzung der hin- und hergehenden in eine drehende Bewegung die mechanischen Verluste — zum Unterschiede von den thermischen — weit mehr ins Gewicht fallen als bei der Turbomaschine.

Betrachtet man nun die Grundgleichungen (IIa) und (VIa), so kann nach dem Gesagten für praktische Zwecke bei der Kolbenmaschine dW, bei der Turbomaschine (mit Ausnahme des gekühlten Kompressors) dQ vernachlässigt werden. Da jede Zustandsänderung, bei der keine Wärmezufuhr erfolgt und keine Widerstände auftreten, adiabatisch verläuft, so kann man auch die Behauptung aufstellen: Bei der Kolbenmaschine erfolgt die Abweichung von Idealvorgang durch die Wandwirkungen, bei der Turbomaschine durch die Reibung. Die beiden Einflüsse sind aber nicht gleichwertig: Die Reibungsarbeit verursacht immer eine Entropievermehrung, sie kann stets nur in e i n e m Sinne wirken und verleiht den Prozessen ein a u s g e s p r o c h e n n i c h t u m k e h r b a r e s G e p r ä g e. Die Wandwirkungen hingegen können bald eine Vermehrung, bald eine Verminderung der Entropie des arbeitenden Mediums verursachen. (Der Gesamtwert der Entropie aller am Prozeß beteiligten Körper, also in diesem Falle des Mediums und der Gehäusewand, kann natürlich nie abnehmen.) Da also die Expansions- und Kompressionsvorgänge der Kolbenmaschinen hauptsächlich durch den Wärmeaustausch beeinflußt werden, so kann man sie, wenn sie auch streng genommen irreversibel sind, für die praktische Bewertung als umkehrbar ansehen. Da ferner nur für umkehrbare Prozesse $L_a = \int p\,d\,v$, $L_t = \int v\,d\,p$ ist, so kann man bei Kolbenmaschinen durch Planimetrieren des Indikatordiagrammes die auf den Kolben übertragene Arbeit ermitteln. Der ganze Verlauf der Zustandsänderungen ist hierauf von Einfluß. Man könnte demnach Expansion und Kompression der Kolbenmaschinen als »pseudoreversible« oder »praktisch umkehrbare« Prozesse bezeichnen. Damit soll angedeutet werden, daß diese Vorgänge zwar nicht den strengen Anforderungen der Thermodynamik an die umkehrbaren Prozesse entsprechen, daß sie aber ebenso wie reversible Prozesse behandelt werden können, vorausgesetzt, daß keine besonderen Gleichgewichtsstörungen auftreten.

Die Zustandsänderungen der Turbomaschinen dürfen dagegen keinesfalls als umkehrbar angesehen werden und bei ihnen ist der wirkliche Verlauf der Expansions- und Kompressionslinien belanglos. Nur auf den Anfangs- und Endwert des Wärmeinhaltes kommt es hierbei an. Zum Zwecke der Darstellung der durch die Schaufeln übertragenen Arbeit im p/v-Diagramm sind stets Hilfskonstruktionen nötig. Auf Grund der bisherigen Erwägungen darf man die Behauptung aufstellen:

Bei den Turbomaschinen ist für den realen Prozeß im Gegensatze zu den Kolbenmaschinen die technische Arbeit nicht gleich der Fläche zwischen Zustandskurve und Ordinatenachse. Die tatsächlich übertragene Arbeit ist vielmehr bei den Kraftmaschinen um die Widerstandsarbeit W/A kleiner als $\int v\,dp$, bei den Arbeitsmaschinen um den Wert W/A größer als $\int v\,dp$.

Für die Berechnung der verfügbaren oder theoretischen Arbeit ist es dagegen gleichgültig, ob der Prozeß mit Hilfe einer Kolben- oder Turbomaschine verwirklicht wird. Im Idealfall beträgt z. B. die erforderliche Arbeit für die Herstellung von Druckluft stets

$$L_t = \int_{p_1}^{p_2} v\,dp.$$

Daß auch bei der Kolbenmaschine mit der »technischen« Arbeit zu rechnen ist, wird durch das »Ansaugen« und das »Hinausschieben« begründet.

d) Allgemeine Gleichungen und Diagramme für Gase und Dämpfe.

Es seien nur einige Beziehungen, die für die Verwendung der Diagramme besonders wichtig sind, im Folgenden zusammengestellt. Außer den bereits mitgeteilten sind allgemein gültig die Gleichungen:

$$dQ = c_v\,dT + A\,T\left(\frac{\partial p}{\partial T}\right)_v dv \quad \ldots\ldots\ldots \quad \text{(XIX)}$$

$$dQ = c_p\,dT - A\,T\left(\frac{\partial v}{\partial T}\right)_p dp \quad \ldots\ldots\ldots \quad \text{(XX)}$$

$$c_p - c_v = A\,T\left(\frac{\partial p}{\partial T}\right)_v \left(\frac{\partial v}{\partial T}\right)_p \quad \ldots\ldots\ldots \quad \text{(XXI)}$$

c_v ist die spezifische Wärme bei konstantem Volumen, c_p bei konstantem Druck.

1. Hauptgleichungen und Diagramme für Gase.

Für ideale Gase lautet die Zustandsgleichung:

$$p v = R T \text{ (XXII)}, \; R \text{ ist die Gaskonstante.}$$

$$R = \frac{848}{m}, \text{ wobei } m \text{ das Molekulargewicht bedeutet.}$$

$$c_p - c_v = A R \quad \ldots\ldots\ldots \quad \text{(XXIa)}$$

$$\frac{c_p}{c_v} = \varkappa = 1{,}4 \text{ (für Luft).}$$

Für niedere Temperaturen bis ca. 100° kann man c_p und c_v als konstant ansehen und zwar betragen:

$$c_v = 0{,}17, \quad c_p = 0{,}2385.$$

Allgemein gilt:

$$c_v = \alpha + \beta T.$$

Für die Energie u und den Wärmeinhalt i gelten die schon angeführten Gleichungen (X) und (XI).

Aus der allgemeinen Wärmegleichung erhält man:

$$dQ = c_v dT + A p dv \quad \ldots\ldots\ldots \quad \text{(XXIII)},$$

$$dQ = \frac{A}{\varkappa - 1}(v dp + \varkappa p dv) \quad \ldots\ldots \quad \text{(XXIV)}.$$

Diese Gleichungen gelten für umkehrbare Prozesse.

Für die Entropieänderung bestehen die bereits entwickelten Gleichungen (XIVa), (XIVb).

Es ist ferner

$$c_v = \frac{A R}{\varkappa - 1}, \quad c_p = \frac{\varkappa A R}{\varkappa - 1}.$$

Besondere Arten umkehrbarer Zustandsänderungen.

1. Isochore (v = konst.).

$$dQ = c_v dT, \quad Q = c_v (T_2 - T_1); \quad L_a = 0, \quad L_t = v(p_1 - p_2).$$

In den Fig. 12 und 13 wird diese Zustandsänderung dargestellt durch Kurve $a\,c$. Ist a der Ausgangspunkt, c der Endpunkt, so ist die Wärme Q = Fläche $a\,c\,c'\,d'$ abzuführen (Fig. 13).

2. Isobare (p = konst.).

$$dQ = c_p dT, \quad Q = c_p (T_2 - T_1)$$

$$L_a = p (v_2 - v_1).$$

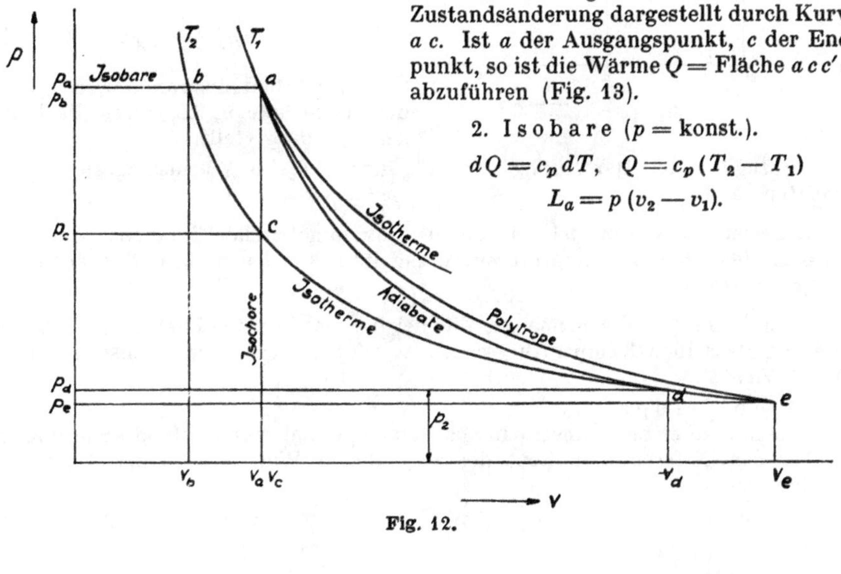

Fig. 12.

Für die isobarische Zustandsänderung ist die technische Arbeit $L_t = 0$; im p/v-Diagramm entspricht L_a der Fläche $a\,b\,v_b\,v_a$, im T/S-Diagramm Q der Fläche $a\,d'\,b'\,b$.

3. Isotherme (T = konst., bzw. Isodyname und Kurve konstanten Wärmeinhaltes).

$$p\,v = R\,T = \text{konst.}$$

Die Zustandskurve entspricht einer gleichseitigen Hyperbel.

$$d\,Q = d\,L_a = d\,L_t.$$

$$\frac{Q}{A} = L_a = L_t = p_1\,v_1 \lg \frac{p_1}{p_2} = R\,T \lg \frac{p_1}{p_2} \quad . \quad . \quad . \quad . \quad (\text{XXV}).$$

In den Diagrammen gilt für die Isotherme $b\,d$:

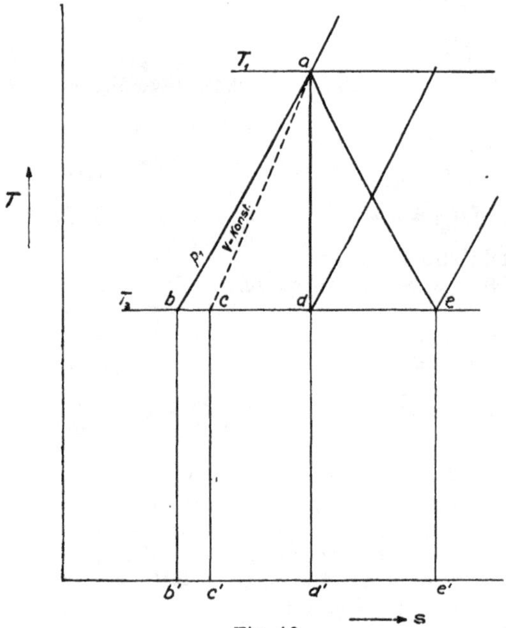

Fläche $b\,d\,p_d\,p_b$ = Fläche $b\,d\,v_d\,v_b$ liefert die Arbeit, Fläche $b\,d\,d'\,b'$ im Wärmediagramm entspricht $Q = A\,L$.

Fig. 13.

4. Adiabate ($Q = 0$, S = konst.).

Aus der Gleichung (XXIV) ergibt sich für die Adiabate:

$$v\,d\,p + \varkappa\,p\,d\,v = 0,$$

$$p\,v^{\varkappa} = \text{konst.}, \quad \varkappa = \frac{c_p}{c_v}.$$

Aus der Grundgleichung:

$$d\,Q = c_v\,d\,T + A\,d\,L_a = c_p\,d\,T + A\,d\,L_t$$

erhält man:

$$A\,L_a = c_v\,(T_1 - T_2)$$

$$A\,L_t = c_p\,(T_1 - T_2) \quad (\text{XXVI})$$

oder auch

$$L_a = \frac{1}{\varkappa - 1}\,(p_1\,v_1 - p_2\,v_2) \quad (\text{XXVII}),$$

$$L_t = \frac{\varkappa}{\varkappa - 1}\,(p_1\,v_1 - p_2\,v_2) \quad (\text{XXVIII}).$$

Im Arbeitsdiagramm wird L_a durch die Fläche $a\,d\,v_d\,v_a$, L_t durch die Fläche $a\,d\,p_d\,p_a$ dargestellt.

Bezüglich der Darstellung von AL_a und AL_t im Wärmediagramm ist zu beachten, daß

$$A\,L_a = c_v\,(T_1 - T_2)$$

gleich derjenigen Wärme ist, die bei der isovolumetrischen Zustandsänderung $c\,a$ zwischen denselben Temperaturgrenzen zugeführt werden muß, mithin der Fläche $c\,a\,d'\,c'$ entspricht;

$$A\,L_t = c_p\,(T_1 - T_2)$$

ist gleich derjenigen Wärmemenge, die bei der isobarischen Zustandsänderung $b\,a$ zwischen denselben Temperaturgrenzen zugeführt werden muß, also gleich der Fläche $b\,a\,d'\,b'$.

5. Polytrope.

Nach Zeuner bezeichnet man als Polytrope diejenige Zustandsänderung, bei welcher der Differentialquotient der zugeführten Wärme nach der Temperatur konstant ist.

$$\frac{d\,Q}{d\,T} = c \quad . \quad . \quad . \quad . \quad . \quad . \quad . \quad . \quad . \quad . \quad . \quad (\text{XXIX}).$$

Dieser Definition entsprechen auch die bisher betrachteten Zustandsänderungen, so daß diese als Spezialfälle der Polytrope angesehen werden können.

Mit Hilfe von (XXIV) erhält man als Zustandsgleichung der Polytrope $p v^n =$ konst., wobei

$$\frac{c - c_p}{c - c_v} = n \text{ oder } c = c_v \frac{n - \varkappa}{n - 1} \quad \text{. . . . . . (XXX)}$$

ist. Wenn die Polytrope zwischen Isotherme und Adiabate verläuft, also $\varkappa > n > 1$ ist, wird c negativ. Dieser Fall ist in den Diagrammen als Kurve $a\,e$ abgebildet. Für die Arbeiten L_a und L_t erhält man:

$$L_a = \frac{1}{n - 1} (p_1 v_1 - p_2 v_2) \quad \text{. . . . . . (XXXI),}$$

$$L_t = \frac{n}{n - 1} (p_1 v_1 - p_2 v_2) \quad \text{. . . . . . (XXXII).}$$

Im Arbeitsdiagramm stellt sich L_a als Fläche $a\,e\,v_e\,v_a$, L_t als Fläche $a\,e\,p_e\,p_a$ dar.

Die zugeführte Wärmemenge entspricht im T/S-Diagramm der Fläche $a\,e\,e'\,d'$. Sieht man a als Ausgangs-, e als Endpunkt an, so ist Q von außen zuzuführen. Man kann aber auch AL_a und AL_t im Wärmediagramm leicht darstellen. Es ist nämlich:

$$Q = c\,(T_2 - T_1) = c_v\,(T_2 - T_1) + AL_a = c_p\,(T_2 - T_1) + AL_t.$$

Somit ist $AL_a = c\,(T_2 - T_1) - c_v\,(T_2 - T_1)$.

Nun entspricht $c_v\,(T_2 - T_1)$ der Fläche $a\,d'\,c'\,c$ (negativ)
und $c_p\,(T_2 - T_1)$ der Fläche $a\,d'\,b'\,b$ (negativ).

Somit entspricht AL_a der Fläche $c'\,c\,a\,e\,e'$
und AL_t der Fläche $b'\,b\,a\,e\,e'$.

Um die Polytrope im T/S-Diagramm einzeichnen zu können, kann man von folgendem Verfahren Gebrauch machen:

Der Exponent $n = be/ce$, wie sich leicht nachweisen läßt. Es ist nämlich

$$b\,d = -\,c_p \lg \frac{T_2}{T_1}, \quad c\,d = -\,c_v \lg \frac{T_2}{T_1}$$

$$d\,e = c \lg \frac{T_2}{T_1},$$

folglich

$$\frac{b\,e}{c\,e} = \frac{b\,d + d\,e}{c\,d + d\,e} = \frac{-\,c_p + c}{-\,c_v + c} = n.$$

Indem man für mehrere Temperaturen die Konstruktion durchführt, läßt sich die Polytrope leicht darstellen.[1])

Die Polytrope hat im T/S-Diagramm einen logarithmischen Verlauf; denn es ist

$$dQ = c\,d\,T = T\,d\,S,$$

oder

$$\frac{d\,T}{T} = \frac{d\,S}{c}, \quad \lg \frac{T}{T_1} = \frac{S - S_1}{c}.$$

Die Subtangente der Polytrope ergibt die Größe c. Diese Beziehungen gelten allgemein, also auch für die früher betrachteten Zustandskurven. Die

---

[1]) Vgl. Ostertag: Die Entropietafel für Luft. Berlin 1910. Die Ostertagsche Annahme, daß sich die Polytrope im Wärmediagramm als Gerade darstellt, trifft jedoch nicht zu und kann höchstens als Näherung in kleinen Druckintervallen angesehen werden. Auch die Isobare ist als ein besonderer Fall der Polytrope anzusehen ($n = 0$).

Subtangente der Isochore entspricht c_v, jene der Isobare c_p. Für die Gase fällt das i/S-Diagramm mit dem T/S-Diagramm zusammen, wenn man die Maßstäbe entsprechend wählt, solange man c_v und c_p als Konstante ansieht. Man kann sich daher bei Verwendung des T/S-Diagramms vielfach das Planimetrieren ersparen, wenn man bedenkt, daß T_1—T_2 der Strecke ad entspricht. So erhält man z. B. für die adiabatische Expansion ad die äußere Arbeit im Wärmemaße durch Multiplikation der Strecke ad mit c_v, das Äquivalent der technischen Arbeit durch Multiplikation derselben Strecke mit c_p.

Wenn die spezifischen Wärmen nicht konstant sind, worauf man bei großen Temperaturintervallen Rücksicht nehmen muß, sind die Zustandsänderungen nicht mehr logarithmische Linien und das i/s-Diagramm ist mit dem T/S-Diagramm nicht mehr identisch. In diesem Falle müssen im Wärmediagramm zum Zwecke der Darstellung von AL_a, AL_t und Q die entsprechenden Flächen planimetriert werden.

2. Hauptgleichungen und Diagramme für Dämpfe.

Dämpfe sind luftförmige Körper, die durch Abkühlung, bzw. Zusammendrücken in den flüssigen Zustand übergeführt werden können. Man unterscheidet gesättigte oder nasse und überhitzte Dämpfe. Ein Dampf ist gesättigt oder naß,

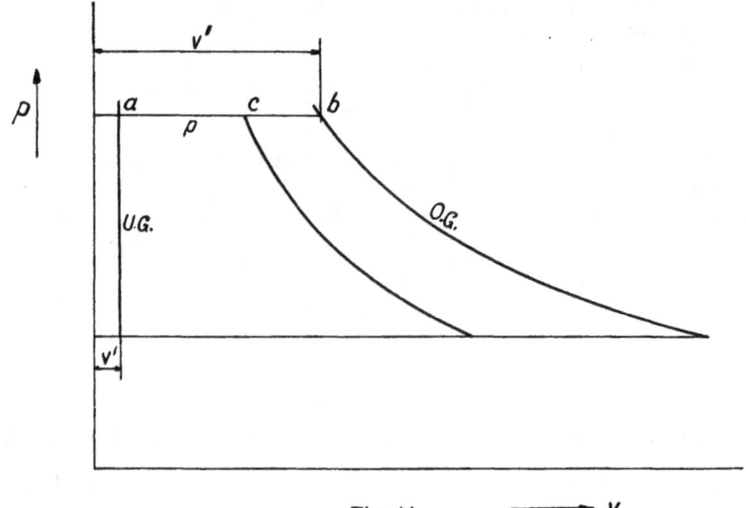

Fig. 14.

wenn er sich teils im gasförmigen, teils im flüssigen Zustande befindet. Dabei ist der Druck bloß eine Funktion der Temperatur. Befindet sich das Medium nur im gasförmigen Zustande, so spricht man von überhitztem Dampf.

Man denke sich 1 kg Flüssigkeit in einem Zylinder von der Grundfläche 1 m^2 durch den konstanten Druck p kg/m^2 belastet. Führt man Wärme von außen stetig zu, so steigt die Temperatur der Flüssigkeit, bis im Punkte a (Fig. 14) das Verdampfen beginnt. Führt man noch Wärme zu, so steigt die Temperatur nicht, das Medium verdampft immer weiter, bis im Punkte b keine Flüssigkeit mehr vorhanden ist. Wird die Wärmezufuhr noch weiter fortgesetzt, so steigt die Temperatur, der Dampf wird überhitzt. Der geometrische Ort aller Punkte a ergibt die untere Grenzkurve (UG), der geometrische Ort aller Punkte b

die obere Grenzkurve (OG). Diese entspricht denjenigen Dampfzuständen, bei denen der Dampf gerade trocken gesättigt ist. Im T/S-Diagramm (Fig. 15) haben die beiden Grenzkurven für praktische Temperaturintervalle bei Wasserdampf einen ungefähr logarithmischen Verlauf.

Im i/S-Diagramm (Fig. 16) ist für die Zwecke der praktischen Berechnung die untere Grenzkurve belanglos. In Übereinstimmung mit der »Hütte«, 21. Auflage bezeichnen wir:

v' bzw. v'' das spezifische Volumen der Flüssigkeit, bzw. des Dampfes im Grenzzustande, entsprechend dem gegebenen Drucke,
c die spezifische Wärme der Flüssigkeit.
r die Verdampfungswärme,
ϱ die innere Verdampfungswärme,
i' und u' den Wärmeinhalt und die Energie der Flüssigkeit im Grenzzustande, z. B. von 0^0 ab gerechnet.

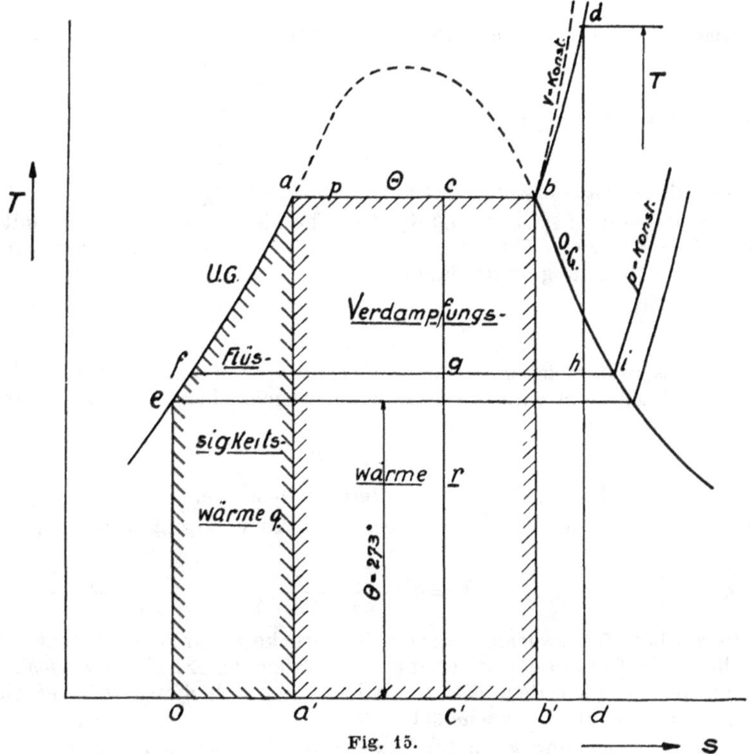

Fig. 15.

Es gilt dann für die obere Grenzkurve:

$i'' = i' + r$ als Wärmeinhalt des trocken gesättigten Dampfes,
$u'' = u' + \varrho$ als Energie des trocken gesättigten Dampfes.

Ferner ist:

$$s' = \int_0^t \frac{c\,dT}{T} \text{ die Entropie der Flüssigkeit } \quad . \; . \; . \text{ (XXXIII)},$$

$$s'' = s' + \frac{r}{T} \text{ die Entropie des trocken gesättigten Dampfes.}$$

Die Zustandsgleichung für nassen Dampf lautet:

$$v = v' + x(v'' - v') \quad \ldots\ldots\ldots \quad \text{(XXXIV)},$$

wobei x die spezifische Dampfmenge bedeutet, d. h. die Anzahl kg Dampf in 1 kg Gemisch von trocken gesättigtem Dampf und Flüssigkeit.

Ebenso ist für nasse Dämpfe:

$$u = u' + x\varrho, \quad i = i' + xr.$$

Aus (XXXIV) erhält man für eine Zustandsänderung bei konstantem Druck:

$$dv = (v'' - v')\,dx.$$

Nun ist zum Verdampfen von $d\,x$ kg eine Wärmemenge $dQ = r\,d\,x$ nötig. Mit Rücksicht auf (XIX) ergibt sich die Gleichung von Clapeyron:

$$\frac{r}{v'' - v'} = A\,T\frac{d\,p}{d\,T} \quad \ldots\ldots\ldots \quad \text{(XXXV)}.$$

Bezeichnet man die »Flüssigkeitswärme« mit q, so gilt für gesättigte Dämpfe auch:

$$i = q + A\,p\,v' + x\,r.$$

Für trocken gesättigten Dampf ist:

$$i = \lambda + A\,p\,v'\text{[1]},$$

λ wird als die Gesamtwärme bezeichnet.

Für Wasserdampf ist $v' = 0{,}001$, also sehr klein, man darf somit mit guter Näherung $i' = q$ setzen. Die genaue Formel, bei der man auch der Veränderlichkeit von v' Rechnung trägt, lautet:

$$i' = q + A\int_0^t v'\,dp.$$

Für Wasserdampf ist die obige Näherung vollauf hinreichend.

Im T/S-Diagramm wird die Flüssigkeitswärme q beim Drucke p dargestellt durch die Fläche $0\,e\,a\,a'$. Dabei ist

$$q = \int c\,d\,T = \int T\,d\,s,$$

mithin ist c die Subtangente an die untere Grenzkurve.

Für die Subtangente an die obere Grenzkurve ergibt sich nach Clausius die Größe

$$h = c + \frac{d\,r}{d\,t} - \frac{r}{T}.$$

Die Verdampfungswärme r wird beim Drucke p durch die Fläche $a\,b\,b'\,a'$, dargestellt. Die Gesamtwärme ergibt sich daher als Fläche $0\,e\,a\,b\,b'$. Diese Fläche entspricht auch dem Wärmeinhalt i'', da sich dieser von der Gesamtwärme praktisch kaum unterscheidet.

Die Wärmegleichung kann für nasse Dämpfe geschrieben werden:

$$dQ = d\,q + T\,d\left(\frac{x\,r}{T}\right) \quad \ldots\ldots\ldots \quad \text{(XXXVI)}.$$

Da $d\,q = c\,d\,T$ ist, so ergibt sich für die adiabatische Zustandsänderung nasser Dämpfe:

$$\frac{x\,r}{T} = \frac{x_1\,r_1}{T_1} + c\lg\frac{T_1}{T}, \quad c \backsim 1.$$

---

[1]) Vgl. Mollier, a. a. O. Siehe auch den Abschnitt »Wärme« in der »Hütte«.

Nach Zeuner kann für die Adiabate im Sättigungsgebiet näherungsweise gesetzt werden:

$$p\,v^{\mu} = C,$$

$$\mu = 1{,}035 + 0{,}1\,x.$$

Die Entropie nasser Dämpfe ergibt sich aus:

$$s = \int_0^t \frac{dq}{T} + \frac{x\,r}{T}.$$

Für die obere Grenzkurve gilt ungefähr:

$$p\,v^{16/15} = \text{konst.}$$

Überhitzte Dämpfe verhalten sich in ähnlicher Weise wie Gase. Nur sind die spezifischen Wärmen stark veränderlich. Der Wärmeinhalt ist mit guter Näherung, wenn c_p die spezif. Wärme bei konstantem Druck und ϑ die entsprechende Sättigungstemperatur ist:

$$i = i'' + c_p\,(t - \vartheta).$$

Im Wärmediagramm wird i dargestellt durch die Fläche $0\,e\,a\,b\,d\,d'$. Die Kurve $b\,d$ ist eine Isobare, die einen logarithmischen Verlauf hat. Einen ähnlichen, aber steileren Verlauf hat die Isochore.

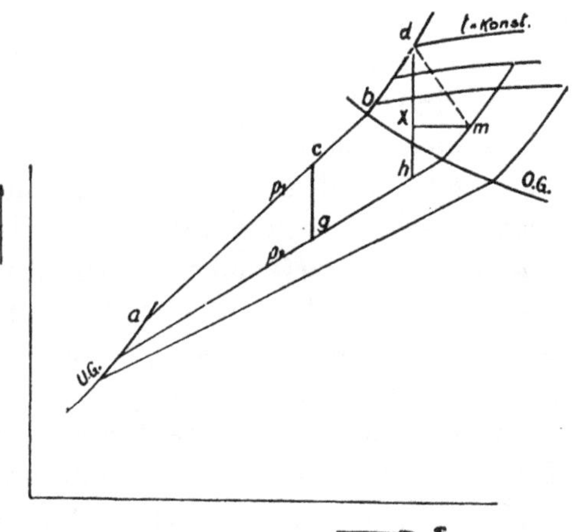

Fig. 16.

Im i/s-Diagramm (Fig. 16) verläuft die Isobare (Isotherme) im nassen Gebiet geradlinig. Es ist nämlich $d\,(Q)_p = d\,i$ und wegen $d\,s = d\,Q/T$ wird $(d\,i/d\,s)_p = T$, woraus der geradlinige Verlauf hervorgeht. Die Adiabaten werden im i/s-Diagramm ebenso wie im Wärmediagramm durch zur Ordinatenachse parallele Gerade dargestellt. Die Differenz der Wärmeinhalte z. B. bei der Expansion $d\,h$ vom Anfangsdrucke p_1 bis zum Enddruck p_2 wird unmittelbar durch die Strecke $d\,h$ dargestellt. Findet die Expansion in nichtumkehrbarer Weise statt und wird der Endwert des Wärmeinhaltes durch den Punkt m dargestellt — der Verlauf der Zustandsänderung ist gleichgültig — so entspricht die Differenz der Wärmeinhalte oder das Wärmegefälle der Strecke $d\,x$. Das Mollierdiagramm ermöglicht, da die Beziehung

$$A\,L_t = i_1 - i_2$$

immer gültig ist, solange kein Wärmeaustausch mit der Umgebung erfolgt, die Nutzarbeit auch beim realen Prozeß unmittelbar zu erhalten.

Als Zustandsgleichung für überhitzten Wasserdampf gilt die Formel von Callendar:

$$v - 0{,}001 = 47\,\frac{T}{p} - \mathfrak{B} \quad \ldots\ldots \quad \text{(XXXVII)},$$

wobei $\mathfrak{B}$ eine reine Temperaturfunktion ist.

In ähnlicher Weise kann der Wärmeinhalt durch eine Gleichung dargestellt werden, wenn J eine Funktion der Temperatur ist:

$$i = 594{,}7 + 0{,}11\,\frac{13}{3}\,t - J\,p, \quad (p\ \text{kg/cm}^2).$$

Die Adiabate kann näherungsweise durch die Formel

$$p\,v^{\varkappa} = \text{konst.} \quad \ldots\ldots\ldots \quad \text{(XXXVIII)},$$

wobei $\varkappa = 1{,}3$ ist, ausgedrückt werden.

Darnach lassen sich Energie und Wärmeinhalt wie bei Gasen berechnen:

$$u = A\frac{1}{\varkappa - 1}\,p\,v + \text{konst.},\quad i = A\frac{\varkappa}{\varkappa - 1}\,p\,v + \text{konst.} \quad \text{(XXXIX)}.$$

e) Das Verhalten der Düsen.

Die Düse ist nicht allein ein wichtiger Bestandteil der Dampf- und Gasturbinen, sondern auch als Meßvorrichtung für durchströmende Luft- und Dampfmengen von großer Bedeutung.

Man unterscheidet einfache Düsen oder Mündungen und erweiterte Düsen, die einen zuerst abnehmenden, dann zunehmenden Querschnitt besitzen. Erweiterte Düsen sind zuerst von de Laval bei seinen einstufigen Dampfturbinen verwendet worden. Man benützt sie überall dort, wo es auf die Erreichung besonders hoher Geschwindigkeiten ankommt. Wenn die Düse keinen engsten Querschnitt und mithin auch keinen divergenten Ansatz besitzt, so spricht man von einer einfachen Düse oder Mündung. Dieser Bauart entsprechen die Leitapparate der meisten vielstufigen Dampfturbinen.

Das Verhalten der Düsen ist sowohl vom physikalischen, als vom technischen Standpunkt sehr bemerkenswert. Daher weist die Literatur über diesen Gegenstand eine große Zahl von experimentellen und theoretischen Untersuchungen auf, von denen hier nur die wesentlichsten Ergebnisse mitgeteilt werden können.

1. Ausfluß aus einfachen Mündungen.

Wenn aus einem Gefäß, in dem der Druck dauernd auf einen konstanten Wert p_1 erhalten wird, Dampf oder Gas durch eine Düse in einen Raum mit geringerem Drucke p strömt, so erreicht der austretende Strahl eine Geschwindigkeit w, die sich aus der Formel

$$A\frac{w^2}{2g} = i_1 - i \quad \ldots\ldots\ldots \quad (1)$$

berechnet. Dabei ist i_1 der Wärmeinhalt am Anfang, i am Ende des Vorganges. Formel (1) gilt allgemein, gleichgültig, ob die Expansion mit oder ohne Reibung stattfindet. Vorausgesetzt ist dabei nur, daß ein Wärmeaustausch zwischen dem arbeitenden Medium und der Umgebung nicht erfolgt. Sie ergibt sich unmittelbar aus Grundgleichung (V), da in diesem Falle $Q = 0$ und $L = 0$ ist, ferner die kinetische Energie beim Eintritt vernachlässigt werden kann.

Für den Fall, daß die Expansion reibungsfrei verläuft, darf im Hinblicke auf die Grundgleichung (III)

$$\frac{w^2}{2g} = \int_p^{p_1} v\,dp \quad \ldots \ldots \ldots \ldots (2)$$

geschrieben werden. Man erhält so die Gleichung von de St. Venant und Wantzel. Mit Rücksicht auf (XXXIX) gilt für Gase und überhitzte Dämpfe:

$$\frac{w^2}{2g} = \frac{\varkappa}{\varkappa - 1}(p_1 v_1 - p v) \quad \ldots \ldots (1a).$$

Für die adiabatische Zustandsänderung erhält man daraus:

$$w = \sqrt{2g \frac{\varkappa}{\varkappa - 1} p_1 v_1 \left[1 - \left(\frac{p}{p_1}\right)^{\frac{\varkappa - 1}{\varkappa}}\right]} \quad \ldots (1b).$$

Zur Berechnung der Ausflußmenge dient die Stetigkeitsbedingung

$$G v = f w \quad \ldots \ldots \ldots \ldots (3),$$

worin f dem Austrittsquerschnitt, G der in der Zeiteinheit durchströmenden Gewichtsmenge entspricht. Nach einigen Umformungen erhält man daraus:

$$G = f \sqrt{\frac{2g\varkappa}{\varkappa - 1} \frac{p_1}{v_1} \left[\left(\frac{p}{p_1}\right)^{\frac{2}{\varkappa}} - \left(\frac{p}{p_1}\right)^{\frac{\varkappa + 1}{\varkappa}}\right]} \quad \ldots (4).$$

Darnach hängt die Ausflußmenge außer vom Anfangszustande der Flüssigkeit vom Druckverhältnis p/p_1 ab. Für $p = p_1$ wird $G = 0$, ein selbstverständliches Ergebnis. Aus (4) erhält man aber auch $G = 0$ für $p = 0$, d. h. beim Übertritt ins Vakuum wäre das ausströmende Gewicht gleich Null. Dieses Ergebnis ist offenbar unrichtig und steht mit den Beobachtungen nicht im Einklang, die eine Zunahme von G mit abnehmendem Gegendrucke, allerdings nur bis zu einer gewissen Grenze, liefern.

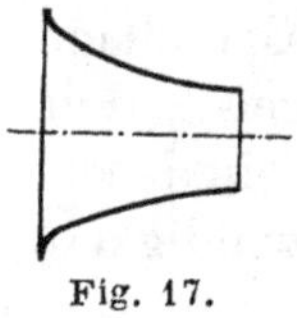

Fig. 17.

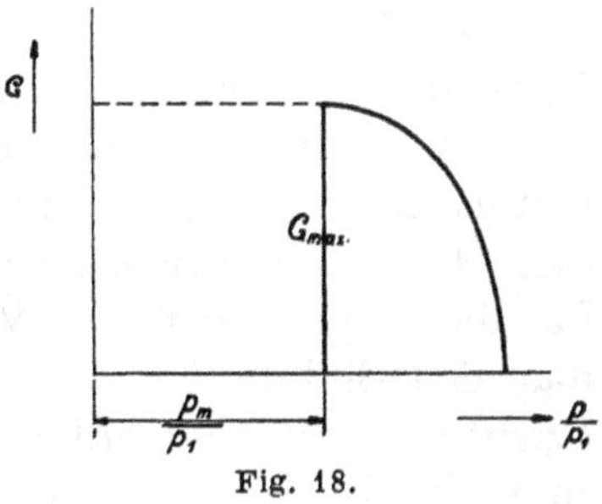

Fig. 18.

Man kann Gleichung (4) auch in der Form schreiben

$$G = f\,\varphi(p) \quad \ldots \ldots \ldots \ldots (4a),$$

wobei der Anfangszustand des Dampfes (Luft) als unveränderlich angenommen wird. Auf rein analytischem Wege läßt sich nachweisen, daß die Funktion $\varphi(p)$ für einen bestimmten Druck $p = p_m$ ein Maximum wird, und zwar erhält man:

$$p_m = p_1 \left(\frac{2}{\varkappa + 1}\right)^{\frac{\varkappa}{\varkappa - 1}} \quad \ldots \ldots \quad (5).$$

Man bezeichnet p_m nach Zeuner als den »kritischen Druck«. Führt man $p_m = p$ aus (5) in (4) ein, so erhält man:

$$G_{\max} = f \sqrt{2g \frac{\varkappa}{\varkappa + 1} \left(\frac{2}{\varkappa + 1}\right)^{\frac{2}{\varkappa - 1}} \frac{p_1}{v_1}} \quad \ldots \quad (6).$$

Kürzehalber kann man hierfür setzen:

$$G_{\max} = f \psi \sqrt{\frac{p_1}{v_1}} \quad \ldots \ldots \ldots \ldots \quad (6a),$$

worin ψ für jedes Medium einen bestimmten Wert hat. So erhält man in kg-m-sek.-Einheiten:

für Luft und vollkommene Gase: $p_m = 0{,}530\, p_1$;

für Wasserdampf bei trocken gesättigtem Anfangszustand

$$p_m = 0{,}577\, p_1, \quad w_m = 3{,}23 \sqrt{p_1 v_1}, \quad G_{sk} = 1{,}99\, f_m \sqrt{\frac{p_1}{v_1}};$$

für Wasserdampf im überhitzten Gebiet:

$$p_m = 0{,}546\, p_1, \quad w_m = 3{,}33 \sqrt{p_1 v_1}, \quad G_{sk} = 2{,}09\, f_m \sqrt{\frac{p_1}{v_1}}.$$

Bereits de St. Venant und Wantzel stellten die Hypothese auf, daß der Wert für $G_{\max}$ niemals überschritten wird, wie weit auch der Gegendruck p sinken möge. Versuche von Gutermuth und Blaeß bestätigen, daß die Ausflußmenge bis zu einem gewissen Druckverhältnis zunimmt, um dann unveränderlich zu bleiben. Die hier entwickelte, von Zeuner herrührende Theorie bildet die Grundlage für die Beurteilung der Vorgänge in einfachen Mündungen. Will man den Einfluß der Widerstände berücksichtigen, so muß ein Koeffizient φ eingeführt werden, mit dem die theoretische Geschwindigkeit zu multiplizieren ist.

Sobald der Gegendruck p gleich dem »kritischen« Druck p_m wird, erhält man für die Geschwindigkeit

$$w_m = \sqrt{2g \frac{\varkappa}{\varkappa + 1} p_1 v_1} \quad \ldots \ldots \quad (7)$$

oder durch Benützung von (1a):

$$w_m = \sqrt{\varkappa g p v} \quad \ldots \ldots \quad (7a).$$

Dieser Wert entspricht der »Schallgeschwindigkeit« der Adiabate. Man war früher der Ansicht, daß beim Ausströmen aus einfachen Mündungen die Schallgeschwindigkeit niemals überschritten wird. Neuere Versuche haben indessen ergeben, daß auch bei einfachen Mündungen unter gewissen Umständen höhere Geschwindigkeiten erreicht werden können. (Spaltexpansion.) Die Ausflußmenge kann aber niemals einen höheren Wert annehmen als G_{max}. Übrigens hat schon Zeuner darauf hingewiesen, daß beim Ausfluß aus einfachen Mündungen beim Auftreten von Widerständen der Druck p_n niedriger ist als der kritische p_m (Fig. 19).

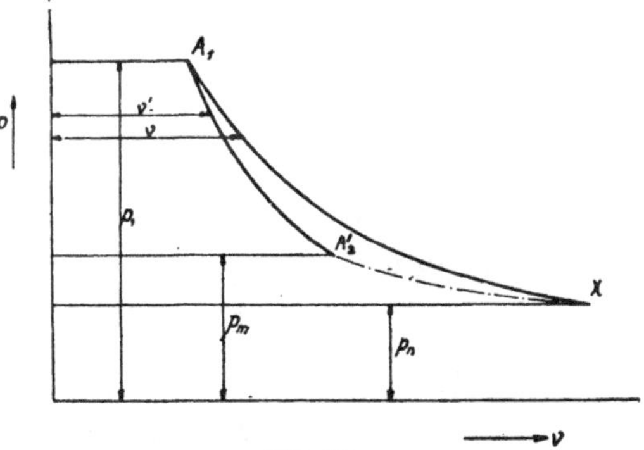

Fig. 19.

2. Lavalsche Düsen.

Erhält die Düse nach dem Vorschlage von de Laval einen divergenten Ansatz (Fig. 20), so gelten die Formeln (1) bis (4) auch unterhalb des »kritischen« Druckes. Da im Beharrungszustande dieselbe Dampfmenge G durch alle Querschnitte der Düse strömt, so tritt gemäß Gleichung (4a) der Maximalwert der Funktion $\varphi(p)$ im kleinsten Querschnitt f_{min} auf. Im engsten Querschnitt stellt sich der »kritische« Druck ein und in ihm wird die »Schallgeschwindigkeit« erreicht. Die durchströmende Dampfmenge beträgt:

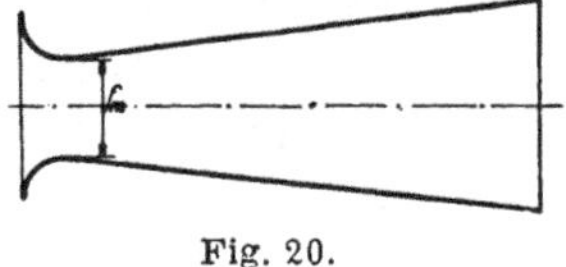
Fig. 20.

$$G = f_{min} \sqrt{\frac{2g\varkappa}{\varkappa+1}\left(\frac{2}{\varkappa+1}\right)^{\frac{2}{\varkappa-1}} \frac{p_1}{v_1}} \quad . \; . \; . \; . \quad (8)$$

bzw.

$$G = f_{min}\, \psi \sqrt{\frac{p_1}{v_1}}.$$

Die gleichen Formeln gelten auch für den Maximalwert bei einfachen Mündungen.

Der bisherigen Entwicklung liegt die Annahme zugrunde, daß während der Expansion keine Widerstände auftreten. Um allgemeine Schlußfolgerungen ziehen zu können, muß man wiederum die thermodynamischen Grundgleichungen heranziehen.

Aus dem ersten Hauptsatz ergibt sich in diesem Falle:

$$dW = di - A\,v\,dp$$

oder, da $A\,\dfrac{w\,dw}{g} = -\,di$ ist:

$$\frac{w\,dw}{g} = -\,v\,dp - \frac{dW}{A} \quad \ldots\ldots \quad (9).$$

Um die Bewegungswiderstände zu berücksichtigen, kann ein ähnlicher Ansatz wie in der Hydraulik benutzt werden und zwar:

$$\frac{dW}{A} = \zeta\,\frac{w^2}{g}\,dz,$$

worin dz das Wegelement bedeutet.

Man erhält so:

$$\frac{w\,dw}{g} = -\,v\,dp - \zeta\,\frac{w^2}{g}\,dz \quad \ldots\ldots \quad (9\text{a}).$$

Endlich ist noch die Stetigkeitsbedingung $G\,v = f\,w$ zu benützen, aus der durch Differentiation die Gleichung

$$\frac{dv}{v} = \frac{df}{f} + \frac{dw}{w} \quad \ldots\ldots \quad (10)$$

entsteht.

Eine Integration dieser Grundgleichungen ist nicht möglich. Wir begnügen uns damit zu untersuchen, wie sich Druck und Geschwindigkeit in Richtung der Strömung ändern und nehmen an, daß die wahre Zustandsänderung auf experimentellem Wege bestimmt sei und nach dem Gesetze

$$p = \Phi\,(v) \quad \ldots\ldots \quad (11)$$

verlaufe. Durch Differentiation von (11) erhält man:

$$dp = \Phi'\,dv \quad \ldots\ldots \quad (11\text{a}).$$

Durch Einsetzen von dw aus (9a) in (10) und darauf von dv in (11a) erhält man:

$$\frac{dp}{v\,\Phi'} = \frac{df}{f} - \frac{g\,v\,dp}{w^2} - \zeta\,dz$$

oder

$$\left[\frac{1}{g\,v^2\,\Phi'} + \frac{1}{w^2}\right] g\,v\,dp = \left[\frac{df}{f\,dz} - \zeta\right] dz$$

Es bedeutet

$$w_s = \sqrt{g\,\frac{\partial p}{\partial \gamma}} \quad \ldots\ldots \quad (12)$$

die Schallgeschwindigkeit für die Zustandsänderung $p = \Phi\,(v)$. Führt man $v = 1/\gamma$ ein, so erhält man aus (12):

$$w_s^2 = -\,g\,v^2\,\Phi' \quad \ldots\ldots \quad (12\text{a}).$$

Man erhält dadurch die zuerst von Stodola abgeleitete Beziehung

$$\frac{dp}{dz} = \frac{\zeta - \frac{df}{f\,dz}}{w^2 - w_s^2} \cdot \frac{w^2 w_s^2}{g\,v} \quad \ldots \ldots \quad (13).$$

Setzt man ferner[1]) $d\,p$ aus (11a) in (9a) ein, so erhält man:

$$\frac{w\,dw}{g} = -v\,d\,v\,\Phi' - \zeta\frac{w^2}{g}dz$$

und durch Berücksichtigung von (10):

$$\frac{w\,dw}{g} = -v^2\Phi'\left(\frac{df}{f} + \frac{dw}{w}\right) - \zeta\,dz\,\frac{w^2}{g}$$

sowie unter Benützung von (12a):

$$\frac{w\,dw}{dz} = w_s^2\frac{df}{f\,dz} + \frac{w_s^2}{w}\frac{dw}{dz} - \zeta\,w^2$$

$$\frac{dw}{w\,dz} = \frac{w_s^2\frac{df}{f\,dz} - \zeta\,w^2}{w^2 - w_s^2} \quad \ldots \ldots \quad (14).$$

Die Gleichungen (13) und (14) stellen die Änderung von Druck und Geschwindigkeit unabhängig davon dar, welches Medium durch die Düse strömt. In einer Lavalschen Düse nimmt, wenn der Gegendruck entsprechend tief ist, der Druck in der Strömungsrichtung ständig ab, die Geschwindigkeit zu. Es möge nun untersucht werden, in welchem Querschnitt die Schallgeschwindigkeit erreicht wird. Wenn $w = w_s$ wird, so verschwindet der Nenner sowohl in (13) wie in (14). Da in der Düse eine unendlich große Beschleunigung physikalisch unmöglich ist, so muß diesfalls in (14) auch der Zähler gleich Null werden, mithin wird

$$\frac{df}{f\,dz} = \zeta \quad \ldots \ldots \ldots \quad (15).$$

Durch (15) wird der sog. »tönende Querschnitt« bestimmt.

Da ζ stets positiv ist, so kann die Schallgeschwindigkeit nur im Innern divergenter Rohre in einem ganz bestimmten Querschnitt auftreten. Dieses Ergebnis steht nicht etwa im Widerspruch mit den Behauptungen des vorigen Abschnittes, denn dieses besagt nur, daß mit Hülfe einer einfachen Mündung die Schallgeschwindigkeit im Mündungsquerschnitt niemals erreicht, bzw. überschritten werden kann.

[1]) Vgl. des Verfassers »Zur Kritik der Strömungsvorgänge in Düsen und Leitapparaten«. (Z. f. d. ges. Turb. 1912, H. 25.)

Wohl aber kann der Strahl **außerhalb** der Mündung weiter expandieren, wobei er sich erweitert und eine höhere Geschwindigkeit annimmt.

Vor dem tönenden Querschnitt ist $w < w_s$, der Nenner somit in (13) und (14) negativ. Da außerdem $\frac{df}{f\,dz} < \zeta$ ist, so wird der Zähler in (13) positiv, der Druck nimmt ab. Hinsichtlich des Geschwindigkeitsverlaufes ist in (14) für $w < w_s$ der Nenner negativ. Für die Düsen des praktischen Dampfturbinenbaues nimmt der Querschnitt zunächst ab, der Zähler ist also aus doppelten Gründen negativ, die Geschwindigkeit nimmt zu. Für den engsten Querschnitt, nämlich für $\frac{df}{f\,dz} = 0$, ist der Zähler negativ, die Geschwindigkeit nimmt zu. Hinter dem tönenden Querschnitt wird $\frac{df}{f\,dz} > \zeta$, d. h. die Divergenz muß stärker werden, damit eine Expansion stattfinden kann.

Die Druckabnahme hinter dem engsten Querschnitt erfordert also eine gewisse kleinste Divergenz. Um diese festzustellen, suchen wir die Bedingung für ein Rohr mit konstantem Drucke und benützen zu diesem Zwecke die Gleichungen (9a) und (10). Man erhält:

$$\frac{df}{f\,dz} = \zeta + \frac{dv}{v\,dz}$$

Da diese Beziehung nicht leicht zu übersehen ist, führen wir allgemein als Bedingung für konstanten Druck $i = A\,\chi(v)$ ein und erhalten:

$$\frac{df}{f\,dz} = \zeta\left(1 + \frac{w^2}{g\,\chi'\,v}\right) \quad \ldots\ldots\ldots \quad (16).$$

Die Funktion χ fällt verschieden aus, je nachdem man den Vorgang für Gase oder Dämpfe verfolgt.

Soll im divergenten Teil der Druck abnehmen, so muß die Divergenz noch etwas stärker sein als Gleichung (16) vorschreibt. Man darf aber die Düse nicht zu stark erweitern, da sich sonst der Strahl von den Wänden ablöst, wobei die Schallgeschwindigkeit nicht mehr überschritten wird.

Die in diesem Abschnitt entwickelten Beziehungen gelten nicht bloß für Lavaldüsen, vielmehr für Strömungsvorgänge überhaupt. Betrachtet man z. B. ein zylindrisches Rohr, für welches $f =$ konst. ist, so ist der Zähler in (13) stets positiv, in (14) stets negativ. Wenn $w < w_s$ ist, so muß im zylindrischen Rohre der Druck in der Strömungsrichtung abnehmen, die Geschwindigkeit zunehmen, jedoch nur dann, wenn Widerstände auftreten, da bei widerstandsfreier Strömung, also für $\zeta = 0$, die Zähler in (13) und (14) gleich Null werden, mithin Druck und Geschwindigkeit konstant bleiben müssen.

Weitere Folgerungen auf theoretischem Wege lassen sich ziehen, wenn man die Vorgänge für vollkommene Gase verfolgt.[1]) Hierfür gilt:

$$i = A \frac{\varkappa}{\varkappa - 1} p v + \text{konst.}$$

In diesem Falle empfiehlt es sich, die Schallgeschwindigkeit der Adiabate $a = \sqrt{\varkappa g p v}$ heranzuziehen. Man erhält so für den Druckverlauf:

$$\frac{dp}{dz} = \frac{\left[\frac{w^2}{a^2}(\varkappa - 1) + 1\right]\zeta - \frac{df}{f dz}}{w^2 - a^2} \varkappa p w^2$$

und eine weitere Beziehung für die Änderung der Geschwindigkeit. Mit Hilfe dieser Ansätze lassen sich die Vorgänge in der Düse auch dann verfolgen, wenn der Gegendruck künstlich erhöht wird. So gelangt Lorenz zur Folgerung, daß die Ausflußmenge immer ein Maximum erreicht, sobald der tönende Querschnitt mit Schallgeschwindigkeit durchströmt wird. Es zeigt sich, daß der Druck an der engsten Stelle auch bei geringen Druckunterschieden vor und hinter der Düse stark sinkt. Hierbei expandiert der Dampfstrahl im konvergenten Teil und wird im divergenten Teil wieder zusammengedrückt, die Düse wirkt als »Diffusor«. Wenn der Gegendruck sehr hoch wird, so wird die durchströmende Dampfmenge herabgesetzt. Darauf beruht die Möglichkeit der Verwendung der Düse als Dampfmesser.[2])

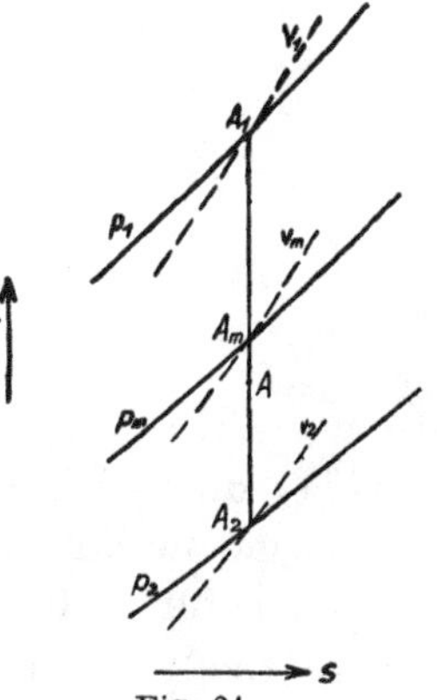

Fig. 21.

3. Graphische Berechnung der Düsen.

Die etwas verwickelten Beziehungen des vorigen Abschnittes ermöglichen wohl einen Einblick in die wirklichen Vorgänge, lassen es jedoch zweckmäßig erscheinen, die praktische Berechnung auf graphischem Wege durchzuführen. Alle derartigen Verfahren beruhen auf der gleichzeitigen Anwendung der Energiegleichung (1) und der Kontinuitätsbedingung (3).

[1]) Vgl. Lorenz, Z. d. Ver. d. Ing. 1903; Prandtl, Z. d. Ver. d. Ing. 1904; Proell, Z. d. Ver. d. Ing. sowie Z. f. d. ges. Turb. 1904.

[2]) Vgl. Bendemann, Mitteilungen über Forschungsarbeiten, H. 37.

Sehr zu empfehlen ist hierbei die Benützung des i/s-Diagrammes (Fig. 21). Es möge zuerst angenommen werden, daß die Expansion adiabatisch erfolge. A_1 entspricht dem Anfangszustande (Druck p_1, Wärmeinhalt i_1), A_2 dem Endzustande (Druck p_2, Wärmeinhalt i_2). A_m (Druck p_m Wärmeinhalt v_m) stellt den »kritischen« Zustand dar, d. h. denjenigen Zustand, bei dem die Strömungsgeschwindigkeit den Wert der Schallgeschwindigkeit erreicht. Dieser tritt im engsten Querschnitt ein. Trägt man sich (Fig. 22) in einem rechtwinkligen Koordinatensystem die Drucke als Abszissen, die entsprechenden spezifischen Gewichte, sowie die Geschwindigkeiten w, als Ordinaten auf,

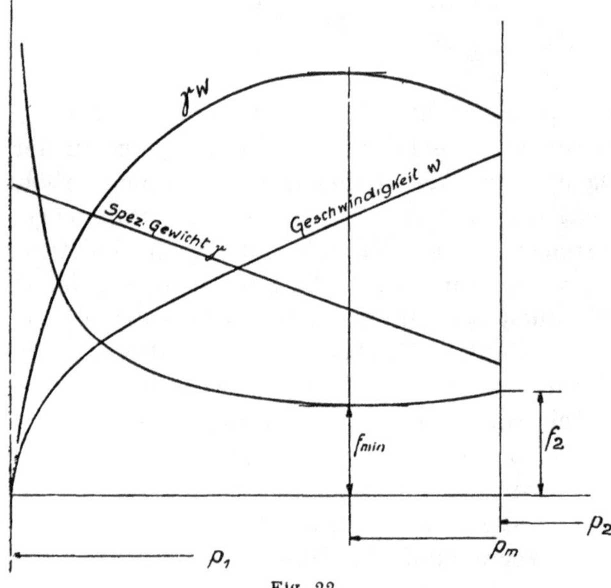

Fig. 22.

wobei die w-Werte einfach aus der Mollier-Tafel abgegriffen werden können, so läßt sich mit Hilfe der Stetigkeitsbedingung der Querschnitt für jeden beliebigen Druck berechnen. Das Resultat trägt man sich gleichfalls im Diagramm ein. Einem bestimmten Drucke entspricht der »engste« Querschnitt f_m.

An Stelle der Adiabate kann man auch jede beliebige Zustandskurve der Betrachtung zugrunde legen. Versuche haben ergeben, daß für die Düsen des Dampfturbinenbaues im Ganzen, d. h. für das gesamte verfügbare Gefälle, mit einem Energieverlust von 6 bis 12% zu rechnen ist. Berücksichtigt man die Widerstände längs des ganzen Verlaufes, so fällt das Erweiterungsverhältnis etwas geringer aus.

Aus der Tatsache, daß die experimentell ermittelte Dampfmenge mit der »theoretischen«, d. i. der unter Annahme adiabatischer Expansion berechneten, übereinstimmt, wird zumeist die Folgerung gezogen, daß sich die Verluste erst im divergenten Teil äußern. Leider ist bis heute kein Verfahren bekannt, mit dem man in allen Fällen die Strömungsgeschwindigkeit in wirklich einwandfreier Weise feststellen könnte.

Für die konstruktive Ausführung achte man darauf, daß die Düse nicht zu stark divergent ausfalle. Ein Erweiterungswinkel von etwa 10° wird hierfür noch als zulässig angesehen.

Außer vom hier entwickelten wird häufig vom Koobschen[1]) und dem von Stodola vorgeschlagenen v^2-Verfahren Gebrauch gemacht. Im übrigen genügt es für praktische Zwecke vollkommen, wenn man den engsten Querschnitt und den Ausströmquerschnitt errechnet. Man bestimmt zunächst nach Formel (5) den »kritischen« Druck. Alles Weitere ergibt sich zwanglos aus dem i/s-Diagramm, sobald man den Verlauf der Zustandskurve angenommen hat. Man braucht nur Gleichung (3) anzuwenden, um die Geschwindigkeit für die Expansion bis zu einem beliebigen Enddrucke zu erhalten, bzw. das Wärmegefälle als Strecke abzugreifen und den Geschwindigkeitswert an der links angebrachten Skala abzulesen.

4. Experimentelle Untersuchungen.

Das eigentümliche Verhalten der Düsen bietet ein interessantes Feld für die Anstellung von Untersuchungen. Wertvolle Versuche rühren her von Zeuner, Parenty, Rosenhain, Fliegner, Rateau, Stodola, E. Lewicki, Gutermuth und Blaeß, Büchner, Batho, Bendemann, Briling, Magin, Th. Meyer, Christlein u. a.

Es können hier nur einige der wesentlichsten Untersuchungen besprochen werden. Anfänglich wurde vielfach bestritten, daß höhere Geschwindigkeiten auftreten können als die Schallgeschwindigkeit. Lewicki[2]) wies nach, daß selbst bei einfachen Mündungen die Schallgeschwindigkeit überschritten werden kann. Ferner beobachtete Lewicki im Dresdner Maschinenlaboratorium bereits 1901 eine Ablenkung des Dampfstrahls beim Austritt aus einer verengten Düse, ein Beweis dafür, daß der Strahl mit Überdruck austritt. Beide Erscheinungen wurden in neuerer Zeit durch die Versuche von Christlein[3])

[1]) Koob, Z. d. Ver. d. Ing. 1904.
[2]) Lewicki, Mitteilungen über Forschungsarbeiten, H. 12.
[3]) Christlein, Z. f. d. ges. Turb. 1912.

bestätigt. Stodola untersuchte mit Hilfe einer besonderen Einrichtung die Strömungsverhältnisse in der Düse und fand einen Energieverlust von 10 bis 15 %.

Gutermuth[1]) konstatierte die saugende Wirkung der Düse, indem er nachwies, daß die größte Dampfmenge auch dann durchströmte, wenn der Gegendruck erhöht wurde. Manchen wertvollen Aufschluß über das Verhalten der Düsen bei wechselnden Drücken haben wir Büchner[2]) zu verdanken. Aus den Versuchen kann man die Folgerung ziehen, daß eine zu kurze — d. h. eine zu schwach erweiterte — Düse sich verhältnismäßig günstig verhält. Eine zu stark erweiterte Düse verursacht dagegen große Energieverluste; es entsteht hierbei der sog. »Verdichtungsstoß«. Wie Prandtl bemerkt, kann diese Erscheinung nur dann eintreten, wenn die Schallgeschwindigkeit überschritten wird.

Um den Einfluß der maßgebenden Faktoren leicht zu übersehen, ist die Darstellung von Rötscher[3]) sehr geeignet. Rötscher berichtet über Versuche an einer 2000 PS-Riedler-Stumpf-Dampfturbine und findet, daß die Querschnittszunahme in Abhängigkeit vom Druckverhältnisse sehr gering ist. Auch geht aus den Versuchen die Proportionalität zwischen dem Anfangsdruck und der durchströmenden Dampfmenge hervor (vgl. Teil II, Abschnitt k).

Wenn der Gegendruck hinter der Düse erhöht wird, so findet zunächst eine Expansion des Dampfstrahles, im weiteren Verlaufe eine Kompression statt. Wenn der Gegendruck sehr hoch wird und nahezu den Anfangsdruck erreicht, wird die durchströmende Dampfmenge herabgesetzt. Für einfache Mündungen findet Bendemann (a. a. O.) bei Gegendrücken, die über dem kritischen liegen, die Formel:

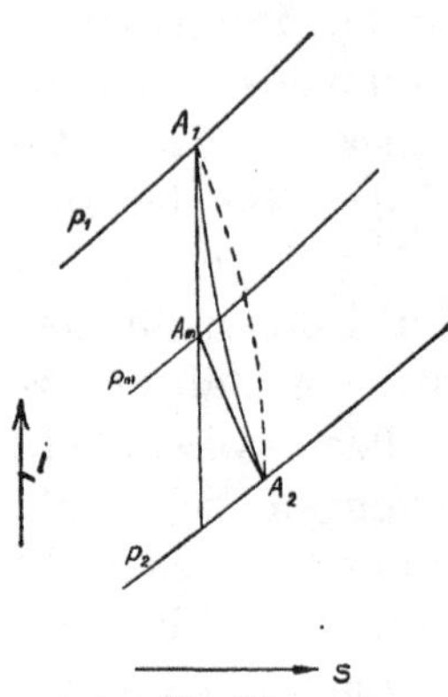

Fig. 23.

$$G = 4{,}462\, f \sqrt{\frac{p_1}{v_1}\left[1 - 1{,}09\left(1 - \frac{p_2}{p_1}\right) - \left(\frac{p_2}{p_1}\right)^2\right]}$$

in kg/m/sek-Einheiten, woraus ein elliptisches Gesetz zwischen Dampfgewicht und Gegendruck hervorgeht.

Wichtig ist der Einfluß der Kontraktion, wodurch der Dampf, namentlich beim Eintritt in einfache Mündungen, häufig unter den Gegendruck expandiert.

---

1) Gutermuth, Z. d. Ver. d. Ing. 1904.

2) Büchner, Mitteilungen über Forschungsarbeiten, H. 18.

3) Rötscher, Mitteilungen über Forschungsarbeiten, H. 50.

Bezüglich des Druckverlaufes in Düsen treten bei den Lavalschen (geradlinigen) Düsen bis zum kritischen Druck praktisch keine Verluste auf. Die Zustandsänderung verläuft längs $A_1 A_m A_2$ (Fig. 23). In der Regel wird auch bei den gekrümmten Düsen der Curtisturbinen diese Annahme als zutreffend angesehen. Christlein glaubt im Gegensatze hierzu aus seinen Versuchen folgern zu können, daß die Expansion auch vor dem engsten Querschnitt mit Verlusten behaftet ist, eine Folgerung, die verschiedentlich bekämpft wird. Er schlägt die in der Figur gestrichelte Kurve als Zustandsänderung vor.[1])

II. Teil.

Dampfturbinen.

a) Wirkungsgrad und Dampfverbrauch.

Im Abschnitt I wurde dargelegt, daß die Expansionsvorgänge in den Düsen bzw. Leitschaufeln, sowie in den Laufschaufeln nichtumkehrbarer Natur sind. Es wurde auch gezeigt, in welcher Weise die Darstellung der Nutzarbeit in den Diagrammen zu erfolgen hat. Nunmehr soll eine eingehendere thermische Untersuchung der Verluste unter besonderer Berücksichtigung der Arbeitsvorgänge in den Dampfturbinen vorgenommen werden.

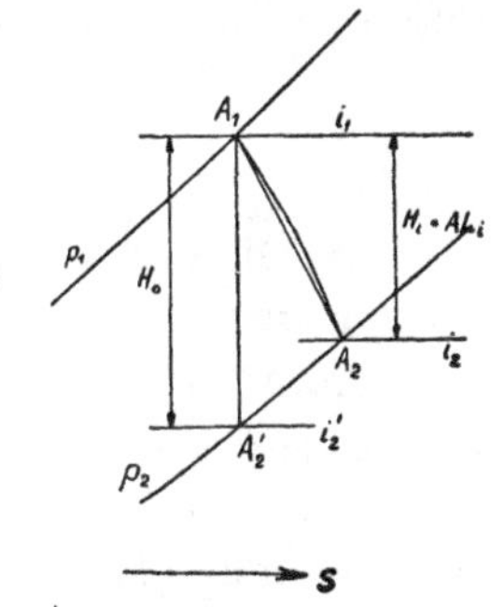

Fig. 24.

Wenn man zunächst von den Verlusten durch Leitung und Strahlung absieht, so gilt für die bei der Expansion $A_1 A_2$ (Fig. 24) vom Anfangsdrucke p_1, der Temperatur t_1 (bzw. der spezifischen Dampfmenge x_1) bis zum Enddruck p_2 gewonnene Arbeit:

$$H_i = A L_i = i_1 - i_2 \quad \ldots \ldots \quad (1).$$

---

[1]) Indessen scheinen auch neuere Versuche von Loschge (Z. d. V. d. I. 1913) darauf hinzuweisen, daß die Strömung bis zum engsten Querschnitt nahezu verlustfrei verläuft. Dieselben Versuche ergaben, daß bei den Düsen des praktischen Dampfturbinenbaues im Schrägabschnitt eine weitere Expansion stattfindet. Aus diesem Grunde empfiehlt es sich, die Düse etwas »zu kurz« zu bemessen. Bei Versuchen mit Naßdampf und sog. trocken gesättigtem Dampf hat sich wiederholt ergeben, daß die tatsächlich durchströmende Dampfmenge den theoretischen Wert überschreitet. Diese Erscheinung könnte dadurch erklärt werden, daß sich ein Teil des Dampfes an der Düsenwand niederschlägt, so daß durch den engsten Querschnitt Dampf und »überkondensiertes« Wasser getrennt durchströmen. Die Geschwindigkeit des Dampfstrahles wird dadurch nicht beeinflußt. Auch ist es möglich, daß der Dampf von Haus aus Wassertropfen mit sich führt.

L_i ist die »innere« Arbeit der Dampfturbine. Im i/s-Diagramme entspricht Punkt A_2 dem Zustande des Dampfes beim Verlassen der Turbine und man erhält H_i in einfachster Weise. Verfügbar ist die Arbeit der adiabatischen Expansion L_o, und zwar ist

$$H_0 = A L_0 = i_1 - i_2' \quad . \quad . \quad . \quad . \quad . \quad . \quad . \quad (2),$$

wobei i_2' dem Endwert des Wärmeinhaltes für den verlustfreien Vorgang entspricht. H_0 wird im i/s-Diagramm durch die Strecke $A_1 A_2'$ dargestellt. Im p/v-Diagramm (vgl. Fig. 5) entspricht L_i der Fläche $A_1 X Y B_1$, dagegen L' der Fläche $A_1 A_2' B_2 B_1$.

Es möge nun der Ausdruck für den Wirkungsgrad einer Dampfturbine aufgestellt werden. Zu diesem Zwecke muß die wirklich geleistete Arbeit mit einer idealen verglichen werden, d. h. mit der Arbeit eines vollkommen widerstandsfreien, umkehrbaren Prozesses. Da ein Wärmeaustausch mit anderen Körpern — von Strahlungsverlusten sehe man zunächst ab — nicht vorliegt, so muß der Vergleichsprozeß adiabatisch verlaufen, d. h. der thermodynamische Wirkungsgrad ergibt sich zu:

$$\eta_{th} = \frac{L_i}{L_0} = \frac{A \int v d p - W}{A \int v' d p} = \frac{i_1 - i_2}{i_1 - i_2'} \quad . \quad . \quad . \quad . \quad (3).$$

Es ist dabei wohl zu beachten, daß $L_0 = \int v' \, d \, p$ und nicht etwa gleich $\int v \, d \, p$ zu setzen ist. Dieser letztere Wert, der im p/v-Diagramm der Fläche $A_1 A_2 B_2 B_1$ entspricht, hat für Kreiselradmaschinen keine thermodynamische Bedeutung, da er keiner »Gefällsgröße« entspricht. Sowohl $A \, L_i$ als auch $A \, L_0$ sind, wie aus den Gleichungen (1) und (2) hervorgeht, Gefällsgrößen, da sie sich als Unterschiede je zweier Wärmeinhalte ergeben. Einen guten Einblick in das Wesen der Vorgänge ermöglicht die Darstellung im Wärmediagramme (Fig. 25). In diesem lassen sich die Wärmeinhalte mit großer Näherung durch Flächen darstellen, und zwar ist:

$i_1 =$ Fläche $P O B_1 C_1 A_1 M_1$

$i_2' =$ Fläche $P O B_2 A_2' M_1$

$i_2 =$ Fläche $P O B_2 C_2 A_2 M_2$.

Der Verlust an »Gefälle« infolge der Reibungswiderstände

$$H_v = i_2 - i_2' = \text{Fläche } M_1 A_2' C_2 A_2 M_2.$$

Dieser Verlust ist kleiner als die durch Reibung usw. erzeugte Wärme W, welche die Entropievermehrung $M_1 M_2$ hervorruft. Es ist nämlich:

$$W = \int T \, d \, S \sim \text{Fläche } M_1 A_1 A_2 M_2.$$

Somit entspricht

$W - H_v$ ungefähr der Fläche $A_1 A_2 C_2 A_2'$.

Diese Fläche stellt das Wärmeäquivalent der im p/v-Diagramm (Fig. 5) auftretenden Fläche $A_1 A_2 A_2'$ dar, welche von den beiden Expansionslinien, der wirklichen und der idealen, begrenzt wird. Es ist:

$$\varDelta L = \int v dp - \int v' dp.$$

Die Größe $W - H_v = A \varDelta L$ bezeichnet man nach Stodola als die »rückgewinnbare Reibungswärme«.

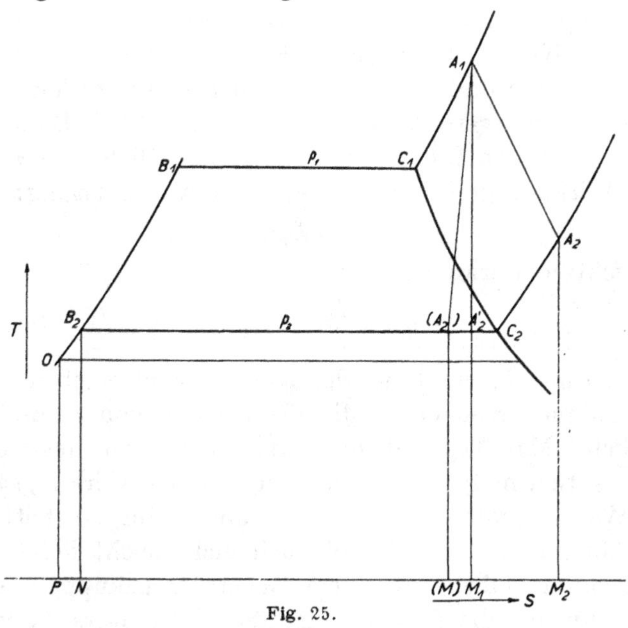

Fig. 25.

Es sei nochmals hervorgehoben, daß der Verlauf der wirklichen Expansionslinie sowohl für die gewonnene Arbeit als auch für den Wirkungsgrad belanglos ist, da es nur auf den Anfangs- und Endwert des Wärmeinhaltes ankommt. Die wirkliche Expansionslinie, die von der Adiabate im Sinne zunehmender Entropie abweicht, ist in Wirklichkeit bei den vielstufigen Turbinen eine ganz unstetige Kurve, die auf experimentellem Wege nicht genau bestimmt werden kann. Aus diesem Grunde erscheint es nicht angängig, die Arbeit L_i als »indizierte Arbeit« zu bezeichnen, wie dies vielfach üblich ist. Diese Bezeichnung ist nicht nur deswegen nicht gerechtfertigt, weil im Gegensatze zur Kolbendampfmaschine der genaue Verlauf der

Expansionslinie mit Hilfe eines Indikators nicht ermittelt werden kann, sondern auch weil der Verlauf selbst für die gewonnene Arbeit nicht maßgebend ist. Dies ist der prinzipielle, wesentliche Unterschied zwischen Turbo- und Kolbenmaschine.

Der Ausdruck für η_{th} nach Gleichung (3) ist als »thermodynamischer« oder »innerer« Wirkungsgrad des Prozesses zu bezeichnen, da er allen Verlusten im Innern der Maschine, also den Schauflungs-, Radreibungs-, Ventilations- und Undichtigkeitsverlusten Rechnung trägt. Alle diese Verluste verursachen eine Entropievermehrung des Dampfes und sind mithin thermischer Art. Aus L_i erhält man die effektive Leistung durch Berücksichtigung der »mechanischen« Verluste, die durch die Reibung der Welle in den Lagern und Stopfbüchsen hervorgerufen werden. Sie sind bei Dampfturbinen, namentlich bei großen Einheiten, nicht beträchtlich. Ist η_m der »mechanische« Wirkungsgrad, so ist die »effektive« Leistung:

$$L_e = L_i \, \eta_m \quad \ldots \ldots \ldots \quad (4)$$

und der effektive Wirkungsgrad:

$$\eta_e = \frac{L_e}{L_0} = \eta_{th} \, \eta_m \quad \ldots \ldots \ldots \quad (5)$$

Die Leistung L_e wird an der Kupplung abgegeben. Bei praktischen Abnahmeversuchen ist die Ermittelung von L_e und η_e häufig nicht möglich. Man begnügt sich zumeist mit der Feststellung von $\eta_{th} = \eta_i$, des thermodynamischen oder inneren Wirkungsgrades, indem der Wärmeinhalt beim Eintritt und beim Austritt ermittelt wird, was übrigens bei Naßdampf auch nicht leicht möglich ist. Ist die Turbine unmittelbar mit einem Generator gekuppelt, so wird in der Praxis zumeist die Nutzleistung des Generators L_g festgestellt. Man erhält dann den Wirkungsgrad des Turbogenerators

$$\eta_{tg} = \frac{L_g}{L_0} \quad \ldots \ldots \ldots \quad (6)$$

der natürlich kleiner ausfällt als η_e, da er auch die Verluste des Generators berücksichtigt.

Für den Vergleich des Dampfturbinenprozesses mit demjenigen anderer Wärmekraftmaschinen ist der Gesamtwirkungsgrad oder »wirtschaftliche« Wirkungsgrad η_w maßgebend.

$$\eta_w = \frac{A \, L_e}{Q_0} \quad \ldots \ldots \ldots \quad (7).$$

Q_0 entspricht dem gesamten Wärmeaufwand für 1 kg Dampf, also dem Wärmeinhalt i_1, vermindert um die Flüssigkeitswärme des Speisewassers.

Der thermodynámische oder innere Wirkungsgrad schwankt für praktische Ausführungen in den Grenzen von 0,5 bis etwa 0,75, der wirtschaftliche Wirkungsgrad erreicht bei neuzeitlichen Maschinen einen Höchstwert von etwa 0,2 einschließlich Kesselwirkungsgrad.

Häufig pflegt man in Versuchsberichten den Dampfverbrauch für die effektive Pferdestärke und Stunde oder auch — namentlich bei Turbodynamos — für die Kilowattstunde anzugeben. Ermittelt man außerdem den theoretischen Dampfverbrauch, so läßt sich der Wirkungsgrad leicht berechnen. Für die Bestimmung des theoretischen Dampfverbrauches empfiehlt sich die Verwendung der Mollier-Tafel. Da 1 PS-Stunde 270 000 mkg oder 632,3 Kal. entspricht, so ist der theoretische Dampfverbrauch

$$D_0 = \frac{632,3}{H_0} \ldots \text{kg/PS-Stde.} \quad \ldots\ldots \quad (8).$$

Für die Kilowattstunde berechnet sich der theoretische Dampfverbrauch, da 1 PS = 0,736 KW ist, aus:

$$D_0 = \frac{860}{H_0} \ldots \text{kg/KW-Stde.} \quad \ldots\ldots \quad (8a).$$

Der »effektive« Dampfverbrauch ergibt sich zu

$$D_e = \frac{632,3}{A\,L_e} \ldots \text{kg/PS-Stde.} \quad \ldots\ldots \quad (9),$$

bzw.

$$D_e = \frac{860}{A\,L_e} \ldots \text{kg/KW-Stde.} \quad \ldots\ldots \quad (9a).$$

Selbstverständlich ist auch: $\frac{D_0}{D_e} = \eta_e$.

Mitunter pflegt man bei der Umrechnung von PS auf KW den Wirkungsgrad des Generators unmittelbar zu berücksichtigen. In diesem Falle benützt man häufig statt des Faktors $\frac{1}{0,736} = 1,36$ den Reduktionsfaktor 1,5, wobei der Wirkungsgrad des Generators zu etwa 0,9 angenommen wird.

Die Formeln (8) und (9) beziehen sich auf den sog. »spezifischen« Dampfverbrauch. Für die Dimensionierung einer Dampfturbine ist aber der Dampfverbrauch in der Stunde G_{st} bzw. in der Sekunde G_{sk} maßgebend. Es ist

$$G_{st} = \frac{632,3 \cdot N_e^{\text{PS}}}{H_0\,\eta_e} = \frac{860\,N_e^{\text{KW}}}{H_0 \cdot \eta_e} \quad \ldots\ldots \quad (10).$$

Darin bedeutet N_e die effektive Leistung in PS bzw. in KW, η_e den effektiven Wirkungsgrad. An Stelle von N_e und η_e können auch N_i und η_i für die Berechnung von G_{st} herangezogen werden. Naturgemäß ist $G_{st} = 3600\, G_{sk}$.

Beispiele: Einer Kondensationsturbine wird Dampf von 12 Atm. abs. und 300° C zugeführt. Der Gegendruck im Abdampfstutzen beträgt 0,06 Atm. Aus der Molliertafel ergibt sich hierfür ein Wärmegefälle von 208 Kal. Der theoretische Dampfverbrauch D_0 beträgt nach Gleichung (8) 3,04 kg/PS-Std., bzw. 4,12 kg/KW-Std. Rechnet man mit einem effektiven Wirkungsgrad von 0,68, welcher Wert bei einer Einheit von etwa 2000 PS leicht zu erreichen ist, so ist $D_e = 4{,}46$ kg/PS-Std. Der stündliche Dampfverbrauch beträgt somit ungefähr 8900 kg.

Arbeitet man ohne Überhitzung bei denselben Druckverhältnissen, so erhält man ein verfügbares Gefälle $H_0 = 185$ Kal., der theoretische Dampfverbrauch beträgt 3,43 kg/PS-Std., woraus der wesentliche Einfluß der Überhitzung hervorgeht. Freilich ist der »Dampfverbrauch« insofern keine vollkommen gerechte Vergleichsbasis, als der Wärmebedarf der Überhitzung noch zu berücksichtigen ist. Berechnet man den Wärmeaufwand für die PS-Std., so erhält man für den Idealprozeß $3{,}04 \cdot 730 = 2220$ Kal. für den Fall der Überhitzung, dagegen $3{,}43 \cdot 670 = 2300$ Kal. für den Fall ohne Überhitzung. 730 bzw. 670 sind die Werte für den Wärmeinhalt, die ebenfalls aus der i/s-Tafel entnommen werden können. Für den wirklichen Prozeß ist der erforderliche Wärmeaufwand größer, er beträgt etwa 3260 mit Überhitzung bzw. 3380 Kal. ohne Überhitzung, in beiden Fällen ohne Berücksichtigung des Kesselwirkungsgrades, doch ist dabei zu berücksichtigen, daß durch die Überhitzung mehrere Verluste herabgesetzt werden.

Berücksichtigt man noch die Verluste durch Leitung und Strahlung, so bedürfen die entwickelten Beziehungen einer Korrektur. Aus der Grundgleichung (V) ergibt sich nämlich

$$A\,L = i_1 - i_2 - Q_s,$$

d. h. die gewonnene Arbeit ist um Q_s kleiner als das Wärmegefälle. Dabei ist jedoch zu bedenken, daß die Strahlung den Verlauf der Zustandsänderung selbst beeinflußt, so daß der Endwert des Wärmeinhaltes nicht demjenigen Werte entspricht, der ohne die Wirkung dieser Wärmeabgabe nach außen auftreten würde. Um näheren Einblick in diese Vorgänge zu gewinnen, möge nach dem Vorgange von Gensecke[1]) zunächst ein Idealfall betrachtet werden, indem vorläufig von den Reibungswiderständen abgesehen wird. Im T/S-Diagramm entspricht der Arbeit der reibungsfreien Expansion (im Wärmemaße) die Fläche $B_2\,B_1\,C_1\,A_1\,A_2' = H_0$, wenn von der Strahlung abgesehen wird. Findet dagegen Wärmestrahlung statt, so würde der Prozeß längs $A_1\,(A_2)$ verlaufen. Für den arbeitenden Körper allein findet dabei eine Verminderung der Entropie um den Betrag $(M)\ M_1$ statt,

[1]) Gensecke, Z. f. d. ges. Turb. 1909, H. 6 bis 10.

während naturgemäß die Entropie der Umgebung um denselben Betrag wächst.[1]) Die ganze ausgestrahlte Wärmemenge Q_s entspricht in der Darstellung der Fläche (M) (A_2) A_1 M_1. Hiervon ist aber nur der Teilbetrag $A_1\,A_2'\,(A_2)$ als Verlust anzusehen, wie aus folgender Überlegung erhellt. Ist für den Punkt (A_2) der Wärmeinhalt gleich (i_2), so ist die verfügbare Arbeit in Kal/kg

$$A\,(L) = i_1 - (i_2) - Q_s,$$

sobald die Strahlungsverluste berücksichtigt werden.

Für den rein adiabatischen Vorgang beträgt dagegen das verfügbare Gefälle:

$$A\,L_0 = i_1 - i_2'.$$

Als Gefällsverlust ist die Differenz

$$A\,L_0 - A\,(L) = (i_2) - i_2' + Q_s = Q_s - |i_2' - (i_2)|$$

anzusehen. Da aber der Ausdruck $i_2' - (i_2)$ der Fläche (M) (A_2) A_2' M_1 entspricht, so kommt als Verlust infolge der Strahlung nur die Fläche $A_1\,A_2'\,(A_2)$ in Betracht.

Nun haben u. a. Versuche von Gensecke an einer 300 KW-Parsonsturbine ergeben, daß die nach außen durch Strahlung abgegebene Wärmemenge gering ist. Da der Verlust selbst nach dem Gesagten noch bedeutend kleiner ausfällt, so kann in den weiteren Darlegungen von dieser Verlustquelle abgesehen werden. Bei den neuzeitlichen kombinierten Dampfturbinen treten übrigens die hohen Temperaturen nur in einem verhältnismäßig geringen Teil (Hochdruckteil) der Maschine auf.

Viel wesentlicher sind die anderen Verluste, namentlich die durch Reibung in den Schaufeln hervorgerufenen, deren Einfluß je nach der Bauart der Turbine verschieden ist, so daß eine gemeinsame Besprechung nicht tunlich ist. Man kann die Dampfturbinen nach verschiedenen Gesichtspunkten einteilen. Nach der Art der Arbeitsübertragung unterscheidet man Gleichdruck- und Überdruckturbinen, bei ersteren Turbinen mit und ohne Geschwindigkeitsstufen, sowie teilweise und ganz beaufschlagte Turbinen; nach der Strömungsrichtung des Dampfes Achsial- und Radialturbinen; nach der Anzahl der Stufen ein-, mehr- und vielstufige Turbinen; nach der Größe der Maschine kleine, mittlere und große Einheiten usw.

---

[1]) Der Strahlungsvorgang ist als Wärmeaustausch mit der Umgebung aufzufassen und die gesamte Entropieänderung ist nicht etwa negativ, vielmehr bestenfalls gleich Null.

Auch kommen im praktischen Dampfturbinenbau die verschiedensten Kombinationen vor. Die Einteilung nach der Größe der Maschine erscheint im Hinblicke auf die Ausführungsart gerechtfertigt, indem für große und kleine Einheiten der Anteil der Verluste sehr verschieden ausfällt.

b) Die Arbeitsübertragung in der Dampfturbine.

Um die Hauptgleichung für die Arbeitsübertragung zu gewinnen, kann man verschiedene Grundgesetze der Mechanik benützen, etwa den Satz vom Antrieb, das Prinzip von D'Alembert oder den Flächensatz.

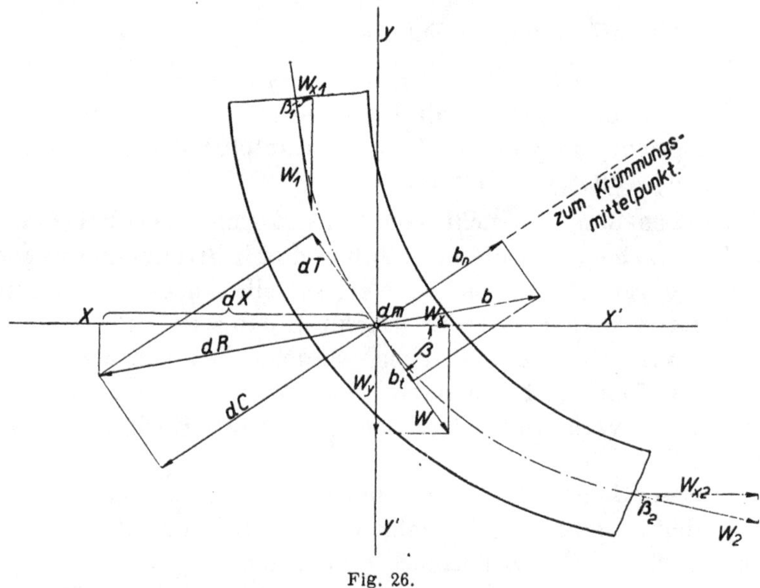

Fig. 26.

Es möge hier zunächst das zweitgenannte Prinzip herangezogen werden, weil diese Betrachtungsart den Unterschied zwischen Gleichdruck- und Überdruckturbine, der im übrigen hinsichtlich der Arbeitsübertragung nicht wesentlich ist, klar veranschaulicht. Die Arbeitsübertragung in Kreiselrädern findet stets durch »Reaktion« statt[1]), das ist diejenige Trägheitskraft, die im Sinne des D'Alembertschen

[1]) Man bezeichnet zuweilen die Gleichdruckturbinen als Aktionsturbinen und die Überdruckturbinen als Reaktionsturbinen. Diese Bezeichnungsweise ist jedoch vom Standpunkte der Mechanik nicht gerechtfertigt, da es sich bei allen Turbomaschinen um durch Geschwindigkeitsänderungen hervorgerufene Trägheitskräfte handelt.

Prinzipes entgegengesetzt zur auftretenden Beschleunigung gerichtet ist. Ein Flüssigkeitsstrahl sei gezwungen, sich durch einen gekrümmten Kanal zu bewegen (Fig. 26). Es bestehe Beharrungszustand, d. h. es ströme in der Zeiteinheit stets dieselbe Flüssigkeitsmenge hindurch. In einer beliebigen Zwischenlage besitze das Flüssigkeitsteilchen von der Masse dm die Geschwindigkeit w. Die Beschleunigung b, die im allgemeinen eine zur Bahn geneigte Richtung hat, kann man sich in zwei Komponenten zerlegt denken, eine tangentiale $b_t = dw/dt$ und eine normale (in der Richtung des Krümmungsradius) $b_n = w^2/\varrho$.

Um die Wirkung des Flüssigkeitsteilchens auf das Gefäß zu erhalten, denkt man sich, den Beschleunigungskomponenten entgegengesetzt, zwei Trägheitskräfte angebracht. Es sind dies $dC = dm \cdot b_n$ und $dT = dm \cdot b_t$. Die resultierende Trägheitskraft, also die Rückwirkung des bewegten Massenteilchens dm auf die Schaufel, beträgt:

$$dR = dm \sqrt{b_t^2 + b_n^2}.$$

Zeichnerisch ergibt sie sich durch einfache geometrische Zusammensetzung der Komponenten. Für die Berechnung der in einer Kreiselradmaschine übertragenen Arbeit kommt es nicht auf die ganze Reaktion an, vielmehr auf deren Komponente in einer bestimmten Richtung, nämlich in derjenigen, in der sich das Gefäß (Laufrad) bewegt. Ist dies z. B. die Richtung XX', so beträgt die Größe der maßgebenden Reaktionskomponente des Massenteilchens:

$$dX = dR \cos\delta = dC \sin\beta + dT \cos\beta.$$

Im Prinzipe sind nun mehrere Fälle denkbar. Ist z. B. die Bahn geradlinig, so wird $b_n = 0$, mithin $dC = 0$, die Reaktion wird nur durch die Größenänderung der Geschwindigkeit erzeugt. Bleibt dagegen die Geschwindigkeit w konstant, so wird b_t gleich Null, ebenso auch dT, die Reaktion wird nur durch die Richtungsänderung der Geschwindigkeit hervorgebracht. Dieser Fall tritt bei den sog. »Gleichdruckturbinen« ein, bei denen der Druck vor und hinter dem Laufrade gleich groß ist und daher die (relative) Geschwindigkeit im Laufrade selbst unverändert bleibt. Gleichzeitige Änderung der Größe und Richtung der Geschwindigkeit trifft man bei den sog. »Überdruckturbinen«, bei denen der Druck vor dem Laufrade höher ist als hinter ihm, wodurch die Geschwindigkeit des Flüssigkeitsstrahles erhöht wird, ebenso bei den meisten Arbeitsmaschinen. Der Fall, daß dC verschwindet, daß also die Reaktion nur durch Änderung der Größe der Geschwindigkeit zustandekommt, wird bei den Dampfturbinen nicht verwirklicht, da er hierfür nicht rationell ist. Bei einigen Turbokompressoren, deren Laufschaufeln aus geraden Blechen hergestellt werden, findet dagegen eine derartige Arbeitsübertragung statt, sobald man sich die Vorgänge auf die relative Bahn bezogen denkt.

Für die Ermittelung der für die Arbeitsübertragung in Betracht kommenden Reaktion ist eine andere Art der Zerlegung der Beschleunigung bzw. der Trägheitskraft vorzuziehen. Will man z. B. die Reaktion in der Richtung XX' erhalten, so zerlegt man sich die Beschleunigung unmittelbar in die Komponenten b_x und b_y, von denen die erstere in der Richtung XX', die letztere in der dazu senkrechten wirkt. Es ist dann:

$$b_x = \frac{d w_x}{d t}, \quad b_y = \frac{d w_y}{d t}.$$

Die Trägheitskraft des Massenelementes $d m$ in der Richtung XX' beträgt

$$dX = d m \frac{d w_x}{d t}.$$

Will man die Trägheitskraft für die ganze Flüssigkeitsmasse in der Richtung XX' ermitteln, so muß das Differential dX integriert werden. Da Beharrungszustand vorausgesetzt wurde, so kann angenommen werden, daß in der Zeiteinheit die Flüssigkeitsmasse M durch das Gefäß strömt, mithin in der Zeit $d t$:

$$d m = M\, d t.$$

Dadurch erhält man für das Differential der Kraft $d X$:

$$d X = M\, d w_x$$

und durch Integration:

$$X = M (w_{x2} - w_{x1}) = M (w_2 \cos \beta_2 - w_1 \cos \beta_1),$$

ebenso für die Reaktionskomponente in der Richtung YY':

$$Y = M (w_{y2} - w_{y1}) = M (w_2 \sin \beta_2 - w_1 \sin \beta_1).$$

Dabei sind β_1 und β_2 die von w_1 und w_{x1}, bzw. w_2 und w_{x2} eingeschlossenen Winkel.

Die gesamte Reaktion, die aber für die Arbeitsübertragung in der Regel nicht in Frage kommt, beträgt:

$$P = \sqrt{X^2 + Y^2} = M \sqrt{w_1^2 + w_2^2 - 2\, w_1 w_2 \cos (\beta_1 - \beta_2)} = M\, w_r$$

wenn man

$$w_r = \sqrt{w_1^2 + w_2^2 - 2\, w_1 w_2 \cos (\beta_1 - \beta_2)}$$

setzt. Trägt man sich in einem Polardiagramm (Hodograph) vom beliebig gewählten Pole O aus (Fig. 27) Anfangs- und Endgeschwindigkeit der Größe und Richtung nach auf, so läßt sich die Reaktion in sehr einfacher Weise darstellen. Dem Kosinussatze zufolge ergibt sich nämlich w_r als geometrische Differenz von w_2 und w_1. Die Gesamtreaktion $P = M w_r$ wirkt w_r gerade entgegengesetzt. Will man die Reaktionskomponente in der Richtung XX' ermitteln, so braucht man nur w_r auf diese Richtung zu projizieren. Man erhält so $X = M\, w_r \cos \varphi$, wenn φ der von w_r und XX' eingeschlossene Winkel ist.

Die bisherigen Betrachtungen beziehen sich auf ein ruhendes Gefäß. Sobald sich dieses bewegt, müssen die relative und die absolute Bewegung unterschieden werden. Für die nachfolgenden Untersuchungen möge eine Radialturbine betrachtet werden, da diese den allgemeineren Fall darstellt. Die Flüssigkeitsteilchen bewegen sich hierbei in Bahnen, die in zur Drehungsachse der Maschine senkrechten Ebenen liegen oder hiervon nicht wesentlich abweichen. Bei den Achsialturbinen bewegen sich dagegen die Flüssigkeitsteilchen in zur Achse koachsialen Zylinderflächen.

Fig. 28 stelle die Geschwindigkeitsverhältnisse bei einer Radialturbine dar. Das Flüssigkeitsteilchen wird mit einer absoluten Geschwindigkeit c_1 dem Laufrade zugeführt, das sich mit einer Winkelgeschwindigkeit ω dreht; die Umfangsgeschwindigkeit beim Eintritt des Flüssigkeitsteilchens ist mithin $u_1 = r_1 \omega$. Wird zu c_1 die Geschwindigkeit $-u_1$ geometrisch addiert, so erhält man die relative Eintrittsgeschwindigkeit w_1. Im Laufrade selbst wird diese in jedem Falle der Richtung, bei den Überdruckturbinen auch der Größe nach, geändert, wodurch sich schließlich die relative Geschwindigkeit des Austrittes w_2 ergibt. Setzt man diese mit $u_2 = r_2 \omega$ zusammen, so erhält man die absolute Austrittsgeschwindigkeit c_2. Bei der Achsialturbine ist $u_2 = u_1$ zu setzen.

Um den Ausdruck für das Drehmoment bzw. für die Leistung zu erlangen, kann man sich nach dem Vorgange von Föppl[1]) des »Flächensatzes« bedienen. Dieser lautet in erweiterter Form: Für einen Punkt bzw. Punkthaufen ist das statische Moment der Kraft (Drehmoment) gleich der zeitlichen Änderung des statischen Momentes der Bewegungsgröße. Das Massenteilchen dm tritt mit der absoluten Geschwindigkeit c_1 in das Laufrad ein und verläßt es mit der absoluten Geschwindigkeit c_2. Dabei ändert sich das Moment der Bewegungsgröße um den Betrag[2])

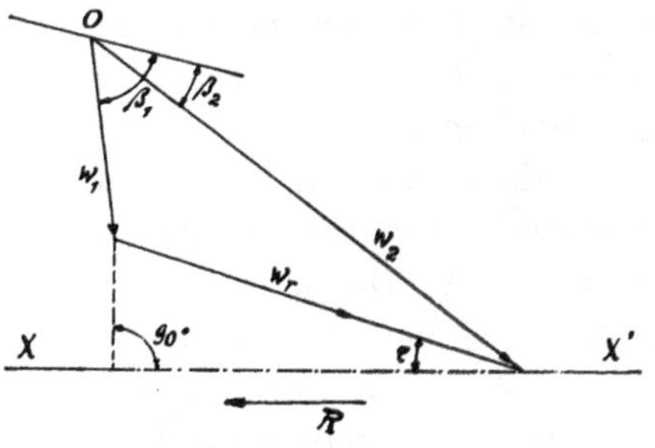

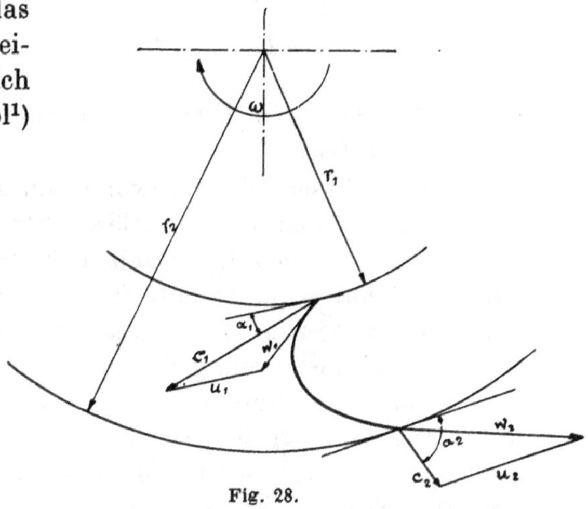

Fig. 27.

Fig. 28.

$$d B = d m \, (c_1 \, r_1 \cos \alpha_1 + c_2 \, r_2 \cos \alpha_2).$$

[1]) Föppl, Techn. Mechanik, Band IV.

[2]) Das positive Zeichen vor $c_2 r_2 \cos \alpha_2$ ist darauf zurückzuführen, daß in Fig. 28 c_1 und c_2 entgegengesetzt gerichtet sind.

Nun ist $d\,m = M\,dt$, wobei M die Masse der in der Zeiteinheit durch das Laufrad strömenden Dampfmenge bedeutet, mithin ist:

$$\mathfrak{M} = \frac{dB}{dt} = M\,(c_1\,r_1 \cos\alpha_1 + c_2\,r_2 \cos\alpha_2) \quad . \; . \; . \; (11).$$

Dieses Drehmoment wird vom Dampfstrom an die Schaufeln abgegeben. Die Leistung am Radumfang beträgt mithin:

$$L_u = \mathfrak{M}\,\omega = M\,(c_1\,u_1 \cos\alpha_1 + c_2\,u_2 \cos\alpha_2) \quad . \; . \; . \; (12).$$

Setzt man $c_1 \cos\alpha_1 = c_{1u}$ und $c_2 \cos\alpha_2 = c_{2u}$, so erhält man:

$$L_u = M\,(c_{1u}\,u_1 + c_{2u}\,u_2).$$

Gewöhnlich pflegt man die Leistung von 1 kg Dampf in der Sekunde anzugeben, also

$$L_u = \frac{1}{g}\,(c_1\,u_1 \cos\alpha_1 + c_2\,u_2 \cos\alpha_2) \quad . \; . \; . \quad (12\text{a}).$$

Dabei hat L_u nicht mehr die Dimension einer Leistung, sondern einer Länge (m).

Die in dieser Weise gewonnenen Ausdrücke beziehen sich allerdings nur auf den sog. »mittleren Stromfaden«, d. h. sie setzen voraus, daß die Bahnen der einzelnen Flüssigkeitsteilchen kongruent sind. Dies wird um so mehr zutreffen, je kleiner die Laufschaufeln selbst im Verhältnisse zum Durchmesser des Rades sind. Aus diesem Grunde ist die Übereinstimmung dieser Theorie mit der Wirklichkeit bei der Dampfturbine nicht ungünstig. Sind die Dimensionen der Schaufeln des Kreiselrades größer, so bleiben die abgeleiteten Beziehungen noch immer anwendbar, wenn man sich das Laufrad in Streifen (Teilturbinen) zerlegt denkt, ein Vorgang, der bei der praktischen Berechnung von Wasserturbinen üblich ist. Minder befriedigend ist die Brauchbarkeit der entwickelten Formeln bei den Kreiselpumpen und Turbokompressoren, worüber im III. Teil Näheres mitgeteilt wird.

In neuerer Zeit wurde namentlich durch Lorenz[1]), Prašil[2]) und Mises[3]) eine neue Berechnung angeregt, bei der die Wirkung der einzelnen Massenteilchen und nicht wie bei den vorstehenden Ausführungen bloß der mittlere Stromfaden betrachtet wird. Man erhält dadurch ein hydrodynamisches, dreidimensionales Problem, indem man von den Eulerschen Strömungsgleichungen in Zylinderkoordinaten ausgeht.

---

1) Lorenz, Neue Theorie und Berechnung der Kreiselräder, Oldenbourg.

2) Prašil, Schweizerische Bauzeitung 1903, sowie Z. f. d. ges. Turb. 1906.

3) v. Mises, Theorie der Wasserräder.

Lorenz hat durch Einführung der »Zwangsbeschleunigung« das dreidimensionale Problem auf ein zweidimensionales zurückgeführt und mit Hilfe der so vereinfachten Gleichungen Folgerungen ziehen können, die insbesondere vom Standpunkte der Mechanik von Bedeutung und die auch technisch in mancher Hinsicht von Interesse sind. Was aber die praktische Berechnung der Turbomaschinen anbelangt, so ist zunächst für die Dampfturbine aus den erwähnten Gründen die vereinfachte Theorie ausreichend. Es ist ferner zu bedenken, daß durch Reibung, Wirbelung und andere Erscheinungen, wie insbesondere durch die Undichtheitsverluste und die dadurch hervorgerufenen Mischungsvorgänge der wirkliche Prozeß wesentlich beeinflußt wird, so daß eine streng erkenntnistheoretische Lösung des Problems schwer möglich ist.

c) Die einstufige Gleichdruckturbine.

Bei der einstufigen Gleichdruckturbine wird der Dampf in den Düsen vollkommen entspannt, indem er bis zum Gegendruck expandiert. Der Dampfstrahl wird dann dem Laufrade zugeführt, worin er durch bloße Ablenkung die Arbeit an die Schaufeln abgibt. Fig. 29 stellt einen schematischen Schnitt durch Leit- und Laufrad einer derartigen Turbine (Bauart de Laval) dar. Um das ganze Wärmegefälle in einer Stufe ausnützen zu können, müssen die Leitschaufeln als erweiterte Düsen ausgeführt werden.

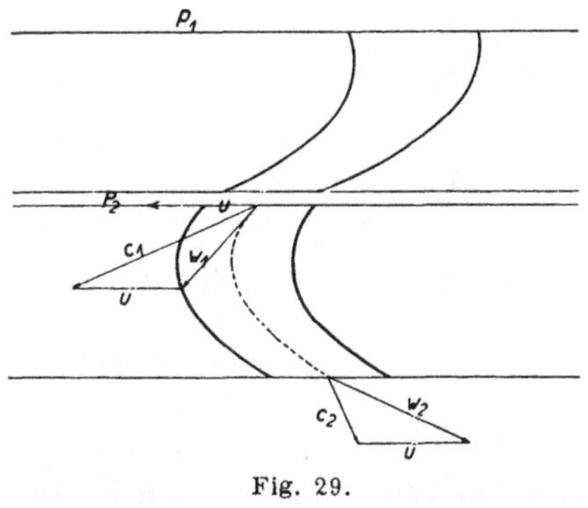

Fig. 29.

Fig. 30 stellt den Geschwindigkeitsriß in der üblichen Weise dar.

1. Verfügbares und spezifisches Gefälle, Wirkungsgrad am Radumfang.

Druck p_1 und Temperatur t_1 bzw. spezifische Dampfmenge des Dampfes vor der Düse seien gegeben, ebenso der Druck im Abdampfstutzen p_2. Dadurch ist der Wärmeinhalt i_1 vor der Düse eindeutig bestimmt. Das bei einer idealen, adiabatischen Expansion verfügbare Wärmegefälle beträgt

$$H_0 = i_1 - i_2' = A \frac{c_0^2}{2g} \quad \ldots \ldots \ldots (13),$$

wobei c_0 die theoretische Ausflußgeschwindigkeit des Dampfes aus der Düse bedeutet. Aus der wirklichen Austrittsgeschwindigkeit $c_1 = \varphi\, c_0$ erhält man durch Zusammensetzung mit $-u$ die relative Eintrittsgeschwindigkeit w_1 (Fig. 30). Würden keine Reibungswiderstände auftreten, so müßte die relative Austrittsgeschwindigkeit $w_2 = w_1$ sein. Wegen der Reibung wird $w_2 = \psi\, w_1$, wobei ψ als Laufradkoeffizient bezeichnet wird.

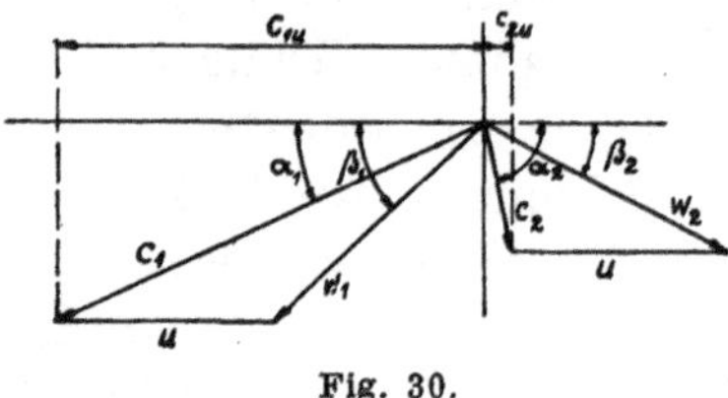

Fig. 30.

Durch geometrische Zusammensetzung von w_2 und u erhält man c_2. Häufig wird bei derartigen Gleichdruckturbinen $\sphericalangle\, \beta_2 = \sphericalangle\, \beta_1$ angenommen; man kann in diesem Falle das Austrittsdreieck nach links umklappen.

Im Hinblicke auf die Gleichung (12a) ergibt sich die Leistung am Radumfang für Achsialturbinen, bezogen auf 1 kg Dampf zu:

$$L_u = \frac{u}{g}\,(c_{1u} + c_{2u}).$$

c_{2u} erhält das positive Vorzeichen, da c_{1u} und c_{2u} in Fig. 30 verschieden gerichtet sind. Bedenkt man, daß

$$c_{2u} = w_2 \cos\beta_2 - u = \psi\, w_1 \cos\beta_2 - u$$

und daß

$$c_{1u} = c_1 \cos\alpha_1 = w_1 \cos\beta_1 + u$$

ist, so erhält man nach einigen Umformungen

$$L_u = \frac{u}{g}\left(1 + \psi\,\frac{\cos\beta_2}{\cos\beta_1}\right)(c_1\cos\alpha_1 - u) \quad \ldots \quad (14).$$

Dividiert man L_u durch L_0, die verfügbare Leistung, so erhält man den Wirkungsgrad am Radumfang. Zu diesem Zwecke führt man in (13) die wirkliche absolute Eintrittsgeschwindigkeit $c_1 = \varphi\, c_0$ ein und erhält:

$$H_0 = A\,L_0 = A\,\frac{1}{\varphi^2}\cdot\frac{c_1^2}{2g} \quad \ldots\ldots \quad (13\text{a}).$$

Damit ergibt sich für den Wirkungsgrad am Radumfang:

$$\eta_u = 2\,\varphi^2\left(1 + \psi\,\frac{\cos\beta_2}{\cos\beta_1}\right)\left(\cos\alpha_1 - \frac{u}{c_1}\right)\frac{u}{c_1} \quad \ldots \quad (15).$$

Außer von den Winkeln hängt η_u namentlich von u/c_1 ab, und zwar ist dieser Zusammenhang ein parabolischer.

Da aber die Werte von ψ nach neueren Versuchen von β_1 abhängen, so entspricht der Zusammenhang nicht genau einer Parabel.

Für $u/c_1 = 0$ und für $u/c_1 = \cos\alpha_1$ wird η_u gleich Null. Das Maximum von η_u tritt für

$$(u/c_1)_m = \frac{\cos\alpha_1}{2}$$

auf (Fig. 31).

Für den Fall, daß $\beta_2 = \beta_1$ ist, wird:

$$\eta_{u\,m} = \frac{1}{2}\,\varphi^2\,(1 + \psi)\cos^2\alpha_1 \quad \ldots\ldots \quad (16).$$

Es zeigt sich, daß der Wirkungsgrad um so günstiger wird, je kleiner der Düsenwinkel α_1 ist. In Wirklichkeit bringt freilich eine Verkleinerung von α_1 auch eine Herabminderung von β_1 mit sich und dadurch eine Verschlechterung des Laufradkoeffizienten ψ. Für die vollkommen reibungsfreie Schauflung wäre $\varphi = 1$, $\psi = 1$ und $\eta_{u\,m} = \cos^2\alpha_1$, also kleiner als 1 infolge des Austrittsverlustes $A\,\frac{c_2^2}{2\,g}$.

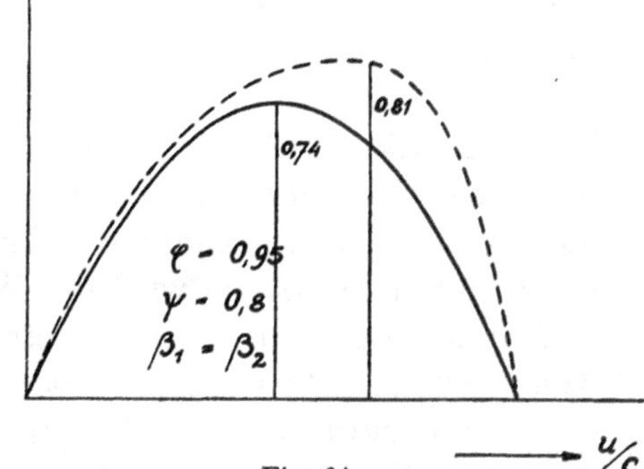

Fig. 31.

Mit den Werten $\varphi = 0{,}95$, $\psi = 0{,}80$, die bei guten Ausführungen überschritten werden, sowie $\alpha_1 = 20^0$, erhält man $\eta_{um} \backsim 0{,}74$.

Die Gleichungen für L_u und η_u stellen die Veränderlichkeit dieser beiden Größen insbesondere in Abhängigkeit von u/c_1 für den Fall dar, daß der Laufradwinkel β_1 dem jeweiligen Verhältnis von u/c_1 angepaßt wird, wie dies für die Ermittelung einer neuen Schauflung zutrifft. Soll hingegen das Verhalten einer vorliegenden Schauflung unter veränderten Betriebsverhältnissen untersucht werden, so ist noch der Einfluß des Stoßes zu berücksichtigen. In diesem Falle werden sich etwas niedrigere Werte für η_u ergeben. Im allgemeinen ist nur für ein bestimmtes Verhältnis von u/c_1 ein stoßfreier Gang möglich.

Eine weitere Umformung der Gleichung für H_0 durch Einführung der Größe u/c_1 ist zwar für die einstufige Turbine von untergeordneter Bedeutung, empfiehlt sich aber im Hinblicke auf die Ausführungen in den nächsten Abschnitten. Aus (13a) erhält man, wenn man $u/c_1 = \chi$ setzt:

$$H_0 = \frac{A}{2\,g\,\varphi^2}\,\frac{u^2}{\chi^2} \quad \ldots\ldots \quad (13b).$$

Diese Gleichung kann man auch in der Form schreiben:

$$H_0 = K_g \cdot u^2 \quad \ldots\ldots\ldots \quad (17),$$

wobei

$$K_g = \frac{A}{2g\,\varphi^2} \cdot \frac{1}{\chi^2} \quad \ldots\ldots \quad (17\text{a})$$

ist. Diese Größe hängt ebenso wie der Wirkungsgrad am Radumfang nur von $u/c_1 = \chi$ und den Reibungskoeffizienten (in diesem Falle sogar nur von φ) ab. Für $u = 1$ m/sek, wird $H_0 = K_g$. Aus diesem Grunde wollen wir K_g als das spezifische Gefälle für die einstufige Gleichdruckturbine bezeichnen, da es demjenigen Gefälle entspricht, das bei einer Umfangsgeschwindigkeit von 1 m/sek in einer Stufe verarbeitet würde.[1])

Eine einfache Anwendung dieser Betrachtungsart ist z. B. die folgende. Eine Dampfturbine sei für ein Wärmegefälle von H_0 Kal. berechnet und entwickle dabei eine Umfangsgeschwindigkeit u. Wenn die Turbine unter anderen Dampfdruckverhältnissen arbeiten soll (z. B. mit Auspuff), so wird der Wirkungsgrad η_u einen anderen Wert annehmen, falls die Umfangsgeschwindigkeit dieselbe bleibt. Durch Änderung der Umfangsgeschwindigkeit kann aber erzielt werden, daß der Wirkungsgrad η_u konstant bleibt, wenn K_g in beiden Fällen denselben Wert aufweist. Ist das Gefälle bei den veränderten Betriebsverhältnissen H_0', die Umfangsgeschwindigkeit u', so muß

$$K_g = \frac{H_0}{u^2} = \frac{H_0'}{u'^2}$$

sein, damit η_u ungefähr erhalten bleibt.

2. Innerer und effektiver Wirkungsgrad.

Der wirkliche Prozeß in der Dampfturbine ist mit Verlusten verschiedener Art behaftet. Bisher wurden nur diejenigen Verluste betrachtet, die durch die Schauflung selbst verursacht werden. Sie bestehen aus den Verlusten in der Düse, im Laufrad und beim Austritt. Trägt man ihnen Rechnung, so erhält man die Leistung am Radumfang L_u. Allein auch diese Leistung kann noch nicht als Nutz-

[1]) Siehe des Verfassers Aufsatz in der Z. f. d. ges. Turb. 1912, H. 8 bis 10. Nach (17a) wird K_g auch von φ abhängig. Führt man nicht u/c_1, sondern u/c_0 ein, so erhält man für K_g einen vom Widerstandskoëffizienten φ unabhängigen Wert und zwar

$$K_g = \frac{A}{2g} \frac{1}{\left(\frac{u}{c_0}\right)^2}.$$

arbeit der Turbine angesehen werden, da noch andere Verlustquellen auftreten, so z. B. die Radreibung und Ventilation. Wenn ein Laufrad in Dampf (oder Luft) rotiert, so ist ein Widerstand zu überwinden, der einerseits von der Reibung der glatten Scheibe im Dampf, andererseits von der durch die Schauflung hervorgerufenen Ventilation herrührt. Auf theoretischem Wege eine Formel aufzustellen, die diesen Verlusten Rechnung trägt, ist nicht möglich. Man begnügt sich daher mit einer von Stodola auf versuchstechnischer Grundlage gewonnenen Formel, die für eine überschlägige Berechnung auch hinreichend genau ist. Sie lautet:

$$N_r = (\beta_1 D^2 + \beta_2 D \cdot L^{1,5}) \frac{u^3}{10^6} \gamma \quad . \quad . \quad . \quad . \quad . \quad (18).$$

Dies ist die Formel für die gesamte Leerlaufarbeit, und zwar trägt der erste Summand der Scheibenreibung, der zweite der Ventilation Rechnung. N_r bedeutet die Reibungsarbeit für das unverhüllte Rad in Luft, D den mittleren Durchmesser in m, L die Schaufellänge in cm, u die mittlere Umfangsgeschwindigkeit in m/sek, γ das spezifische Gewicht der Luft in kg/m³. Die Konstanten erhalten die Werte $\beta_1 = 1{,}46$, $\beta_2 = 0{,}83$.

Für die praktische Berechnung genügt es in vielen Fällen, von der vereinfachten Formel:

$$N_r = \beta D^2 \frac{u^3}{10^6} \gamma \cdot (\mathrm{PS}) \quad . \quad . \quad . \quad . \quad . \quad . \quad (19)$$

Gebrauch zu machen. Man wählt $\beta = 3$ bis 10 und ist durch geeignete Wahl von β in der Lage, die verschiedenen Betriebsbedingungen zu berücksichtigen. Nach Versuchen der allgemeinen Elektrizitätsgesellschaft gilt:

$$N_r = \beta D^4 L \frac{n^3}{10^{10}} \cdot \gamma \text{ in PS} \quad . \quad . \quad . \quad . \quad . \quad (19\,a).$$

Hierin haben D, L und γ dieselbe Bedeutung wie oben.

Für β ist einzusetzen:

$$\left.\begin{array}{lll} \beta = 2{,}27 & \text{für} & \text{einkränzige Räder} \\ = 2{,}66 & \text{,,} & \text{zweikränzige ,,} \\ = 3{,}63 & \text{,,} & \text{dreikränzige ,,} \end{array}\right\} \text{für } L = 1 \text{ bis } 10 \text{ cm.}$$

Mit der letzteren Formel erhält man geringere Werte für N_r.

Die Reibungsarbeit ist, wie Lewicki experimentell festgestellt hat, bei Naßdampf größer als bei überhitztem Dampf und nimmt überhaupt mit zunehmender Überhitzung ab. Von den beiden Komponenten, Reibung der glatten Scheibe und Ventilationswiderstand, überwiegt der letztere.

Der eigentliche Ventilationswiderstand besteht nach Jasinsky[1]) 1. aus der Stoßwirkung von Dampfteilchen gegen die Laufschaufelflächen und 2. der Rückströmung von Dampf durch die freien Schaufelkanäle. Daraus erhellt, daß der Beaufschlagungsgrad des Laufrades auf die Größe des Ventilationswiderstandes von erheblichem Einflusse ist, und zwar ist der Ventilationsverlust um so größer, je geringer der Beaufschlagungsgrad ist. Im Grenzfalle, wenn der Beaufschlagungsgrad = 1 wird, verschwinden die beiden erwähnten Einflüsse und es bleibt nur noch die Reibung der glatten Scheibe übrig. Allerdings wird auch beim Beaufschlagungsgrad 1, d. h. wenn dem Laufrade auf seinem ganzen Umfange der Dampfstrahl zugeführt wird, ein gewisser Ventilationswiderstand entstehen können, indem eine Rückströmung von Dampf im radialen Spiele zwischen Radumfang und Gehäuse auftreten kann. Der Grund hierfür besteht darin, daß der Dampfstrahl auf die im Gehäuse stagnierende Dampfmasse eine Saugwirkung ausübt. Für den Fall, daß Ein- und Austrittswinkel der Laufradschaufeln nicht gleich sind, findet außer der Rückströmung auch noch eine Förderung des Dampfes in axialer Richtung, ebenso wie beim Parsonsgebläse (vgl. Abschnitt III) statt. Jasinsky hat durch eine Reihe von Versuchen im Maschinenlaboratorium der Technischen Hochschule zu Dresden die Abhängigkeit des Ventilationswiderstandes vom Beaufschlagungsgrad ε festgestellt.

Die Ergebnisse dieser Versuche lassen sich durch die Formel ausdrücken:

$$\mathfrak{H}_v = H_v \, \varepsilon \, (\varepsilon^{-a} - 1) \quad \ldots \ldots \quad (20).$$

Hierin bedeutet $\mathfrak{H}_v$ den Ventilationsverlust in Kal. bei Teilbelastung, H_v den gesamten Gefällsverlust bei voller Beaufschlagung $a = 1{,}8 \cdot 10^{-6} \, u^2$, ε das Verhältnis der beaufschlagten Bogenlänge zum ganzen Umfange. Für die vollbeaufschlagte Turbine wird $\varepsilon = 1$, $\mathfrak{H}_v = 0$. Denselben Wert von $\mathfrak{H}_v$ erhält man aber auch für $\varepsilon = 0$, d. h. wenn die Turbine gar nicht beaufschlagt ist, da in diesem Falle kein neuer Dampfstrom zugeführt wird.

Die durch die Radreibung und Ventilation entstehende Wärme wird, wie Jasinsky mit Recht bemerkt, unmittelbar dem das Rad umgebenden Dampf zugeführt, und zwar ist der Betrag der Radreibungsarbeit von der Leistung am Radumfang abzuziehen. Man erhält so die »innere« Leistung L_i der Turbine. Einen guten Einblick in die Verhältnisse erhält man aus der Darstellung der Vorgänge im T/S-Diagramm (Fig. 32). Das verfügbare Gefälle H_0 entspricht der Fläche $B_2 \, B_1 \, C_1 \, A_1 \, A_2'$. Der Verlust in der Düse verursacht eine Entropievermehrung $E_1 \, E_d = s_d$ und einen Energieverlust

$$H_{v1} = \frac{A}{2g}(c_0^2 - c_1^2) = \frac{A}{2g} \frac{c_1^2}{\varphi^2}(1 - \varphi^2) = H_0 (1 - \varphi^2) \; . \; (21)$$

[1]) Jasinsky, Mitteilungen über Forschungsarbeiten, H. 67.

entsprechend Fläche $E_1\,A_2'\,A_{2d}\,E_d$. Bei der Strömung durch die Laufschaufeln erleidet der Dampf eine Entropiezunahme $E_d\,E_l = s_l$, der Energieverlust beträgt:

$$H_{v2} = \frac{A}{2\,g}\,(w_1^2 - w_2^2) = \frac{A}{2\,g}\,w_1^2\,(1 - \psi^2) \quad . \quad . \quad . \quad (22).$$

Er wird durch die Fläche $E_d\,A_{2d}\,A_{2l}\,E_l$ dargestellt.

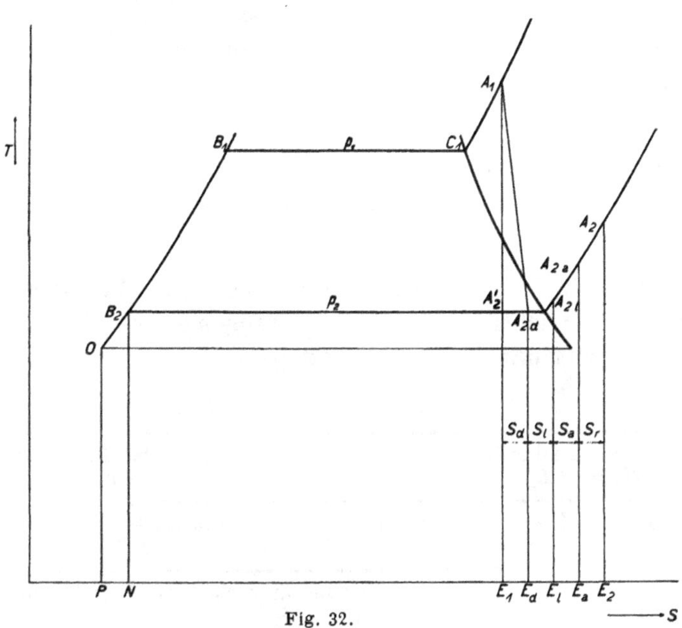

Fig. 32.

Der Dampf tritt aus dem Laufrad mit der Geschwindigkeit c_2, die bei der einstufigen Turbine nicht ausgenützt werden kann, sich vielmehr in Wirbel umsetzt und eine Entropiezunahme $E_l\,E_a$, bzw. einen Energieverlust

$$H_{v3} = \frac{A}{2\,g}\,c_2^2 \quad . \quad . \quad . \quad . \quad . \quad . \quad . \quad . \quad . \quad (23)$$

entsprechend der Fläche $E_l\,A_{2l}\,A_{2a}\,E_a$ hervorruft. Man bezeichnet

$$H_{v1} + H_{v2} + H_{v3} = H_{vu}$$

als »Schauflungsverlust« oder als »Verlust am Radumfang«. Der Schauflungsverlust besteht selbst dann, wenn in Düse und Laufschaufel keine Reibungsverluste auftreten würden. Es gilt für den Wirkungsgrad am Radumfang

$$\eta_u = \frac{H_0 - H_{vu}}{H_0} = \frac{H_u}{H_0},$$

wobei $H_u = H_0 - H_{vu}$ als das Gefälle am Radumfang anzusehen ist. Nun ist noch der Radreibungs- und Ventilationsverlust zu berücksichtigen, der aus den erwähnten Gründen nicht zu den mechanischen Verlusten zu rechnen ist. Durch ihn wird die Entropie um den Betrag $s_r = E_a E_2$ vermehrt und der Energieverlust pro kg

$$H_{vr} = A \frac{75 N_r}{G_{sk}} \quad \ldots \ldots \quad (23\text{a})$$

verursacht. N_r ist aus (18) oder (19) zu berechnen.

Setzt man

$$H_{vu} + H_{vr} = H_v,$$

so ist H_v der gesamte Gefällsverlust.

$$\eta_i = \frac{H_0 - H_v}{H_0} = \frac{H_i}{H_0} \quad \ldots \ldots \quad (24)$$

ist der »innere« oder thermodynamische (η_{th}) Wirkungsgrad.[1]) Der größeren Übersichtlichkeit halber mögen die Gefällsverhältnisse tabellarisch zusammengestellt werden:

Verfügbares Gefälle H_0

Gefälle am Radumfang $H_u = A L_u$		Schauflungsverlust H_{vu} (am Radumfang)
Inneres Gefälle H_i	Radreibungs- und Ventilationsverlust H_{vr}	
	Gesamtverlust an Gefälle H_v	

Bei Abnahmeversuchen können die Schauflungs- von den Radreibungsverlusten nicht getrennt werden. Wenn man den Wärmeinhalt i_1 vor der Düse und den Wärmeinhalt i_2 im Abdampfstutzen festgestellt hat, so ist $H_i = i_1 - i_2$ bekannt, und damit sind alle Verluste im Innern der Maschine berücksichtigt. Über die mechanischen Verluste und den effektiven Wirkungsgrad vergleiche Abschnitt a).

Da N_r nach Formel (18) oder (19) zu bestimmen ist, so erhellt, daß η_u von η_i *um so mehr abweicht, je kleiner die Leistung der Maschine ist.* Diese Schlußfolgerung gilt nicht nur für die einstufige Gleichdruckturbine, sie hat vielmehr allgemeine Gültigkeit. Bei ganz großen Einheiten wird sich η_u von η_i

[1]) In der Literatur wird bald η_u, bald η_i als „indizierter" Wirkungsgrad bezeichnet, wodurch leicht Mißverständnisse entstehen können. Es empfiehlt sich auch aus diesem Grunde die Bezeichnungen »indizierte Arbeit«, »indizierter Wirkungsgrad« bei Turbomaschinen grundsätzlich zu vermeiden.

nur um einen geringen Betrag unterscheiden. Die Ermittlung von $\eta_{i\,max}$, sowie des entsprechenden Wertes von χ, kann am einfachsten in der von Stodola angegebenen Weise erfolgen. Es ist

$$\eta_i = \frac{AL_i}{AL_0} = \frac{AL_u - H_{vr}}{AL_0} = \eta_u - \frac{H_{vr}}{AL_0} = \eta_u - \zeta_r \quad . \quad . \quad (25).$$

$$\zeta_r = \frac{75\,N_r}{G_{sk}\,L_0} = \frac{75 \cdot 2\,g\,\beta_0\,D^2\,u^3\,\gamma}{G_{sk}\,c_0^2},$$

wenn $N_r = \beta_0\,D^2\,u^3\,\gamma$ gesetzt wird. $(\beta_0 = \beta \cdot 10^{-6})$.

Durch Einführung von $u/c_1 = \chi$ ergibt sich

$$\zeta_r = \varrho\,\chi^5,$$

wobei

$$\varrho = \frac{600\,g\,\beta_0\,\varphi^2\,\gamma\,c_1^3}{G_{sk}\,\omega^2} \text{ beträgt.}$$

Damit findet sich η_i für eine Turbine mit $\beta_1 = \beta_2$:

$$\eta_i = 2\,\varphi^2\,(1 + \psi)\,(\cos\alpha_1 - \chi)\,\chi - \varrho\,\chi^5 \quad . \quad . \quad . \quad . \quad (26).$$

In Fig. 33 sind η_u, ζ_r und η_i als Funktionen von χ graphisch aufgetragen.

Durch Subtraktion der beiden Ordinaten η_u und ζ_r erhält man den Verlauf von η_i, der naturgemäß kleiner als η_u ausfällt, und den Maximalwert bei einem niedrigeren Werte von χ erreicht. Dieser Umstand ist günstig, da man die Turbine mit einem kleineren Werte von χ, mithin mit einer niedrigeren Umfangsgeschwindigkeit laufenlassen kann. Die Abweichung ist um so bedeutender, je größer ϱ wird, d. h. also je kleiner die arbeitende Gewichtsmenge und je größer die absolute Dampfgeschwindigkeit ist. Als praktisch günstiger Wert kann für solche Turbinen $\chi = 0{,}33$ bis $0{,}36$ angenommen werden.

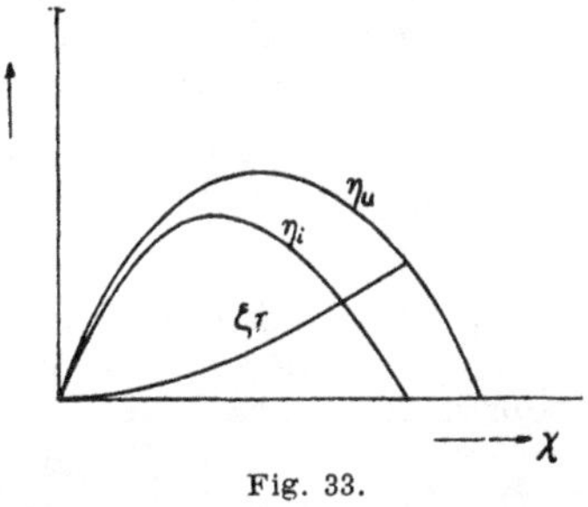

Fig. 33.

Beispiel. Es sei eine Lavalturbine für 200 PS zu berechnen. $p_1 =$ 11 Atm. abs., $t_1 = 250^0$ C, $p_2 = 0{,}08$ Atm. abs. Nimmt man einen mechanischen Wirkungsgrad $\eta_m = 0{,}93$ an, so ist $N_i = 215$ PS. Das verfügbare Wärmegefälle ergibt sich aus dem i/s-Diagramm zu $H_0 = 189$ Kal. Der theoretische Dampfverbrauch beträgt 3,34 kg/PS Std.; nimmt man einen effektiven Wirkungsgrad $\eta_e = 0{,}60$ an, so ergibt sich der wirkliche Dampfverbrauch zu 5,58 kg/PSe Std. Der stündliche Dampfverbrauch ist $G_{st} \backsim 1120$ kg, der sekundliche $G_{sk} = 0{,}31$ kg. Es beträgt: $c_0 = 91{,}5\,\sqrt{H_0} = 1260$ m/sek.

Die wirkliche Austrittsgeschwindigkeit aus der Düse ist $c_1 = \varphi c_0 = 0{,}96 \cdot 1260 = 1210$ m/sek. Der Winkel α_1 betrage 18°. Der größte Wirkungsgrad am Radumfang wird für die Umfangsgeschwindigkeit $u = \frac{1}{2} c_1 \cos \alpha_1 = 576$ m/sek erreicht. Wir wählen jedoch $u/c_1 = \chi = 0{,}35$ und erhalten $u = 420$ m/sek. Durch Aufzeichnen des Geschwindigkeitsrisses erhält man $w_1 = 820$ m/sek. Rechnet man mit $\psi = 0{,}75$, so ergibt sich $w_2 = 0{,}75 \cdot 820 = 615$ m/sek. Durch Zusammensetzen von u_2 und w_2 erhält man $c_2 = 308$ m/sek. Als Gefällsverluste erhält man:

in der Düse	$H_{v1} = 15{,}07$ Kal.
im Laufrad	$H_{v2} = 35{,}20$ Kal.
beim Austritt	$H_{v3} = 11{,}33$ Kal.
	$H_{vu} = 61{,}60$ Kal.

H_{vu} entspricht dem Verluste am Radumfang.

$$\eta_u = \frac{H_o - H_{vu}}{H_o} = \frac{189 - 61{,}6}{189} = 0{,}674.$$

Wir wählen $n = 10000$ und erhalten damit einen mittleren Laufraddurchmesser $D = 800$ mm. Zur Berechnung der Radreibungsverluste muß zunächst das spezifische Volumen des Dampfes aus dem i/s-Diagramm für den Endpunkt der Expansion (hinter dem Laufrad) entnommen werden. Für $v = 17$ m³/kg erhält man mit $\beta = 7$ auf Grund der Formel (19) $N_r \backsim 20$ PS. Es ist ferner

$$G_{sk} = 0{,}31, \quad H_{vr} = \frac{75\, N_r}{427 \cdot G_{sk}} = 11{,}3 \text{ Kal.},$$

$$\zeta_r = \frac{H_{vr}}{H_o} = \frac{11{,}3}{189} = 0{,}060.$$

Mithin beträgt

$$\eta_i = \eta_u - \zeta_r = 0{,}674 - 0{,}060 = 0{,}614.$$

Mit $\eta_m = 0{,}93$ ergibt sich $\eta_e = 0{,}57$, so daß die ursprüngliche Annahme zutreffend erscheint. Zur Ermittelung der Schaufellängen bedient man sich der Stetigkeitsbedingung

$$G_{sk}\, v = F_{1a} \cdot c_{1a}, \quad c_{1a} = c_1 \sin 18^0 = 1210 \cdot 0{,}309 = 374.$$

Mit $v = 16$ ergibt sich

$$F_{1a} = 0{,}0133 \text{ m}^2 = \varepsilon\, \pi\, D\, l,$$

wobei ε den Beaufschlagungsgrad bedeutet. Wählt man $l = 15$ mm, so wird $\varepsilon = 0{,}35$. Infolge der Schaufelstärke wird dann etwa der 0,4. Teil des Umfanges durch die Düsen beaufschlagt.

d) Gleichdruckturbine mit Geschwindigkeitsstufen.

Das ganze verfügbare Wärmegefälle der Turbine, bzw. einer Turbinenstufe, wird in der Düse vollständig in Geschwindigkeit umgesetzt. Die Energie wird jedoch dem Dampfe beim Durchströmen durch das Laufrad nicht ganz entzogen, vielmehr wird es mit einer erheblichen Austrittsgeschwindigkeit verlassen. Mit Hilfe eines Umkehrapparates wird nun der Dampfstrahl wieder dem Laufrade zugeführt, und zwar entweder einem neuen Schaufelkranz (Bauart Curtis) oder wieder demselben (Bauart Elektra). Die zweite absolute Austrittsgeschwindigkeit ist in der Regel gering und kann preisgegeben werden. Wünscht man die Umfangsgeschwindigkeit noch stärker herabzusetzen, so können noch weitere Umkehrapparate vorgesehen werden, die den Dampf abermals dem Laufrade zuführen (Fig. 34).

In der vereinfachten Darstellung, bei der die Austrittsgeschwindigkeiten umgeklappt werden, ergibt sich für den Fall gleichwinkeliger Schaufeln beim Ein- und Austritte der Geschwindigkeitsriß nach Fig. 35.

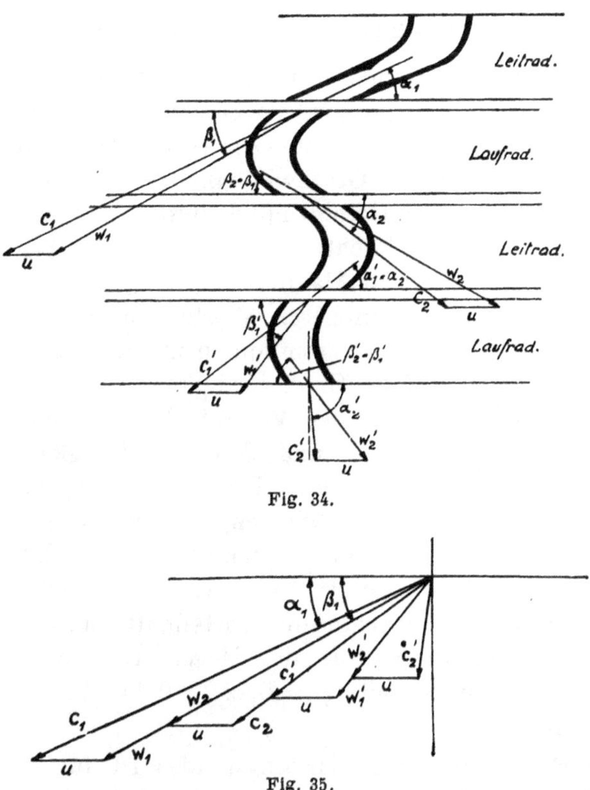

Fig. 34.

Fig. 35.

Im ersten Laufkranz sind die Winkel $\beta_1 = \beta_2$, im zweiten Laufkranz $\beta_1' = \beta_2'$. Auch der Umkehrapparat ist hierbei der Einfachheit halber gleichwinklig angenommen. Mitunter ist man genötigt, den Winkel α_1' kleiner als α_2 auszuführen. Es gilt für 2 Geschwindigkeitsstufen:

$$w_2 = \psi\, w_1, \quad c_1' = \varphi'\, c_2, \quad w_2' = \psi' \cdot w_1'$$

$$L_u = \frac{u}{g}\,(c_{1u} + c_{2u} + c_{1u}' + c_{2u}) \quad . \quad . \quad . \quad . \quad . \quad (27),$$

wobei c_{1u}, c_{2u} . . . die Umfangskomponenten von c_1, c_2 . . . bedeuten.

Durch einige einfache trigonometrische Einsetzungen gelangt man für den Spezialfall nach Fig. 35 zu der Gleichung:

$$L_u = \frac{u}{g}\,(A\,c_1 \cos \alpha_1 - B\,u),$$

wobei

$$A = 1 + \psi + \varphi'\psi + \varphi'\psi\,\psi'$$

$$B = 2 + 2\,\psi + \varphi' + 2\,\varphi'\psi + \varphi'\psi\,\psi'.$$

Der Wirkungsgrad am Radumfang ist auch in diesem Falle $\eta_u = L_u/L_0$, wobei L_0 ebenso wie im Kapitel (a) zu berechnen ist. Das Maximum von η_u fällt bei der Turbine mit Geschwindigkeitsstufen geringer aus. So erreicht man bei 2 Geschwindigkeitsstufen durchschnittlich einen Wert $\eta_u \sim 0{,}6$, bei 3 Geschwindigkeitsstufen $\eta_u \sim 0{,}5$. Diesem Nachteil steht der Vorteil gegenüber, daß das Maximum von η_u bei einem erheblich geringeren Werte von $\chi = u/c_1$ auftritt, und zwar um so mehr, je größer die Zahl der Geschwindigkeitsstufen ist. In Fig. 36 ist der Verlauf des Wirkungsgrades für 1, 2 und 3 Geschwindigkeitsstufen eingetragen. Die beiden Kurven für η_{u1} und η_{u2} schneiden sich in einem Punkte, der ungefähr einem Werte $\chi = 0{,}27$ entspricht. Unterhalb dieses Wertes ist die Anwendung der Geschwindigkeitsabstufung vorteilhaft, darüber hinaus ist sie dagegen nicht am Platze. In der Regel arbeiten Turbinen mit 2 Geschwindigkeitsstufen mit $\chi = 0{,}19 - 0{,}24$, bei 3 Stufen mit $\chi = 0{,}10 - 0{,}16$.

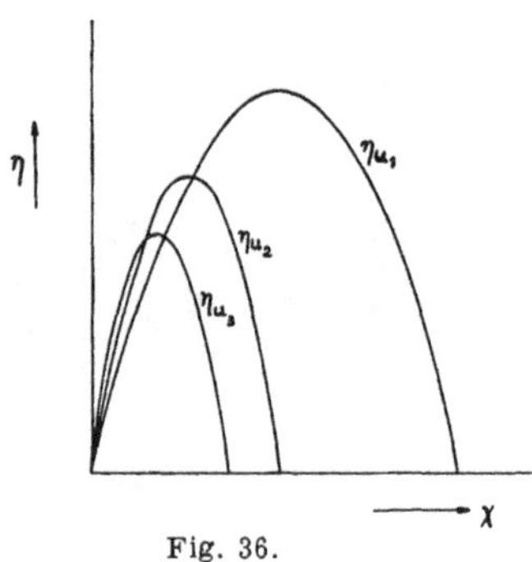

Fig. 36.

Bei der Berechnung des Wirkungsgrades ist für die Wahl der Werte von ψ, φ' und ψ' die Krümmung der Schaufeln maßgebend. Für den Spezialfall nach Fig. 35 ist z. B. für ψ' mit Rücksicht auf die sanftere Krümmung des zweiten Laufkranzes ein höherer Wert einzusetzen als für ψ.

Für den Fall eines einzigen Laufkranzes wird $\beta_1' = \beta_1$, d. h. die Relativgeschwindigkeiten der ersten und zweiten Geschwindigkeitsstufe sind unter demselben Winkel geneigt. Der Vorteil dieser Anordnung besteht in der Herabsetzung der Ventilationsverluste, da

[1] Vgl. Bánki, Z. f. d. ges. Turb. 1906.
Wenger, Bestimmung des Maximalwertes des thermodynam. Wirkungsgrades und der günstigsten Stufenzahl bei Dampfturbinen, Berlin 1908.

das Laufrad durch die Umkehrapparate auf einem größeren Teile des Umfanges beaufschlagt wird (Elektra-Turbine). Für das spezifische Gefälle gilt die Formel (17a) wie bei der Gleichdruckturbine ohne Geschwindigkeitsabstufung, nur muß χ mit Rücksicht auf η_u kleiner angenommen werden, wodurch das spezifische Gefälle einen höheren Wert erhält. Wegen des schlechteren Wirkungsgrades kommen Turbinen mit mehrfacher Geschwindigkeitsabstufung nur bei kleineren Einheiten in Frage, bei denen weniger auf Wirtschaftlichkeit des Betriebes als auf geringe Anschaffungskosten Wert gelegt wird. Bei größeren Einheiten pflegt man aber ein Gleichdruckrad mit Geschwindigkeitsstufen (in der Regel 2) als Hochdruckturbine auszuführen, wobei als Niederdruckturbine eine vielstufige Druck- oder Überdruckturbine vorgesehen wird.

Zu bemerken ist, daß bei der eigentlichen Curtisturbine der Dampf mit leichtem Überdruck durch das Laufrad strömt; dabei wird w_2 etwas größer als w_1.

e) Vielstufige Gleichdruckturbine.

Das Wesen dieser Bauart besteht darin, daß in jeder Stufe nur ein Teil des verfügbaren Wärmegefälles verarbeitet wird, wodurch c_1 und somit die Umfangsgeschwindigkeit u herabgesetzt wird.

1. Die Austrittsgeschwindigkeit c_2 wird nicht ausgenützt.

In diesem Falle ist die einzelne Stufe ebenso zu bewerten wie bei der einstufigen Turbine. Zu berücksichtigen sind nur noch die Nabenverluste. Die thermodynamische Untersuchung lehrt, daß der Wirkungsgrad der Turbine nicht mit dem der einzelnen Stufen identisch ist.

Für eine Druckturbine mit Z Stufen sei der Anfangswert des Wärmeinhalts i_1 (Druck p_1, Temperatur t_1), der Gegendruck im Abdampfstutzen sei p_k. Die wirkliche Zustandsänderung A_1A_k weicht wegen der Verluste von der Adiabate A_1A_k' ab (Fig. 37). Der thermodynamische (innere) Wirkungsgrad der ganzen Turbine ist:

$$\eta_{\text{tot}} = \frac{i_1 - i_k}{i_1 - i_k'}.$$

Das verfügbare Gefälle H_0 entspricht der Fläche $B_k\,B_1\,C_1\,A_1\,A_k'$, der Gefällsverlust $H_v = i_k - i_k'$ der Fläche $E_1\,A_k'\,A_k\,E_k$. In der m^{ten} Stufe findet die Expansion vom Drucke p_m bis zum Drucke

p_{m+1} statt, die Zustandsänderung weicht in der Düse von der Adiabate $A_m A_{m+1}''$ ab, während der weitere Vorgang ungefähr bei konstantem Drucke verläuft[1]). Das verfügbare Gefälle dieser Stufe ist

$$h_{om} = A\, l_{om} = \text{Fläche } B_{m+1} B_m C_m A_m A_{m+1}'' C_{m+1} A_{m+1}',$$

da die bezügliche Expansion im Punkte A_m beginnt. Davon wird nur ein Teil, nämlich

$$h_{im} = A\, l_{im} = \eta_i\, h_{om}$$

ausgenützt. Der Gefällsverlust für die m^{te} Stufe entspricht der Fläche $E_m A_{m+1}'' A_{m+1} E_{m+1}$ und ergibt sich zu:

$$h_{vm} = (1 - \eta_i)\, h_{om}.$$

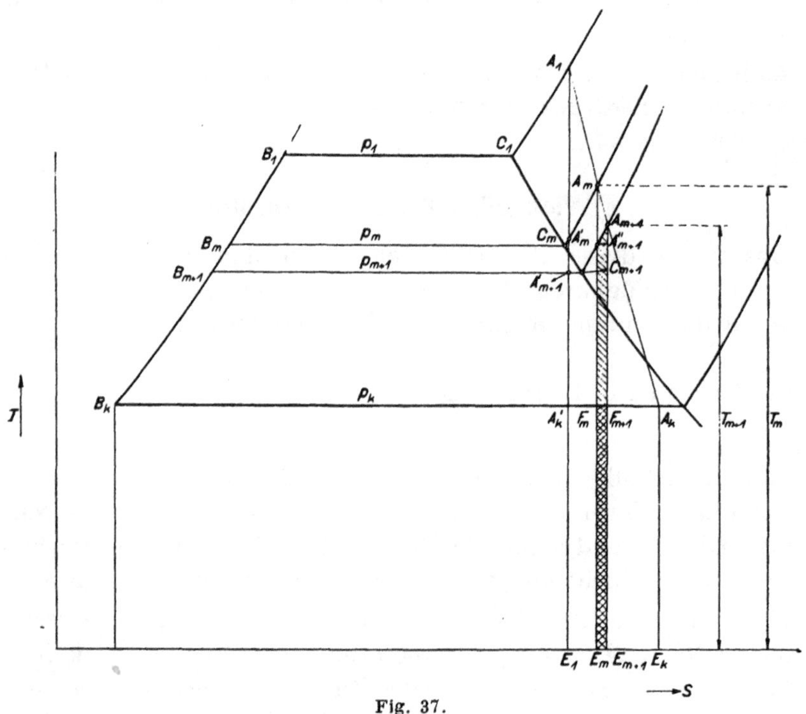

Fig. 37.

Von diesem Verlust wird jedoch ein Teil zurückgewonnen; denn der Dampf besitzt beim Eintritte in die nächste Stufe einen höheren Wärmeinhalt gegenüber der verlustfreien Expansion. Der bleibende

[1]) Die saugende Wirkung der bei teilweise beaufschlagten Turbinen nicht ganz mit Dampf erfüllten Schaufeln führt allerdings einen Druckunterschied herbei, zu dessen Ausgleich Bohrungen im Laufrade vorzusehen sind.

Gefällsverlust der m^{ten} Stufe h_{bm} entspricht der Fläche $E_m\, F_m\, F_{m+1}\, E_{m+1}$, und es ist mit guter Näherung:

$$\frac{h_{bm}}{h_{vm}} = \frac{T_k}{T_{m+1}} \quad \ldots\ldots\ldots \quad (28).$$

Der Wirkungsgrad der m^{ten} Stufe ist

$$\eta_i = \frac{i_m - i_{m+1}}{i_m - i_{m+1}''},$$

wobei i_{m+1}'' dem Punkte A_{m+1}'' entspricht.

Der gesamte Gefällsverlust der Turbine ergibt sich durch Addition aller bleibenden Teilverluste zu

$$H_v = \sum_1^Z h_{bm}.$$

Mit Rücksicht auf (28) läßt sich H_v folgendermaßen darstellen:

$$H_v = \sum_1^Z (1 - \eta_i)\, h_{0m} \frac{T_k}{T_{m+1}}.$$

Nun ist aber auch

$$H_v = (1 - \eta_{\text{tot}})\, H_0,$$

somit wird:

$$(1 - \eta_{\text{tot}})\, H_0 = \sum_1^Z (1 - \eta_i)\, h_{0m} \frac{T_k}{T_{m+1}} \quad \ldots\ldots \quad (29).$$

Die rückgewinnbare Reibungswärme äußert sich darin, daß das verfügbare Gefälle in den einzelnen Stufen, mit Ausnahme der ersten, vergrößert wird. So würde für die m^{te} Stufe das verfügbare Gefälle h_{om}', wenn die Expansion in A_m' beginnen würde, der Fläche $B_{m+1}\, B_m\, C_m\, A_m'\, A_{m+1}'$ entsprechen, während es im Hinblicke auf den Umstand, daß die Expansion von A_m ausgeht, gleich

$$h_{0m} = h_{0m}' + q_{rm} \quad \ldots\ldots\ldots \quad (30)$$

ist, wobei h_{om} der Fläche $B_{m+1}\, B_m\, C_m\, A_m\, A_{m+1}''\, C_{m+1}$, q_{rm} als rückgewonnene Reibungswärme für die m^{te} Stufe der Fläche $A_{m+1}'\, A_m'\, A_m\, A_{m+1}''\, C_{m+1}$ entspricht. Das »innere Gefälle« der ganzen Turbine ist:

$$H_i = \eta_{\text{tot}}\, H_o.$$

H_i muß sich aber auch als Summe aller einzelnen »inneren Gefälle« h_{im} ergeben, d. h.

$$H_i = \Sigma\, \eta_i \cdot h_{om}.$$

Nimmt man η_i für alle Stufen als konstant an, bzw. führt man einen Mittelwert für η_i ein, so erhält man:

$$H_i = \eta_{\text{tot}} \cdot H_o = \eta_i\, \Sigma\, h_{om}.$$

Wegen (30) ist aber

$$\Sigma\, h_{0m} = H_0 + Q_r \quad \ldots\ldots \quad (30\text{a}),$$

wobei $Q_r = \Sigma\, q_{rm}$ die gesamte rückgewonnene Reibungswärme bedeutet, die natürlich auch gleich der ganzen rückgewinnbaren ist. Im Wärmediagramm kann Q_r bei vielen Stufen mit guter Näherung als diejenige Fläche dargestellt werden, die von der Adiabate $A_1 A_k'$, der Verbindungslinie der wirklichen Zustandspunkte und der Isobare des Kondensatordruckes eingeschlossen wird. Durch Einsetzung von (30a) in die Gleichung für H_i erhält man:

$$\eta_{\text{tot}} = \eta_i \left(1 + \frac{Q_r}{H_0}\right) \quad . \; . \; . \; . \; . \; . \; . \; . \quad (31).$$

Der Gesamtwirkungsgrad ist also stets höher als der Einzelwirkungsgrad. Den Ausdruck

$$\mu = 1 + \frac{Q_r}{H_0} \quad . \; . \; . \; . \; . \; . \; . \; . \quad (31\,\text{a}).$$

kann man als »Wärmerückgewinnungsfaktor« bezeichnen. Zumeist pflegt er bei praktischen Berechnungen auf Grund von Erfahrungen gewählt zu werden. Deinlein setzt $\mu = 1{,}02 - 1{,}08$. Man kann aber μ auch auf theoretischem Wege berechnen, wenn man den Verlauf der Zustandskurve kennt. Nimmt man an, daß h_{om} und η_i für alle Stufen denselben Wert haben (bzw. einen Mittelwert), so ergibt sich aus (29) und (30a):

$$(1 - \eta_{\text{tot}})\, H_0 = (1 - \eta_i)\, h_{0m}\, \Sigma \frac{T_k}{T_{m+1}},$$

$$Z\, h_{0m} = H_0 + Q_r.$$

Durch Zusammenfassung beider Gleichungen erhält man:

$$(1 - \eta_{\text{tot}}) = (1 - \eta_i)\, \frac{H_0 + Q_r}{H_0}\, \frac{1}{Z}\, \Sigma \frac{T_k}{T_{m+1}}$$

und daraus mit Rücksicht auf (31):

$$(1 - \eta_{\text{tot}}) = \left(1 - \frac{\eta_{\text{tot}}}{\mu}\right) \cdot \mu\, \frac{1}{Z}\, \Sigma \frac{T_k}{T_{m+1}}.$$

Nach einigen Umformungen ergibt sich:

$$\mu = 1 + (1 - \eta_{\text{tot}}) \left[\frac{Z}{\Sigma \frac{T_k}{T_{m+1}}} - 1\right] \quad . \; . \; . \; . \quad (32).$$

Für die einstufige Turbine ist $\mu = 1$.

Dabei ist

$$\Sigma \frac{T_k}{T_{m+1}} = T_k \left(\frac{1}{T_2} + \frac{1}{T_3} + \ldots \frac{1}{T_k}\right).$$

Man kann also μ, bzw. Q_o, berechnen, wenn man die Stufenzahl und den Gesamtwirkungsgrad kennt. Aus der eingezeichneten Zustandsänderung kann man die Temperaturen entnehmen, und zwar auch dann, wenn man sich des i/s-Diagrammes bedient, da auch in diesem die Temperaturwerte eingetragen sind. Für eine dreistufige Turbine (Fig. 38) wäre das verfügbare Gefälle H_o durch die Strecke A_1A_4' gegeben, während sich die Summe der verfügbaren Einzelgefälle als Summe der Strecken $A_1\,A_2'$, $A_2\,A_3''$, $A_3\,A_4'''$ ergibt.

Der Rückgewinnungsfaktor μ wird um so größer, je größer die Stufenzahl Z und je kleiner η_{tot} ist.

Wenn man eine Dampfturbine auf dem Prüffelde untersucht, indem man den Wärmeinhalt vor dem 1. Leitrad und im Abdampfstutzen ermittelt und dadurch den Wirkungsgrad bestimmt, so sind darin außer den Schauflungs- und Radreibungsverlusten auch noch die Verluste durch Undichtigkeit enthalten. Diese geben zu Mischungsvorgängen Anlaß, die als nichtumkehrbare Prozesse eine Entropievermehrung verursachen. Man übersieht diese Verhältnisse am einfachsten für eine zweistufige Druckturbine (Fig. 39). Die Undichtheitsverluste entstehen bei den Gleichdruckturbinen durch den Spalt zwischen der Welle und den Leitapparaten, bzw. den von ihnen ausgehenden Scheidewänden.

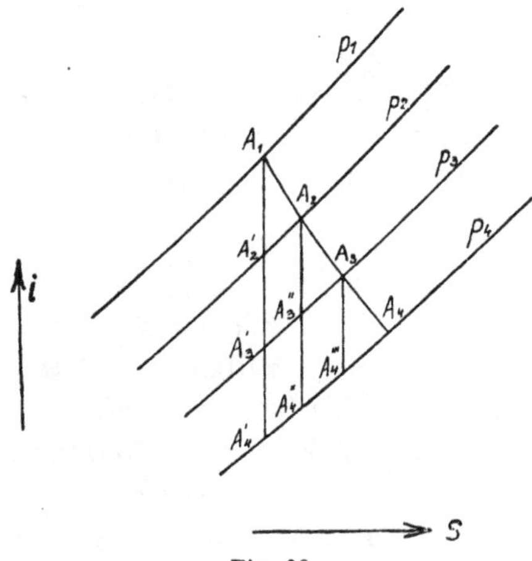

Fig. 38.

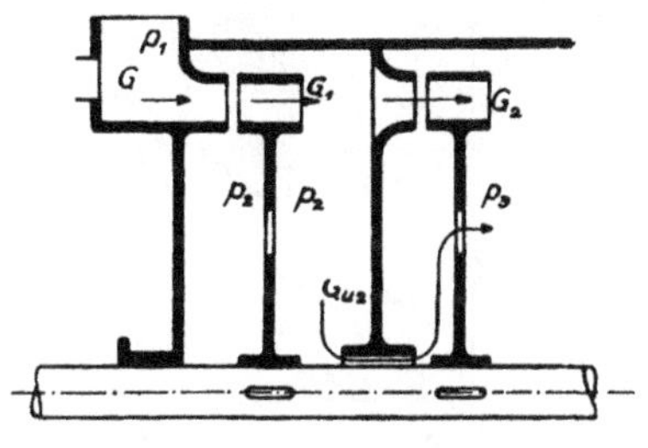

Fig. 39.

Während durch die ganze Turbine ebenso wie durch das erste Leitrad in der Sekunde die Gewichtsmenge $G_{sk} = G_1$ strömt, arbeitet im zweiten Leitrad nur die Menge G_2, während G_u (in der Figur als G_{u2} bezeichnet) durch den Spalt an der Welle strömt.

$$G_{sk} = G_1 = G_2 + G_u.$$

In der ersten Stufe arbeiten G_1 kg Dampf mit einem »inneren Gefälle« h_{i1}, das sowohl den Schauflungs- als den Radreibungsverlusten Rechnung trägt. Der Dampf verläßt die erste Stufe mit dem Wärmeinhalt i_2 und es ist $h_{i1} = i_1 - i_2$ (vgl. Fig. 40). Für die zweite Stufe wäre das innere Gefälle $(h_{i2}) = i_2 - (i_3)$, die arbeitende Gewichtsmenge i. d. Sek. G_2 verläßt die Stufe mit dem Wärmeinhalt (i_3). Nun findet eine Mischung der G_2 kg Dampf vom Wärmeinhalt (i_3) mit der Dampfmenge G_u statt, die nach der Drosselung durch den Spalt auch noch den Wärmeinhalt i_2 besitzt. Für diesen Vorgang gilt die Mischungsgleichung

$$G_2\,(i_3) + G_u\, i_2 = G_1\, i_3 \quad \ldots\ldots \quad (33).$$

Daraus läßt sich i_3 berechnen und damit ergibt sich auch die infolge der Undichtheit entstehende Entropievermehrung. In erster Linie interessiert uns aber der Gefällsverlust. Die Bilanzgleichung für die Berechnung der Leistung schreibt sich:

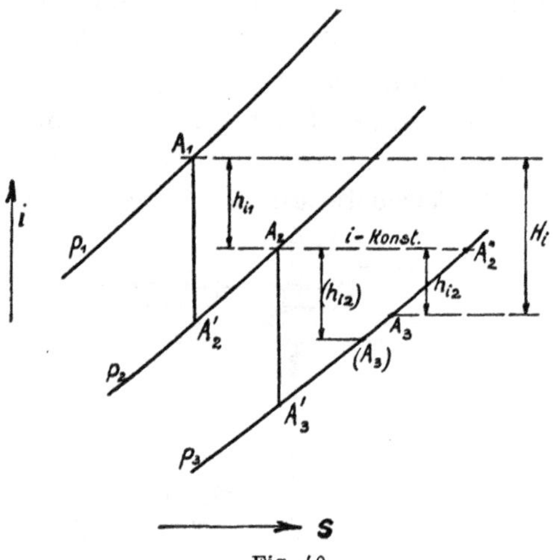

Fig. 40.

$$3600\,[G_1 h_{i1} + G_2\,(h_{i2})] = 632 N_i^{PS}.$$

Dabei ist in (h_{i2}) der Gefällsverlust durch die Mischung noch nicht enthalten. Man kann nun den Verlust in zweifacher Weise berücksichtigen, nämlich entweder, indem man sich vergegenwärtigt, daß G_u kg für die Arbeitsleistung in der zweiten Stufe verloren gehen, wodurch ein Verlust

$$G_u\,(h_{i2}) = G_u\,[i_2 - (i_3)]$$

entsteht; oder man sagt sich, daß die ganze arbeitende Dampfmenge $G_1 = G_{sk}$ beim Verlassen der Turbine durch die Undichtheit eine Erhöhung des Wärmeinhaltes von (i_3) auf i_3 erfährt, wonach der Verlust

$$G_1\,[i_3 - (i_3)]$$

beträgt. Die beiden Ausdrücke führen zu demselben Resultate. Es ist nämlich wegen (33)

$$[G_1 - G_u]\,(i_3) + G_u\, i_2 = G_1\, i_3,$$

folglich

$$G_u\,[i_2 - (i_3)] = G_1\,[i_3 - (i_3)] \quad \ldots\ldots \quad (33a).$$

Man erhält also die innere Leistung der Turbine auch bei Berücksichtigung der Undichtigkeitsverluste durch Multiplikation der durch das erste Leitrad strömenden Dampfmenge mit dem »inneren« Gefälle.

Auch die Undichtigkeitsverluste gehören somit zu den »inneren« (thermischen) Verlusten des Turbinenprozesses.

Der Zustand der Dampfmenge G_u nach dem Durchströmen durch den Spalt entspricht im i/s-Diagramm dem Punkte A_2^*. Es ist

$$G_u = \frac{F_u \cdot c_u}{v_u},$$

wobei unter F_u die Fläche des Spaltes, unter c_u die Ausströmgeschwindigkeit des Dampfes, unter v_u' dessen spezifisches Volumen zu verstehen ist. Die Geschwindigkeit c_u ergibt sich aus dem verfügbaren Gefälle der Stufe, ist also im betrachteten Falle durch die Strecke $A_2 A_3'$ dargestellt. Man kann auch hierbei einen Widerstandskoeffizienten einführen. Man beachte jedoch, daß c_u die kritische Geschwindigkeit nicht überschreiten kann; dies namentlich bei Turbinen mit wenigen Druckstufen, die z. B. durch Hintereinanderschaltung einiger Curtisräder entstehen. Die Betrachtung der Mischungsvorgänge bei vielstufigen Turbinen ist insofern etwas verwickelter, als durch die einzelnen Ringspalten nicht dieselben Dampfmengen strömen. Selbst für den Fall, daß die Ringspalte und die Gefälle der einzelnen Stufen gleich groß sind, wird G_u für die einzelnen Stufen verschieden ausfallen, und zwar ist in diesem Falle wegen des größeren spezifischen Volumens v_u der Undichtheitsverlust im Niederdruckteil geringer. In der ersten Stufe arbeitet $G_1 = G_{sk}$; in der zweiten $G_2 = G_{sk} - G_{u2}$, wobei G_{u2} der größte Undichtheitsverlust ist. In der dritten Stufe arbeitet dagegen die Dampfmenge $G_3 = G_{sk} - G_{u3}$, wobei $G_{u3} < G_{u2}$ ist. Mithin findet hinter der zweiten Stufe eine Mischung der Dampfmenge G_2, die in der zweiten Stufe gearbeitet hat, mit der Menge $\Delta G_{u2} = G_{u2} - G_{u3}$ statt, ebenso hinter der dritten Stufe eine Mischung von G_3 mit $\Delta G_{u3} = G_{u3} - G_{u4}$. In der letzten Stufe arbeitet die Dampfmenge G_z, die sich dann mit der ganzen durch den letzten Spalt strömenden Dampfmenge G_{uz} mischt.

Es fragt sich nun, inwieweit der Wirkungsgrad durch die Mischungsvorgänge beeinflußt wird. Zu diesem Zwecke betrachten wir wiederum die Vorgänge bei der zweistufigen Turbine nach Fig. 39. Die erste Stufe wird durch die Undichtigkeiten nicht beeinflußt, wohl aber die zweite. Ohne die Undichtheit würde man hier einen Wirkungsgrad

$$(\eta_{i2}) = \frac{i_2 - (i_3)}{i_2 - i_3'}$$

erzielen. Durch die Undichtheit wird der Wirkungsgrad verschlechtert auf

$$\eta_{i2} = \frac{i_2 - i_3}{i_2 - i_3'} = \frac{i_2 - (i_3)}{i_2 - i_3'} - \frac{i_3 - (i_3)}{i_2 - i_3'}.$$

Nun ist wegen (33 a)

$$i_3 - (i_3) = \frac{G_u}{G_1} [i_2 - (i_3)],$$

mithin ist

$$\eta_{i2} = \frac{i_2 - (i_3)}{i_2 - i_3'} \left(1 - \frac{G_u}{G_1}\right) = (\eta_{i2}) - \zeta_{u2},$$

$$\zeta_{u2} = \frac{i_2 - (i_3)}{i_2 - i_3'} \cdot \frac{G_u}{G_1} = (\eta_{i2}) \frac{G_u}{G_1}.$$

Nun nimmt G_u mit dem verfügbaren Wärmegefälle in einer Stufe, also auch mit c_1 zu, folglich mit u/c_1 ab. Daher wird ζ_{u2} bei zunehmendem u/c_1 kleiner. Der Wirkungsgrad selbst wird natürlich durch die Undichtheitsverluste herabgesetzt, jedoch derart, daß das Maximum bei einem etwas höheren Werte von $u/c_1 = \chi$ eintritt. Der Einfluß der Undichtigkeit wirkt also in dieser Beziehung der Radreibung und Ventilation entgegen. Vom Standpunkte der Undichtigkeiten wäre eine möglichst vielstufige Turbine günstig. Sobald jedoch das Wärmegefälle in den einzelnen Stufen den »kritischen« Wert überschreitet, sind die Undichtigkeitsverluste unabhängig von der Stufenzahl.

Im allgemeinen treten sowohl die Radreibungs- als auch die Undichtigkeitsverluste bei den größeren Einheiten zurück und können bei sehr großen Maschinen sogar ganz vernachlässigt werden. Bei diesen tritt der beste Wirkungsgrad η_i ungefähr bei einem Werte von χ auf, für den η_u am günstigsten ausfällt. Aus praktischen Gründen muß aber χ häufig unterhalb dieses Wertes gewählt werden. Bei Schiffsturbinen gilt dies mit Rücksicht auf die Drehzahl der Schraube in ganz besonderem Maße.

2. Die Austrittsgeschwindigkeit c_2 wird ausgenützt.

Wenn der Leitapparat der m^{ten} Stufe knapp hinter dem Laufrade der m^{ten} Stufe angeordnet wird, so kann die Austrittsenergie der letzteren ausgenützt werden. Für die Geschwindigkeitsverhältnisse gilt wiederum Fig. 30. Der dem Leitapparate einer beliebigen Stufe (mit Ausnahme der ersten) zugeführte Dampf besitzt schon eine Geschwindigkeit c_2, die durch das verfügbare Einzelgefälle h_0 auf c_1 erhöht wird. Zur Bildung von c_1 stehen also h_0 und c_2 zur Verfügung. Zugleich wird verlangt, daß der Dampf mit der Geschwindigkeit c_2 das Laufrad verlassen soll, die dann der nächsten Stufe zugute kommt. Es gilt also für das Einzelgefälle:

$$h_0 = \frac{A}{2g}(c_0^2 - c_2^2) = \frac{A}{2g}\left(\frac{c_1^2}{\varphi^2} - c_2^2\right),$$

wenn wiederum $c_1 = \varphi\, c_0$ ist.

Aus Fig. 30 ergibt sich:

$$w_1 \sin\beta_1 = c_1 \sin\alpha_1, \quad w_2 = \psi\, w_1,$$
$$c_2^2 = u^2 + w_2^2 - 2\, u\, w_2 \cos\beta_2.$$

Durch Einführung dieser Beziehungen in die obige Gleichung für h_0 erhält man:

$$h_0 = \frac{A}{2g}\left(\frac{c_1^2}{\varphi^2} - c_1^2\,\psi^2\,\frac{\sin^2\alpha_1}{\sin^2\beta_1} + 2\,u\,c_1\,\psi\,\frac{\sin\alpha_1}{\sin\beta_1}\cos\beta_2 - u^2\right)$$

$$h_0 = \frac{A}{2g}(\gamma\, c_1^2 + 2\,\delta\, u\, c_1 - u^2) \quad \ldots\ldots\ldots\ldots \quad (34).$$

Durch Herausheben von u^2 ergibt sich, da wiederum $\chi = \frac{u}{c_1}$ ist:

$$h_0 = \frac{A}{2g} u^2 \left(\frac{\gamma}{\chi^2} + \frac{2\delta}{\chi} - 1\right).$$

Dabei ist

$$\gamma = \frac{1}{\varphi^2} - \psi^2 \frac{\sin^2 \alpha_1}{\sin^2 \beta_1}, \quad \delta = \psi \frac{\sin \alpha_1}{\sin \beta_1} \cos \beta_2.$$

Man kann nun setzen:

$$h_0 = K_{ga} u^2 \quad \ldots \ldots \ldots \quad (34\text{a}).$$

$$K_{ga} = \frac{A}{2g} \left(\frac{\gamma}{\chi^2} + \frac{2\delta}{\chi} - 1\right) \quad \ldots \ldots \quad (35),$$

wobei K_{ga} das spezifische Einzelgefälle für die Gleichdruckturbine mit Ausnützung von c_2 ist. Wenn die Austrittsenergie $\frac{c_2^2}{2g}$ nicht voll, vielmehr nur der Teil $\varepsilon \frac{c_2^2}{2g}$ ausgenützt werden kann, wie dies praktisch immer zutrifft, so gilt:

$$K_{g\varepsilon} = \frac{A}{2g} \left(\frac{\gamma'}{\chi^2} + \frac{2\delta'}{\chi} - \varepsilon\right) \quad \ldots \ldots \quad (35\text{a}).$$

wobei

$$\gamma' = \frac{1}{\varphi^2} - \varepsilon \psi^2 \frac{\sin^2 \alpha_1}{\sin^2 \beta_1}, \quad \delta' = \varepsilon \psi \frac{\sin \alpha_1}{\sin \beta_1} \cos \beta_2 \text{ ist.}$$

Der Wirkungsgrad am Radumfang ergibt sich, da für L_u auch in diesem Falle Gleichung (14) gilt, zu:

$$\eta_u = \frac{h_u}{h_0} = \frac{2\left(1 + \psi \frac{\cos \beta_2}{\cos \beta_1}\right)(\cos \alpha_1 - \chi)\chi}{\gamma + 2\delta\chi - \chi^2} \quad \ldots \quad (36).$$

Auch hier sind sowohl K_{ga} als η_u in erster Linie von $u/c_1 = \chi$ abhängig. Der Zusammenhang ist jedoch etwas verwickelter als bei der Gleichdruckturbine ohne Ausnützung von c_2. Legt man in beiden Fällen dieselben Werte von φ und ψ zugrunde, so ergibt sich, daß die Turbine mit Ausnützung von c_2 einen günstigeren Wert von η_u erreicht. So erhält Stodola für $\varphi = 0{,}95$, $\psi = 0{,}8$ einen Wert $\eta_{u\max} = 0{,}81$ gegen 0,74 ohne Ausnützung von c_2. Der Maximalwert selbst tritt bei einem höheren Wert $(u/c_1)_m = \chi_m$ auf als bei der Gleichdruckturbine ohne Ausnützung von c_2. Der Verlauf der Wirkungsgradkurve weicht von der Parabel ab (vgl. Fig. 31, punktierte Kurve) und ist namentlich in der Nähe des Scheitels flacher; dieser Umstand ist günstig, da kleine Änderungen von χ den Wirkungsgrad nur wenig beeinflussen. Dagegen benötigt die Bauart mit Ausnützung der Austrittsgeschwindigkeit etwas mehr Stufen, das spezifische Gefälle wird nämlich kleiner. Für große Turbinen, bei denen es insbesondere auf einen guten Wirkungsgrad ankommt, ist die Ausnützung von c_2 sehr zu empfehlen. Die Erfahrung hat ergeben, daß sich die Turbinen mit wenigen Druckstufen, also mit hohen Werten von u und c_1 recht günstig verhalten. Eine Turbine mit wenig Stufen ist naturgemäß in der Herstellung billiger.

In einiger Hinsicht erinnert die Gleichdruckturbine mit Ausnützung von c_2 an die Überdruckturbine. So drückt Gleichung (34) eine Beziehung zwischen h_o, u und c_1 aus. Nun ist u proportional der Drehzahl und c_1 in gewissem Sinne der durchströmenden Dampfmenge. Gleichung (34) stellt, geometrisch ausgedrückt, ein hyperbolisches Paraboloid dar. Bleibt h_o unverändert, so erhält man eine Hyperbel zwischen den Größen c_1 und u, also zwischen G und n, da die Determinante

$$\Delta = \begin{vmatrix} \gamma & \delta \\ \delta & -1 \end{vmatrix}$$

negativ ist. **Die Dampfmenge G ist bei der Gleichdruckturbine mit Ausnützung von c_2 nicht mehr unabhängig von der Drehzahl.** Für das Verhalten einer Schauflung unter veränderten Betriebsbedingungen ist allerdings noch der Einfluß des Stoßes zu berücksichtigen. Da aber der Stoßverlust ungefähr dem Quadrate der Strömungsgeschwindigkeit proportional ist, so wird sich der Zusammenhang zwischen h_o, n und G auch in Wirklichkeit angenähert durch ein hyperbolisches Paraboloid darstellen lassen.

Bei der Berechnung der Verluste in den einzelnen Stufen ist noch folgendes zu berücksichtigen. Der Verlust im Leitrad beträgt bei teilweiser Ausnützung der Austrittsgeschwindigkeit:

$$h_{v1} = \left(h_0 + \frac{A}{2g} \varepsilon c_2^2\right)(1 - \varphi^2).$$

Der Verlust im Laufrad h_{v2} berechnet sich ebenso wie bei der Turbine ohne Ausnützung von c_2; dagegen ist der Austrittsverlust

$$h_{v3} = (1 - \varepsilon) \frac{A}{2g} c_2^2.$$

3. Erfahrungswerte für φ und ψ.

Für die Ermittelung der Schauflungsverluste ist die Kenntnis der Koeffizienten φ und ψ von Bedeutung. Hinsichtlich φ ist vor allem der Umstand maßgebend, ob die Düse mit dem richtigen Druckverhältnis arbeitet oder nicht. Die Versuche von Büchner im Dresdner Maschinenlaboratorium ergaben u. a. für eine Düse folgende Werte:

für $p_1/p_2 =$ 13,35, 11,78, 8,33, 7,22, 6,10, 4,97, 3,07, 2,03
ist $\varphi =$ 0,954, 0,941, 0,929, 0,880, 0,811, 0,736, 0,562, 0,471.

Die Christleinschen Versuche sind mit gekrümmten Düsen durchgeführt worden. Christlein gelangt zur Schlußfolgerung, daß φ mit zunehmender Geschwindigkeit wächst.

Für die Laufschaufeln ist der Einfluß des Umlenkungswinkels

$$180^0 - (\beta_1 + \beta_2)$$

wesentlich. Je größer die Winkel β_1 und β_2 sind, desto höher ist ψ. Als Durchschnittswerte kann man annehmen:

für $\beta =$ 10°, 20°, 30°, 40°, 50°, 60°
$\psi =$ 0,7, 0,78, 0,85, 0,89, 0,92, 0,93.

Natürlich werden die Verluste auch noch durch andere Umstände beeinflußt, so durch Überhitzung, Schaufelbreite usw. Hinsichtlich der Schaufelteilung gibt Briling[1]) einen günstigsten Wert $\tau_g = r/2 \sin\beta$ an, worin r den Krümmungshalbmesser bedeutet.

Bei den Düsen mit Schrägabschnitt beachte man, daß der Strahl bei unvollkommener Expansion in der Düse eine Ablenkung erfährt.

Einen Anhaltspunkt für die Ermittelung des Energieverlustes und den Druckabfall, allerdings nur in geradlinigen Kanälen, liefern die Untersuchungen von Fritzsche. Er findet für den Druckabfall bei Geschwindigkeiten, die zwischen der Reynoldschen »kritischen«, bei der die turbulente Bewegung eintritt, und der Schallgeschwindigkeit liegen (in kg-m-sek)[2])

$$\Delta p = 9{,}38 \cdot 10^{-4} \cdot \gamma^{n-1} \frac{w^n}{D^\alpha} l.$$

D bedeutet den Rohrdurchmesser in Meter, $n = 1{,}852$, $\alpha = 1{,}269$.

Aus den neueren Untersuchungen von Briling und Christlein geht hervor, daß auch hohe Geschwindigkeiten, entgegen der ursprünglichen Ansicht, durchaus günstig sind. In dieser Erkenntnis

[1]) Briling, Mitteilungen über Forschungsarbeiten, H. 68.
[2]) Fritzsche, Mitteilungen über Forschungsarbeiten, H. 60.

wurde die Stufenzahl der Gleichdruckturbinen immer mehr herabgesetzt, so daß neuzeitliche Gleichdruckturbinen etwa 6 bis 9 Stufen erhalten. Nun liefert auch die Schauflung der Überdruckturbine, die mit mäßigen Geschwindigkeiten arbeitet, günstige Werte für den Wirkungsgrad, so daß φ für richtig dimensionierte Düsen und Leitschaufeln von der Geschwindigkeit praktisch so gut wie unabhängig sein dürfte, richtige Betriebsbedingungen vorausgesetzt.

f) Überdruckturbinen.

Die Überdruckturbine wird stets vielstufig ausgeführt. Das Gefälle wird zum Teil im Leitrad, zum Teil im Laufrad verarbeitet, indem der Dampf im Leitrad von p_1 bis p, im Laufrad von p bis p_2 expandiert (Fig. 41). Mit Ausnahme des ersten Leitrades wird die Austrittsgeschwindigkeit der vorhergehenden Stufe ausgenützt, die Relativgeschwindigkeit beim Austritt aus dem Laufrad (w_2) ist größer als beim Eintritt (w_1). Die Überdruckturbine bedingt stets volle Beaufschlagung.

1. Achsiale Überdruckturbine.

Diese Bauart ist bis heute die gebräuchlichste. Dabei werden alle Laufschaufeln auf einer Trommel befestigt, deren Durchmesser

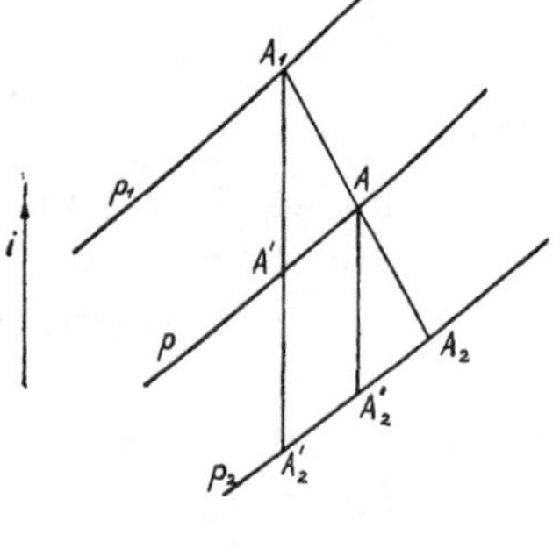

Fig. 41.

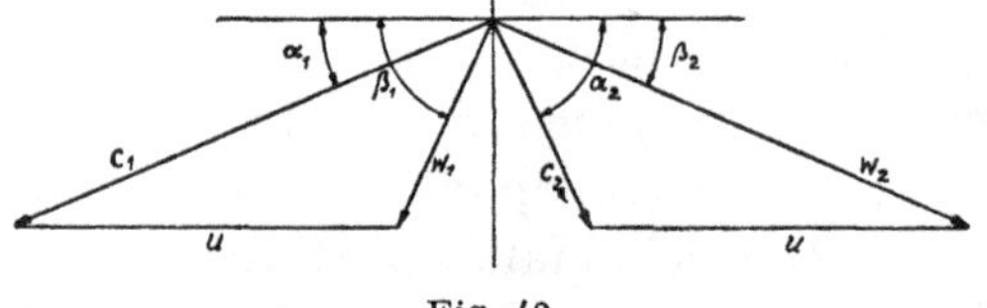

Fig. 42.

staffelförmig gegen das Niederdruckende größer werden, um die Zunahme des Dampfvolumens zu berücksichtigen. Es bleiben am Rande zwischen den Laufschaufeln und dem Gehäuse einerseits, den Leitschaufeln und der Lauftrommel andererseits, Spiele bestehen, die infolge der Druckunterschiede zu Undichtigkeiten Anlaß geben. Zumeist arbeitet die Überdruckturbine mit halbem Reaktionsgrad, d. h. es wird ein gleichgroßes Wärmegefälle im Leitrad und im Laufrad verarbeitet. Dadurch erhält man gleiche Schaufelwinkel für Leit- und Laufrad. Für das Leitrad ist das verfügbare Gefälle:

$$h_{01} = \frac{A}{2g} [(1 + \zeta_1) c_1^2 - c_2^2].$$

Für das Laufrad gilt:

$$h_{02} = \frac{A}{2\,g}\,[(1+\zeta_2)\,w_2^2 - w_1^2].$$

Da gewöhnlich (vgl. Fig. 42) $w_1 = c_2$ und $w_2 = c_1$ ist, so wird $h_{01} = h_{02}$ und mit $\zeta_1 = \zeta_2 = \zeta$ erhält man:

$$h_0 = \frac{A}{g}\,[(1+\zeta)\,c_1^2 - c_2^2] \quad \ldots \ldots \quad (37).$$

Bei der Überdruckturbine wird $\beta_2 = \alpha_1$, $\beta_1 = \alpha_2$ angenommen, es ist also stets β_2 kleiner als β_1. Der Widerstandskoeffizient ζ berücksichtigt die Reibungsverluste in den Schaufeln in ähnlicher Weise wie in der Hydraulik. Aus (37) erhält man mittels einer einfachen geometrischen Einsetzung

$$h_0 = \frac{A}{g}\,(\zeta\,c_1^2 + 2\,u\,c_1 \cos\alpha_1 - u^2) \quad \ldots \quad (37\,\text{a}).$$

Mit geringfügiger Vernachlässigung wird hierbei der Wert c_2 derselben Stufe statt desjenigen der vorhergehenden benützt. Aus (37a) ergibt sich:

$$h_0 = K_{ü}\,u^2,$$

wobei

$$K_{ü} = \frac{A}{g}\left(\frac{\zeta}{\chi^2} + \frac{2\cos\alpha_1}{\chi} - 1\right) \quad \ldots \ldots \quad (38)$$

das spezifische Einzelgefälle für die Überdruckturbine ist. χ bedeutet wiederum das Verhältnis u/c_1.

Für die Leistung am Radumfang gilt auch in diesem Falle

$$L_u = \frac{u}{g}\,(c_1 \cos\alpha_1 + c_2 \cos\alpha_2).$$

Dadurch erhält man für den Wirkungsgrad am Radumfang:

$$\eta_u = \frac{2\,\chi\cos\alpha_1 - \chi^2}{\zeta + 2\,\chi\cos\alpha_1 - \chi^2} \quad \ldots \ldots \quad (39).$$

η_u hat, als Funktion von χ dargestellt, ungefähr einen parabolischen Verlauf.

Der Höchstwert von η_u tritt aber bei der Überdruckturbine für einen höheren Wert von χ ein als bei der Gleichdruckturbine. Rechnet man mit $\alpha_1 = 20^0$ und $\zeta = 0{,}25$, einem häufig benützten Werte, so erhält man $\eta_{u\,\max} = 0{,}78$ bei $\chi = 0{,}95$. Es zeigt sich aber, daß der Wirkungsgrad sehr rasch steigt und für einen großen Bereich von χ annähernd konstant bleibt. Nach einer Zusammenstellung von Stodola erreicht die Überdruckturbine mit $\zeta = 0{,}2$ ungefähr denselben Wirkungsgrad am Radumfang wie die Gleichdruckturbine mit Ausnützung von c_2 bei $\varphi = 0,95$, $\psi = 0,8$. Praktisch wird bei der Überdruckturbine $\chi = 0,45 - 0,55$ angenommen, da zu hohe Werte für χ eine zu große Stufenzahl bedingen. Bei Schiffsturbinen ist man mit Rücksicht auf die niedrige Drehzahl der Schraube genötigt, viel niedrigere Werte ($\chi = 0,2 - 0,3$) zu wählen.

Tabelle für η_u.

χ	0,3	0,4	0,5	0,6	0,7	0,8	0,9	1,0
$\alpha_1 = 20^0$	0,652	0,702	0,732	0,753	0,765	0,774	0,777	0,777
$\alpha_1 = 25^0$	0,646	0,693	0,724	0,744	0,757	0,764	0,767	0,764
$\alpha_1 = 30^0$	0,622	0,680	0,712	0,731	0,742	0,784	0,749	0,744
$\alpha_1 = 40^0$	0,594	0,643	0,673	0,689	0,699	0,701	0,693	0,680

Diese Tabelle ist für $\zeta = 0,25$ berechnet. Nach neueren Versuchen darf man annehmen, daß die Widerstände in den Schaufeln noch geringer sind.

Für die Dampfturbine ist aber bekanntlich — abgesehen von den äußeren Reibungsverlusten in den Lagern — der innere Wirkungsgrad maßgebend, der auch die anderen thermischen Verluste berücksichtigt. Hierher gehören bei der Überdruckturbine in erster Linie die schon erwähnten Undichtigkeitsverluste an den Schaufelenden, die sich jeder Berechnung entziehen, jedoch besonders bei den kleineren Einheiten von entscheidender Wichtigkeit sind. Wenn für eine Schaufelreihe (entsprechend e i n e m Trommelabsatz) die Expansion infolge der Widerstände längs $A_1 A_{2u}$ verlaufen würde (Fig. 43), so ist zunächst der Austrittsverlust am Ende jeder Reihe hinzuzurechnen. Außerdem findet eine Mischung des Arbeitsdampfes G vom Wärmeinhalt $i_2{}^*$ mit der durch den Spalt strömenden Menge G_u statt, die, abgesehen von Wärmeverlusten nach der Drosselung, noch den Wärmeinhalt i_1 besitzt, wodurch infolge der Mischung eine Entropievermehrung eintritt (Endpunkt A_2). Man kann den Undichtigkeitsverlusten dadurch Rechnung tragen, daß man einen schlechteren Wert für ζ einführt. Außerdem tritt nur noch eine ganz

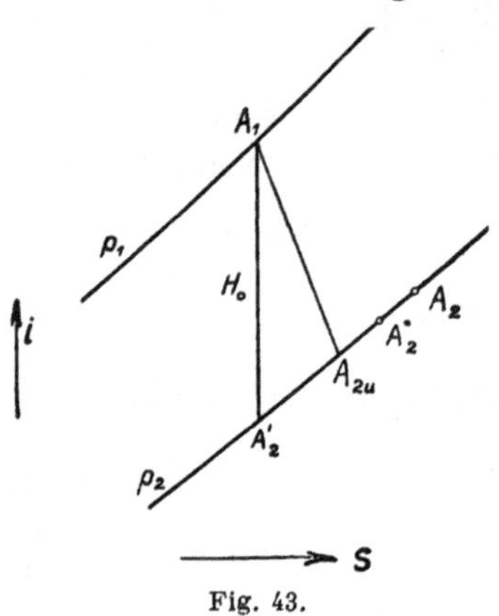

Fig. 43.

geringe Reibung an den Seitenwänden der Trommeln auf. Ein eigentlicher Ventilationsverlust wie bei den teilweise beaufschlagten Turbinen kann bei Überdruckturbinen nicht eintreten.

Zu berücksichtigen sind ferner die Undichtigkeits- und Mischungsverluste, hervorgerufen durch die Entlastungskolben, wie sie namentlich bei den älteren Bauarten im Gegensatze zu den neueren kombinierten Turbinen (vgl. Rechnungsbeispiel) auftreten. Diese Undichtigkeitsverluste sind denjenigen hinzuzurechnen, die am Rande der Schaufelung unmittelbar entstehen. Zur Berechnung verwende man die Formeln von Stodola. Es ergibt sich

$$G_u = f\sqrt{\frac{g\,(p_1^2 - p_2^2)}{z\,p_1\,v_1}} \text{ bzw.}$$

$$G_u' = f\sqrt{\frac{g\,p_1}{(z+1{,}5)\,v_1}}.$$

Erstere Formel gilt für kleinere Druckunterschiede, letztere dann, wenn p_2 den kritischen Druck unterschreitet, der sich angenähert aus der Beziehung

$$p_k = p_1 \frac{0{,}85}{\sqrt{z+1{,}5}}$$

berechnen läßt. Darin bedeutet f den Querschnitt des Labyrinthspaltes in m², p_1 den Druck vor, p_2 den hinter dem Dichtungskolben

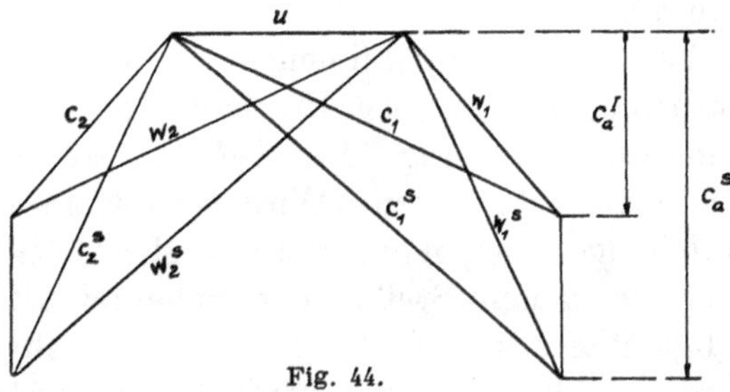

Fig. 44.

(kg/m²), v_1 das spezifische Volumen vor dem Dichtungskolben, z die Zahl der Labyrinthe, G_u die in der Sekunde durchströmende Gewichtsmenge in kg. Bei der Berechnung der Schaufelprofile ist zu berücksichtigen, daß der Zunahme des spezifischen Volumens innerhalb einer Abstufung nur durch Vergrößerung der Schaufellänge oder des Eintrittswinkels genügt werden kann. Man muß sich beider Mittel bedienen. Würde man die Volumenzunahme allein durch Erhöhung des Winkels α_1 berücksichtigen wollen, so würde der Wirkungsgrad η_u zu sehr herabgesetzt werden. Man läßt deshalb α_1 nur bis zu einem bestimmten Höchstwerte α_{1m} zunehmen und ändert dann die Schaufellänge, indem man zugleich mit dem Winkel α_1 auf den Anfangswert zurückgeht. Innerhalb einer Schaufelreihe mit konstanter Schaufellänge kann man nach dem Vorschlage von Deinlein[1]) in der in der Fig. 44 angedeuteten Weise vorgehen. Man kann annehmen, daß sich die Spitzen aller Geschwindigkeitsdreiecke auf einer zu u senkrechten Geraden befinden. Die Achsialkomponenten der Geschwindigkeiten müssen sich dann ebenso verhalten wie die spezifischen Volumina.

Zur Ermittelung der Schaufeldimensionen selbst dient die Kontinuitätsbedingung $G v = f c$.

Man kann sie auch derart verwenden, daß man die Achsialkomponente der Geschwindigkeit c_a und den Achsialquerschnitt f_a in die Rechnung einführt. Man erhält, da $c_a = c_1 \sin \alpha_1$ ist:

$$G v = f_a \cdot c_a \quad \ldots\ldots\ldots \quad (40).$$

Wird die Schaufellänge mit l, der Durchmesser der Stufe mit D bezeichnet, und bedeutet τ den Verengungsfaktor durch die Schaufeln, so wird

$$f_a = \tau \pi D \cdot l \quad \ldots\ldots\ldots \quad (41).$$

In analoger Weise ist die Bedingung auch für die Ermittelung der Laufraddimensionen zu verwenden, nur muß die Relativgeschwindigkeit eingeführt werden.

Die Aufgabe, die Schaufeldimensionen zu ermitteln, ist bei der Überdruckturbine in gewisser Hinsicht bestimmt; dies ist eine Folge der vollen Beaufschlagung. Für $D/l = \vartheta$ dürfen nämlich nicht beliebige Werte eingesetzt werden. Wird ϑ zu klein angenommen, so wird die Schaufellänge groß, man erhält ungleiche Geschwindigkeitsrisse an den verschiedenen Stellen der Schaufel, da sich die Umfangsgeschwindigkeit stark ändert. Ist aber ϑ sehr groß, so fällt die Schaufellänge zu klein aus, der Einfluß des Spaltes tritt zu sehr in den Vordergrund, wodurch der Spaltverlust wächst. Man wird $\vartheta = 6$ bis 25 bei Überdruckturbinen wählen können, wobei die oberen Werte für den Hochdruck-, die unteren für den Niederdruckteil in Frage kommen. Bei den kombinierten Turbinen, bei denen die Überdruckschauflung nur im Niederdruckteil angewendet wird, treten die hohen Werte von ϑ gar nicht auf. Als Kleinstwert für die Schaufellänge ist 10 mm anzusehen; dieser Wert ist nur bei ganz

---

[1]) Deinlein, Zur Dampfturbinentheorie. Oldenbourg 1909.

kleinen Einheiten (bis 100 PS) zulässig. Bei etwa 1000 PS wähle man l nicht unter 25 mm. Aus (40) und (41) erhält man durch Einführung von n bzw. χ die Beziehung:

$$D = \sqrt[3]{\frac{60\, G\, v\, \vartheta\, \chi}{\tau\, \pi^2\, n \sin \alpha_1}} \quad \ldots \ldots \ldots \quad (42).$$

Eine ähnliche Gleichung hat Deinlein (a. a. O.) aufgestellt und als »Orientierungsformel« bezeichnet.

Bezüglich des Wirkungsgrades ist bei der achsialen Überdruckturbine der Niederdruckteil dem Hochdruckteil bedeutend überlegen. Reine Parsonsschauflung empfiehlt sich höchstens für ganz große Einheiten; in den meisten praktischen Fällen wird der Parsonstrommel ein Curtisrad vorgeschaltet, wodurch die Baulänge und namentlich der Bereich der hohen Drücke und Temperaturen herabgesetzt wird.

2. Radiale Überdruckturbine.

In neuerer Zeit hat auch die Radialturbine (Eyermann, Zwoniček) erhöhte Bedeutung erlangt. Bei der Berechnung ist der Ein-

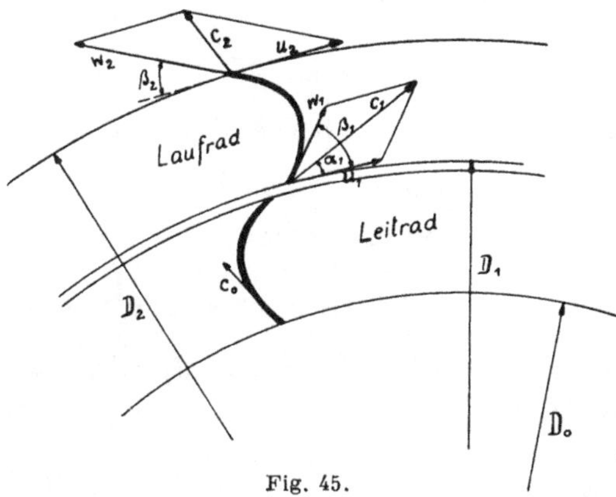

Fig. 45.

fluß der Fliehkraft zu berücksichtigen (Fig. 45). Im Leitrad wird umgesetzt ein Gefälle:

$$h_0' = \frac{A}{2g} \left[(1 + \zeta_1)\, c_1^2 - c_0^2 \right]$$

und im Laufrad

$$h_0'' = \frac{A}{2g} \left[(1 + \zeta_2)\, w_2^2 - w_1^2 - (u_2^2 - u_1^2) \right].$$

Es ist also das verfügbare Einzelgefälle:

$$h_0 = \frac{A}{2g} \left[(1+\zeta_1)\, c_1^2 - c_0^2 + (1+\zeta_2)\, w_2^2 - w_1^2 - u_2^2 + u_1^2\right] \quad (43).$$

Zur bequemeren Umformung dieser Formel setze man wiederum c_2 statt c_0. Es ist dies eine geringfügige Vernachlässigung, der man eventuell zum Schlusse durch eine — praktisch unwesentliche — Berichtigung Rechnung tragen kann. Es ist dann

$$c_2^2 = u_2^2 + w_2^2 - 2\, u_2 w_2 \cos\beta_2.$$

Ferner gilt die Kontinuitätsbedingung:

$$\tau_1 D_1 \pi l_1 w_1 \sin\beta_1 = \tau_2 D_2 \pi l_2 w_2 \sin\beta_2.$$

Dabei sind l_1 und l_2 die Schaufellängen am Ein- und Austritte einer Laufschaufel, τ_1 und τ_2 die Verengungsfaktoren an denselben Stellen. Setzt man $l_1 \backsim l_2$, $\tau_1 \backsim \tau_2$, so ist:

$$D_1 w_1 \sin\beta_1 = D_2 w_2 \sin\beta_2 = D_1 c_1 \sin\alpha_1.$$

Durch Substitution von c_2 für c_0 in der Gleichung (43) ergibt sich:

$$h_0 = \frac{A}{2g}\left[(1+\zeta_1)\, c_1^2 - 2\, u_2^2 + 2\, u_2 w_2 \cos\beta_2 + \zeta_2 w_2^2 - w_1^2 + u_1^2\right].$$

Berücksichtigt man, daß

$$w_2 = c_1 \frac{\sin\alpha_1}{\sin\beta_2} \frac{D_1}{D_2}$$

ist, so ergibt sich, wenn man außerdem $\zeta_1 = \zeta_2$ setzt:

$$h_0 = \frac{A}{2g}\left[\zeta_1 c_1^2 \left\{1 + \left(\frac{\sin\alpha_1}{\sin\beta_2}\right)^2 \left(\frac{D_1}{D_2}\right)^2\right\} - 2\, u_1^2 \left(\frac{D_2}{D_1}\right)^2 + 2\, u_1 c_1 \left(\cos\alpha_1 + \frac{\sin\alpha_1}{\operatorname{tg}\beta_2}\right)\right].$$

Für den besonderen Fall, daß $\alpha_1 = \beta_2$ wird, wodurch dasselbe Schaufelprofil für Leit- und Laufrad verwendet werden kann, ist

$$h_0 = \frac{A}{2g}\left[\zeta_1 c_1^2 \left\{1 + \left(\frac{D_1}{D_2}\right)^2\right\} - 2\, u_1^2 \left(\frac{D_2}{D_1}\right)^2 + 4\, u_1 c_1 \cos\alpha_1\right].$$

Setzt man wiederum

$$h_0 = K_r u_1^2 \quad \ldots \ldots \ldots \quad (44),$$

so gilt für das **spezifische Gefälle der radialen Überdruckturbine**:

$$K_r = \frac{A}{2g}\left[\frac{\zeta_1 \left\{1 + \left(\frac{\sin\alpha_1}{\sin\beta_2} \frac{D_1}{D_2}\right)^2\right\}}{\chi^2} - 2\left(\frac{D_2}{D_1}\right)^2 + \frac{2}{\chi}\left(\cos\alpha_1 + \frac{\sin\alpha_1}{\operatorname{tg}\beta_2}\right)\right]$$

und für den Fall, daß $\alpha_1 = \beta_2$ wird:

$$K_r = \frac{A}{2g}\left[\frac{\zeta_1\left\{1+\left(\frac{D_1}{D_2}\right)^2\right\}}{\chi^2} - 2\left(\frac{D_2}{D_1}\right)^2 + \frac{4}{\chi}\cos\alpha_1\right] \quad (44a).$$

Führt man in (44a) die Bedingung $D_1 = D_2$ ein, so erhält man daraus das spezifische Gefälle der achsialen Überdruckturbine. Der Vorteil der Radialturbinen besteht in der sehr gedrängten Bauart, ferner in der Möglichkeit, die Hochdruckstufen, entsprechend dem kleinen spezifischen Volumen, mit verhältnismäßig kleinen Durchmessern ausführen zu können. Außerdem entfällt die Veränderlichkeit von u/c_1 innerhalb einer Schaufel, die namentlich im Niederdruckteil der Achsialturbine auftritt. Den Vorteilen stehen freilich Nachteile konstruktiver Art entgegen.

3. Gegenlaufturbine.

Der erste diesbezügliche Vorschlag rührt von Seger her und betrifft eine Druckturbine mit zwei Geschwindigkeitsstufen, bei der sich die beiden Laufkränze in entgegengesetzter Richtung drehen.

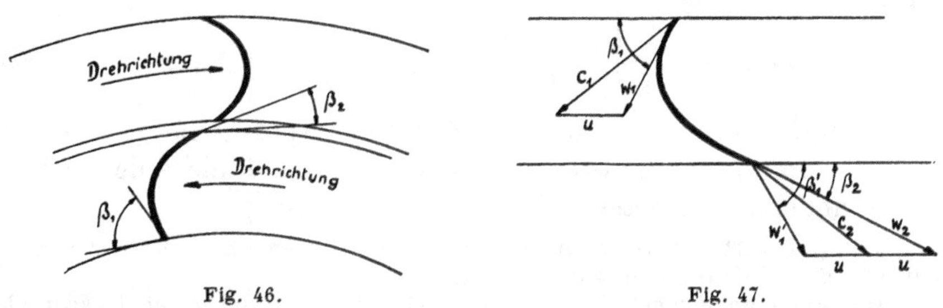

Fig. 46. Fig. 47.

Die Segersche Turbine hat sich nicht behauptet. In neuerer Zeit wurde durch die Gebrüder Ljungström in Stockholm eine Gegenlaufturbine geschaffen, die nach dem Überdruckprinzip arbeitet und nur aus Laufrädern besteht, von denen sich je zwei aufeinanderfolgende in entgegengesetzter Richtung drehen, so daß feststehende Leiträder überhaupt nicht vorgesehen sind. Die Ljungströmturbine ist als Radialturbine gedacht. Indessen kann man zum Zwecke der Aufstellung einer übersichtlichen Theorie annehmen, daß innerhalb eines Laufrades die Umfangsgeschwindigkeit unveränderlich bleibt. Eine Berichtigung der so gewonnenen Resultate ist auf Grund der im vorigen Abschnitt angegebenen Formeln ohne weiteres möglich. Bei der Gegenlaufturbine entspricht eine Stufe je einem Schaufelkranz, während bei der gewöhnlichen Turbine eine Stufe aus zwei Schaufelkränzen besteht. Schematisch wird die radiale Gegenlaufturbine durch Fig. 46 dargestellt, in Fig. 47 sind die Geschwindigkeitsverhältnisse ersichtlich. Sieht man von der Änderung von u ab, so bleibt w_1 ($= w_1'$) in den aufeinanderfolgenden Stufen der Richtung und Größe nach gleich, ebenso w_2. Es sind demgemäß die Winkel β_1 und β_2 konstant.

Durch die Gegenläufigkeit wird die Umfangsgeschwindigkeit in ähnlicher Weise herabgesetzt wie bei Anwendung von zwei Geschwindigkeitsstufen. Das verfügbare Gefälle pro Stufe beträgt:

$$h_0 = \frac{A}{2g} [(1 + \zeta) w_2^2 - w_1^2] \quad . \quad . \quad . \quad . \quad . \quad (45).$$

Nun ist

$$w_1^2 = w_2^2 + 4u^2 - 4uw_2 \cos \beta_2,$$

mithin

$$h_0 = \frac{A}{2g} [\zeta w_2^2 - 4u^2 + 4uw_2 \cos \beta_2] \quad . \quad . \quad . \quad (45\text{a}).$$

Durch Herausheben von u^2 erhält man das spezifische Gefälle der Gegenlaufturbine:

$$K_{gg} = \frac{A}{2g} \left[\zeta \left(\frac{w_2}{u} \right)^2 - 4 + 4 \left(\frac{w_2}{u} \right) \cos \beta_2 \right] \quad . \quad . \quad . \quad (46).$$

Es empfiehlt sich, in diesem Falle das spezifische Gefälle als Funktion von u/w_2 darzustellen, da w_2 dieselbe Rolle spielt wie c_1 bei den anderen Bauarten.

Uns interessiert vor allem die Frage, inwieweit man mit Hilfe der Gegenlaufturbine die Stufenzahl herabsetzen kann.

Vergleicht man Formel (45) mit den Gleichungen der normalen Überdruckturbine, so ersieht man, daß in einer Stufe der Gegenlaufturbine dasselbe Gefälle verarbeitet wird, wie im Laufrad bzw. Leitrad der normalen Überdruckturbine, d. h. bei gleichen Werten von w_1 und gleichen Schaufelwinkeln brauchen beide Typen dieselbe Anzahl von Kränzen. Dabei hat aber die Gegenlaufturbine eine Umfangsgeschwindigkeit, die nur halb so groß ist wie diejenige der Parsonsturbine, wie schon durch Betrachtung der Geschwindigkeitsrisse hervorgeht. Führt man in die Gleichung (45a) die Größe $\mathrm{u} = 2u$ ein, so erhält man

$$h_0 = \frac{A}{2g} [\zeta w_2^2 - \mathrm{u}^2 + 2\mathrm{u} w_2 \cos \beta_2],$$

ein Ausdruck, der ebenso aufgebaut ist wie Formel (37a). Man erhält auch denselben Wirkungsgrad bei der Ljungströmturbine wie bei der Parsonsturbine, wenn u/w_2 denselben Wert annimmt wie u/c_1 für die Parsonsturbine, da bei dieser bekanntlich $c_1 = w_2$ ist. Für gleiche Umfangsgeschwindigkeit in beiden Fällen werden w_2 und w_1 bei der Gegenlaufturbine doppelt so groß als bei der Parsonsturbine. Da das verfügbare Gefälle mit dem Quadrate der Geschwindigkeiten wächst, so benötigt man bei der Gegenlaufturbine den vierten Teil von Schaufelkränzen gegenüber der Parsonsturbine. Praktisch kommt freilich der Umstand hinzu, daß bei der Ljungströmturbine infolge der baulichen Anordnung die Umfangsgeschwindigkeit in den ersten Rädern von vornherein begrenzt ist, wodurch die Stufenzahl etwas vergrößert wird. Aber dieser Umstand ist nicht nachteilig, da demzufolge die Schaufeln in den ersten Stufen nicht zu kurz ausfallen. Wenn man einen Schnitt durch die Ljungströmturbine betrachtet, so sieht man sogar, daß die Schaufellänge vom Hochdruckteil beginnend zuerst abnimmt, um dann wieder zuzunehmen. Dadurch werden die Undichtigkeitsverluste herabgesetzt.

Aus Fig. 47 geht hervor, daß $c_1 = c_2$ wird. Die Leistung am Radumfang ergibt sich zu:

$$L_u = (2\, c_1 \cos\alpha_1)\frac{u}{g} = (w_1 \cos\beta_1 + w_2 \cos\beta_2)\frac{u}{g} = (2\, w_2 \cos\beta_2 - 2\, u)\frac{u}{g}.$$

Dementsprechend ergibt sich für den Wirkungsgrad am Radumfang:

$$\eta_u = \frac{2\, u\,(2\, w_2 \cos\beta_2 - 2\, u)}{\zeta\, w_2^2 - 4\, u^2 + 4\, u\, w_2 \cos\beta_2} \quad . \; . \; . \; . \; . \; . \; . \quad (47).$$

Führt man $\mathfrak{u} = 2\, u$ ein, so ergibt sich:

$$\eta_u = \frac{\mathfrak{u}\,(2\, w_2 \cos\beta_2 - \mathfrak{u})}{\zeta\, w_2^2 - \mathfrak{u}^2 + 2\, \mathfrak{u}\, w_2 \cos\beta_2}.$$

Setzt man $\mathfrak{u}/w_2 = \chi$, so erhält man einen der Gleichung (39) analogen Ausdruck, wodurch der Beweis erbracht ist, daß sich eine Gegenlaufturbine ebenso verhält wie eine normale Überdruckturbine mit doppelter Umfangsgeschwindigkeit. Praktisch müssen bei der Gegenlaufturbine die zwei Drehrichtungen mit in den Kauf genommen werden, wodurch u. a. konstruktive Schwierigkeiten entstehen. Bei Ljungström treibt die Turbine unmittelbar zwei Generatoren an, die elektrisch gekuppelt sind (vgl. z. B. Z. f. d. ges. Turb. 1912, S. 327).

g) Die Stufenzahl von Dampfturbinen.

In den vorhergehenden Abschnitten wurden für die verschiedenen Turbinentypen die Ausdrücke für das spezifische Gefälle aufgestellt. Man ist nun mit Hilfe dieser Größe in der Lage, die Stufenzahl einer beliebigen Dampfturbine in einfacher Weise zu berechnen[1]). Zu diesem Zwecke muß noch ein weiterer Ausdruck, das »mittlere Quadrat der Umfangsgeschwindigkeit« $(u^2)_m$ herangezogen werden. Bei vielen Turbinen nehmen die Durchmesser der Stufen staffelförmig zu, so namentlich bei Überdruckturbinen. Ist r die Anzahl der Abstufungen oder Reihen (bei Parsonsturbinen ist zumeist $r = 3$), so gilt:

$$Z = z_1 + z_2 + \ldots z_r,$$

d. h. es liegen z_1 Stufen vom Durchmesser D_1, z_2 vom Durchmesser D_2 usw. vor. Es ist dann

$$Z\,(u^2)_m = z_1\, u_1^2 + z_2\, u_2^2 + \ldots z_r\, u_r^2 = \sum_0^Z u^2 \quad . \; . \; . \quad (48).$$

[1]) Zerkowitz, Z. f. d. ges. Turb. 1912, S. 120.

Z ist die Gesamtzahl der Stufen. Durch (48) wird das »mittlere Quadrat der Umfangsgeschwindigkeit« $(u^2)_m$ definiert. Das verfügbare Wärmegefälle sei H_0. Es ist dann $H_{tot} = \mu H_0 = \Sigma h_0$, wobei μ dem Wärmerückgewinnungsfaktor entspricht.

$$H_{tot} = \sum_0^Z h_0 = \Sigma K u^2 = K_m \sum_0^Z u^2 \quad \ldots \ldots (49).$$

Unter K_m ist ein Mittelwert des spezifischen Gefälles zu verstehen. Mithin wird

$$Z = \frac{H_{tot}}{K_m (u^2)_m} \quad \ldots \ldots \ldots (50).$$

Mit Hilfe dieser einfachen Beziehung kann die Stufenzahl einer beliebigen Dampfturbine bestimmt werden, sobald man die Umfangsgeschwindigkeit und das verfügbare Gefälle berechnet bzw. gewählt hat. Die Größe K muß derart angenommen werden, daß ein günstiger Wirkungsgrad gewährleistet wird, da ja K — ebenso wie η — von $\chi = u/c_1$ abhängt.

Bereits in einem Aufsatz im Engineering (J. 1907, S. 799) wurde dargelegt, daß für eine Parsons-Dampfturbine $\Sigma u^2 \backsim$ konst. gewählt werden muß. Dabei ist allerdings vorausgesetzt, daß sich das verfügbare Gefälle nicht ändert. Loschge[1]) hat bewiesen, daß für alle Turbinensysteme der Ausdruck

$$\frac{\Sigma u^2}{H_{tot}} = \sigma \quad \ldots \ldots \ldots (51)$$

konstant sein muß, wenn der Wirkungsgrad unverändert bleiben soll. Diese für die Ermittlung der Stufenzahl sowie für die Beurteilung des Verhaltens einer Turbine überhaupt sehr wichtige Beziehung läßt sich in einfachster Weise ableiten, wenn man von den spezifischen Größen Gebrauch macht. Zu diesem Zwecke wollen wir σ als die »spezifische Quadratsumme der Umlaufsgeschwindigkeiten« bezeichnen. Zwischen σ und K besteht nun eine sehr einfache Beziehung. Es ist nämlich wegen (51):

$$\sigma = \frac{Z (u^2)_m}{Z h_{0m}}, \text{ da } \Sigma h_0 = Z h_{0m} \text{ ist. Mithin ist: } \sigma = \frac{1}{K_m} \quad . \ (52),$$

d. h. die spezifische Quadratsumme ist gleich dem reziproken Werte des mittleren spezifischen Einzelgefälles. Die Größe K kann von Stufe zu Stufe andere Werte annehmen, während σ ein für die ganze Turbine fest-

[1]) Loschge, Z. f. d. ges. Turb. 1911.

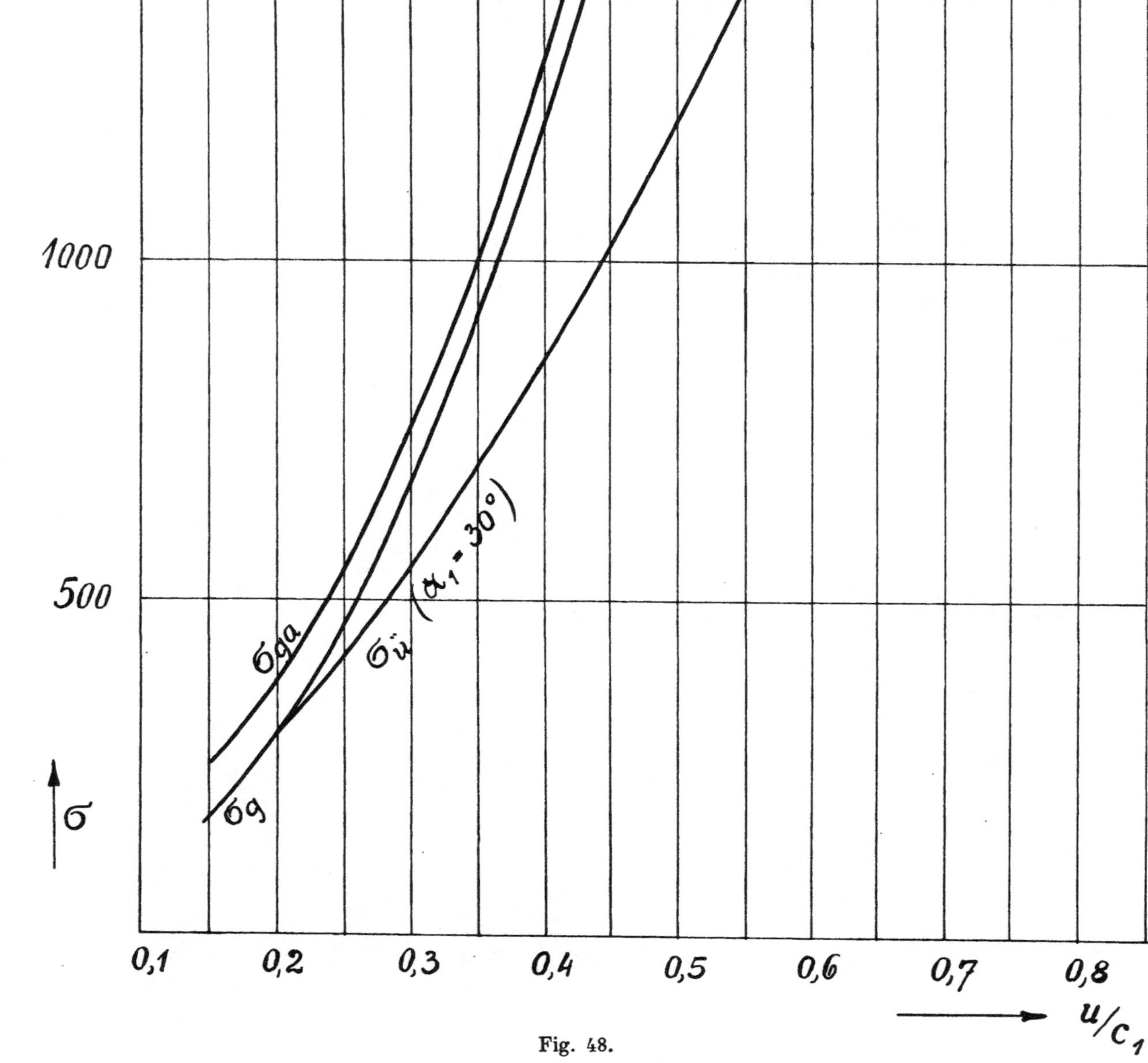

Fig. 48.

Druck von R. Oldenbourg in München

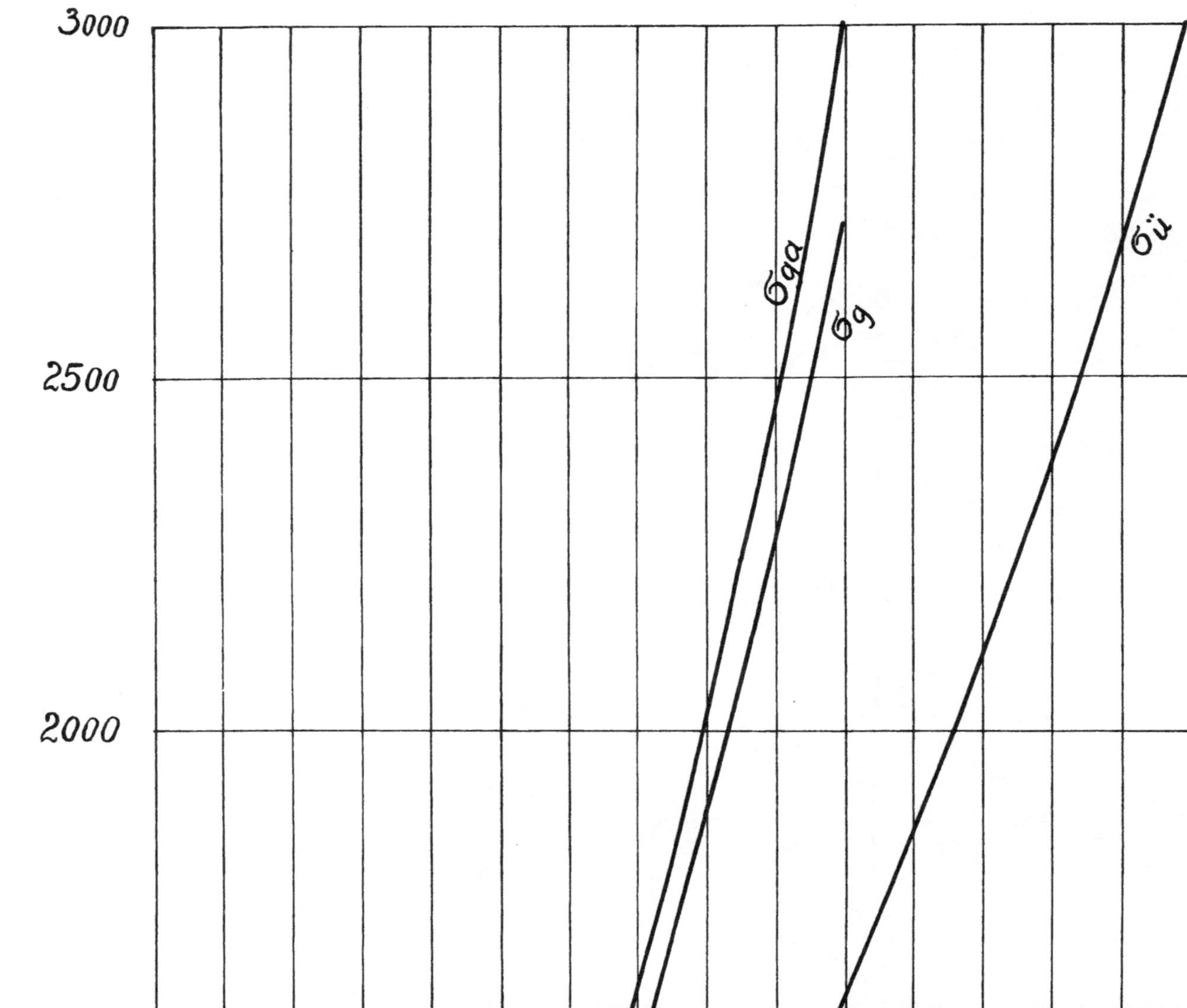
3000
2500
2000
σ_{ga}
σ_g
$\sigma_ü$

stehender Wert ist. Bei Turbinen, die nach dem kombinierten Prinzipe gebaut sind, wird man jedoch mit Vorteil für den Hochdruck- bzw. den Niederdruckteil besondere Werte für σ angeben. Naturgemäß kann man Gleichung (50) auch in der Form schreiben:

$$Z = \frac{\mu H_0}{(u^2)_m} \cdot \sigma \quad \ldots \ldots \quad (50\,a).$$

Vergleicht man die Stufenzahl der verschiedenen Systeme bei gleicher Umfangsgeschwindigkeit und gleichen Dampfzuständen, so zeigt sich, daß sich die Stufenzahlen ebenso verhalten wie die spezifischen Quadratsummen oder umgekehrt wie die mittleren Werte für das spezifische Einzelgefälle.

In Fig. 48 sind nun die Werte von σ in Abhängigkeit von $\chi = u/c_1$ eingetragen. σ_g bzw. σ_{ga} beziehen sich auf die Gleichdruckturbine ohne, bzw. mit Ausnutzung der Austrittsgeschwindigkeit aus der vorhergehenden Stufe, $\sigma_{ü}$ auf die Überdruckturbine. Man ersieht zunächst, daß für gleiche Werte von (u/c_1) bei der Gleichdruckturbine die Ausnützung von c_2 einen höheren Wert von σ, mithin eine Vergrößerung der Stufenzahl ergibt. Die σ-Kurve der Überdruckturbine verläuft unter den Kurven der Gleichdruckturbinen; bei gleichen Werten von χ würde darnach die Überdruckturbine weniger Stufen brauchen als die Gleichdruckturbine. Indessen pflegt man die Überdruckturbinen mit Rücksicht auf den Wirkungsgrad mit einem höheren Werte von $\chi = u/c_1$ arbeiten zu lassen. Dadurch erhält man für die Überdruckturbine stets eine größere Stufenzahl als für die Gleichdruckturbine ohne Ausnützung von c_2, während bei voller Ausnützung von c_2 Gleichdruck- und Überdruckturbinen ungefähr die gleiche Stufenzahl benötigen, wenn man die Umfangsgeschwindigkeit gleich groß annimmt.

Beispiel. Es liegt ein Gefälle $H_0 = 200$ Kal. vor. Die Umfangsgeschwindigkeit werde zu $u = 75$ m/Sek. angenommen. Für die gewöhnliche Gleichdruckturbine erhält man mit $\chi = 0,34$, $\sigma_g \sim 900$

$$Z_g = \frac{1,06 \cdot 200}{75^2} \cdot 900 \sim 34.$$

Für die Gleichdruckturbine mit voller Ausnutzung von c_2 erhält man für $\chi = 0,38$, $\sigma_{ga} = 1200$ und damit

$$Z_{ga} = \frac{1,06 \cdot 200}{75^2} \cdot 1200 \sim 45.$$

Für die Überdruckturbine ergibt sich für $\chi = 0,5$, ebenfalls $\sigma_{ü} = 1200$

$$Z_{ü} \sim 45,$$

somit wird $Z_{ü} = Z_{ga}$.

Praktisch kommt nun der wesentliche Umstand hinzu, daß man bei Überdruckturbinen infolge der vollen Beaufschlagung kleinere Umfangsgeschwindigkeiten annehmen muß als bei den Gleichdruckturbinen.

Wählt man für die Gleichdruckturbine $u = 150$ m/sek, welcher Wert bei neueren Ausführungen oft überschritten wird, so erhält man in unserem Beispiel $Z_{ga} \backsim 11$, also eine erheblich geringere Stufenzahl als bei der Überdruckturbine. (Näheres hierüber siehe unter Zahlenbeispiele.)

Bei der Berechnung der Werte von σ_{ga}, die in Fig. 48 eingetragen sind, wurde hinsichtlich des Koeffizienten ψ der Einfluß des Umlenkungswinkels berücksichtigt und demgemäß bei den kleinen Werten von β_1 etwas niedrigere Werte eingesetzt. Die Kurve der Überdruckturbine ist für $\alpha_1 = 30^0$ und $\zeta = 0{,}25$ entworfen. Bei häufigen Berechnungen ist es zweckmäßig, die Kurven auch für andere Werte von α_1 und ζ zu ermitteln.

h) Neuberechnung einer Dampfturbine beliebigen Systems.

Es empfiehlt sich, zunächst die ganze Turbine für einen mittleren Durchmesser zu berechnen und die hierfür erforderliche »reduzierte« Stufenzahl zu bestimmen. Darnach findet die Umrechnung auf die einzelnen Abstufungen statt.

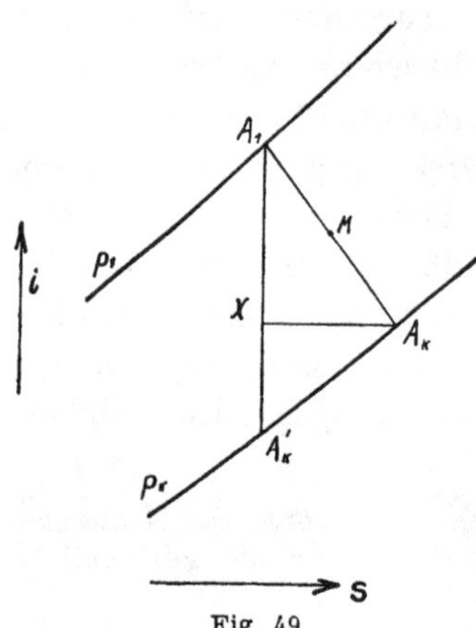

Fig. 49.

Der Gang der Berechnung gestaltet sich nun folgendermaßen, wenn Druck und Temperatur des Dampfes vor dem ersten Leitrad, sowie Kondensatordruck und Tourenzahl bekannt sind:

1. Man wählt im i/s-Diagramm (Fig. 49) eine vorläufige Zustandskurve $A_1 A_K$ unter Annahme eines Gesamtwirkungsgrades. Man kann diese zunächst ungefähr geradlinig einzeichnen, doch kommt man meist der Wirklichkeit näher, wenn man im Hochdruckteil einen ungünstigeren Wirkungsgrad annimmt als im Niederdruckteil.

2. Man berechnet die stündliche bzw. die sekundliche Dampfmenge mittels der Formel (10) im Abschnitt (a).

3. Man wählt, bzw. man bestimmt den mittleren Durchmesser und damit die Umfangsgeschwindigkeit. Diese Wahl hat bei der

Gleichdruckturbine einen etwas willkürlichen Charakter; denn erstens kann man bei ihr über den Beaufschlagungsgrad verfügen, zweitens darf die Schaufellänge kleiner angenommen werden als bei der Überdruckturbine, da die Undichtigkeitsverluste an den Schaufelenden zurücktreten. In der Regel wählt man die Umfangsgeschwindigkeit und bestimmt daraus den Durchmesser. Während man früher $u = 110 \sim 130$ m/sek. annahm, werden in neuerer Zeit wesentlich höhere Werte, bei großen Einheiten sogar bis etwa 220 m/sek zugelassen. Dabei erhält man naturgemäß hohe Austrittsgeschwindigkeiten aus den Leiträdern, und es ist nach neueren Erfahrungen sogar zulässig, ohne Anwendung von Lavaldüsen die Schallgeschwindigkeit etwas zu überschreiten (Spaltexpansion).

Bei Überdruckturbinen empfiehlt es sich, den mittleren Durchmesser mit Hilfe der Formel (42) zu berechnen, wobei für ϑ, χ und α_1 Durchschnittswerte einzusetzen sind. Den Wert für v erhält man aus dem i/s-Diagramm, indem man auf der angenommenen Expansionslinie einen Punkt M herausgreift (Fig. 49), der sich ungefähr in deren Mitte oder etwas darüber befindet. τ bedeutet den Verengungsfaktor durch die Schaufeln.

Formel (42) gilt natürlich auch für die Gleichdruckturbine, sobald man $\varepsilon\,\tau$ statt τ einführt, wobei ε der Beaufschlagungsgrad ist. Man kann diese Beziehung immerhin zur Kontrolle heranziehen.

4. Nach Annahme eines Wertes für $u/c_1 = \chi$ ermittelt man K bzw. σ aus der Tabelle oder durch Rechnung. Je größer χ angenommen wird, um so größer wird auch σ, um so mehr Stufen benötigt die Turbine. Für eine billige Turbine ist daher χ klein zu wählen. Man muß jedoch nicht außer Acht lassen, daß bei kleinem χ der Wirkungsgrad ungünstig ausfällt.

5. Es wird die »reduzierte« Stufenzahl bestimmt:

$$Z_{\text{red}} = \frac{\mu\, H_0}{K_m\,(u^2)_m} = \frac{\mu\, H_0}{(u^2)_m} \cdot \sigma.$$

6. Man berechnet die effektive Stufenzahl durch Umrechnung auf die wirklichen Durchmesser der Stufen. Bei der Überdruckturbine ist die Beziehung zu benutzen:

$$D_1 : D_2 : D_3 : \ldots = \sqrt[3]{\frac{G_1\, v_1\, \vartheta_1}{\tau_1}} : \sqrt[3]{\frac{G_2\, v_2\, \vartheta_2}{\tau_2}} : \sqrt[3]{\frac{G_3\, v_3\, \vartheta_3}{\tau_3}}.$$

Bei der Gleichdruckturbine kommt noch der Beaufschlagungsgrad ε in Frage, der in den letzten Stufen in der Regel gleich 1 angenommen wird. Aus diesem Grunde ist die Abstufung bei Gleichdruckturbinen zumeist nicht erforderlich.

Liegen z. B. drei Abstufungen vor, so ist:

$$Z_{red} = z_{1\,red} + z_{2\,red} + z_{3\,red}$$
$$Z_{eff} = z_1 + z_2 + z_3.$$

Wird $D_2 = D_m$ angenommen, so gilt:

$$Z_{eff} = z_{1\,red}\left(\frac{u_2}{u_1}\right)^2 + z_2 + z_{3\,red}\left(\frac{u_2}{u_3}\right)^2.$$

Man kann die Reduktion auch in anderer Weise vornehmen[1]), doch hat diese Art den Vorteil, daß sich effektive und reduzierte Stufenzahl voneinander nur wenig unterscheiden, so daß man sich z. B. bei der Ausarbeitung eines Projektes mit der Bestimmung von Z_{red} begnügen kann.

7. Nun muß die Rechnung von Stufe zu Stufe durchgeführt werden. Die Geschwindigkeitsdreiecke werden aufgezeichnet, die Durchströmquerschnitte und sonstigen Schaufeldimensionen ermittelt.

8. Auf Grund der getroffenen Annahmen wird der Wirkungsgrad von Stufe zu Stufe nachgerechnet und die erhaltenen Zustandspunkte werden im i/s-Diagramm eingetragen. Man erhält so den inneren (thermodynamischen) Wirkungsgrad der Turbine, aus dem man durch Berücksichtigung der mechanischen Verluste den effektiven Wirkungsgrad berechnen kann.

Im übrigen möge an dieser Stelle auf die Zahlenbeispiele am Schlusse dieses Abschnittes verwiesen werden.

i) Druckverlauf in einer gegebenen Turbine.

Die Umkehrung des im vorigen Abschnitte behandelten Problems besteht darin, zu einer vorliegenden Turbinenschaufelung die sich einstellende Zustandsänderung zu bestimmen. Als gegeben sind hierbei anzusehen der Anfangszustand des Dampfes und die Drehzahl; auch muß die durchströmende Dampfmenge angenommen werden. In Fig. 50 entspreche Punkt A_1 (Wärmeinhalt i_1) dem Zustande des Dampfes vor dem Leitrade. Es entsteht die Frage, wie weit der Dampf in ihm expandieren wird. Zur Beantwortung stehen zwei Bedingungen zur Verfügung, nämlich die Kontinuitätsgleichung, die

[1]) Vgl. Föttinger, Jahrbuch der Schiffbautechn. Gesellschaft 1910.

für den Austrittsquerschnitt f aus dem Leitrad lautet: $G v = f c$ und die Energiegleichung

$$A \frac{c^2}{2 g} = i_1 - i.$$

Die beiden Bedingungen müssen zugleich berücksichtigt werden. Dies kann mit Hilfe des Stodolaschen v^2-Verfahrens erfolgen, das jedoch die Aufzeichnung eines besonderen Diagrammes erfordert. Man kann nun auch mit Hilfe des i/s-Diagrammes allein den beiden Bedingungen genügen, indem man jede unmittelbar darstellt, wobei man

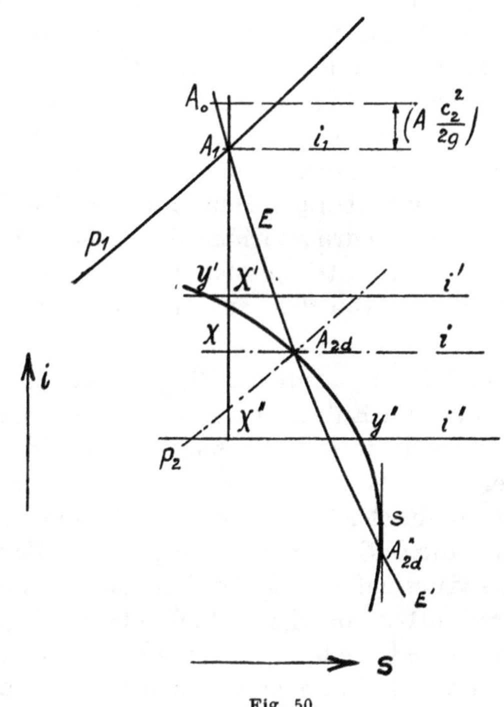

Fig. 50.

d e n g e s u c h t e n Z u s t a n d s p u n k t b e i m A u s t r i t t a u s d e m L e i t a p p a r a t (D ü s e) a l s S c h n i t t p u n k t z w e i e r g e o m e t r i s c h e r Ö r t e r e r h ä l t (Fig. 50). Der geometrische Ort aller Punkte, die der Energiegleichung entsprechen, liefert eine Kurve EE', die vom Anfangspunkte A_1 ausgeht und von der Adiabate je nach der Größe des Energieverlustes im Leitrad abweicht. Durch Annahme eines Wertes für φ kann ihr Verlauf $E E'$ im i/s-Diagramm eingezeichnet werden. Der geometrische Ort aller Punkte, die der Kontinuitätsgleichung genügen, läßt sich ebenfalls leicht darstellen. Es sind nämlich in

$$\frac{G}{f} = \frac{c}{v} \quad \ldots \ldots \ldots \ldots (53)$$

sowohl G als f bekannt, mithin hat der Quotient c/v einen bestimmten Wert. Für jeden beliebigen Wert i schneidet die Linie $i =$ konst. die von A_1 ausgehende Adiabate im Punkte X, und die Geschwindigkeit c ergibt sich nach der üblichen Formel aus dem Wärmegefälle $A_1 X$. Für den so berechneten Wert von c ermittelt man mit Hilfe von (53) v und sucht auf der Linie $i =$ konst. denjenigen Punkt Y auf, der das spezifische Volumen v_1 besitzt. Führt man dies für mehrere Werte von i durch, so erhält man eine Reihe von Punkten Y, die man zu einer Kurve verbinden kann. Diese ist die graphische Darstellung der Kontinuitätsgleichung. Der Schnittpunkt beider geometrischer Örter A_{2d} entspricht dem Zustande des Dampfes beim Verlassen des Leitapparates (Düse). Man erhält so den Enddruck p_2, auf dem sich bei der Gleichdruckturbine der weitere Prozeß in der Stufe vollzieht. Durch Ermittelung der Verluste im Laufrad usw. erhält man den Punkt A_2, von dem aus die Expansion in der nächsten Stufe beginnt.

Fanno (vgl. Stodola, IV. Aufl. S. 56) hat für das zylindrische Rohr die Zustandskurve im Entropiediagramm dargestellt, deren Verlauf eine gewisse Ähnlichkeit mit der hier entwickelten Kurve YY' besitzt. Der Unterschied besteht darin, daß die Fannokurve durch den Anfangspunkt hindurchgeht, da sie der Zustandsänderung für ein Rohr von konstantem Querschnitt entspricht. Man kann aber die Kurve YY' gewissermaßen als die Fannokurve des gegebenen Leitradaustrittquerschnittes ansehen. Sie entspricht jedoch nicht der Zustandskurve, vielmehr allen im Hinblicke auf die Kontinuitätsbedingung möglichen Dampfzuständen beim Austritt aus dem Leitapparate.

Natürlich ist das Verfahren auch dann anwendbar, wenn die Austrittsgeschwindigkeit aus der vorhergehenden Stufe ausgenützt werden soll. Man braucht in diesem Falle nur im i/s-Diagramm die Strecke $A_1 A_0$ aufzutragen, die der Austrittsenergie entspricht und die Strecke $A_0 X$ zur Berechnung von c zu verwenden. Zu beachten ist der Umstand, daß die EE'-Linie die Kurve YY' im allgemeinen in zwei Punkten schneidet. Der zweite Schnittpunkt A_{2d}^* entspricht der Strömung mit Überschallgeschwindigkeit; er ist also bei Curtisturbinen maßgebend, während Punkt A_{2d} für die (meisten) vielstufigen Druck- bzw. Überdruckturbinen gilt. Bei der Überdruckturbine muß für das Laufrad eine neue Y-Kurve ermittelt werden. Der Punkt S, in dem die Tangente an die Y-Kurve vertikal liegt, entspricht dem Eintreten der adiabatischen Schallgeschwindigkeit

$$a = \sqrt{g \varkappa p v}$$

Der Beweis hierfür ist für Gase und überhitzte Dämpfe leicht durchzuführen. Der Punkt S ist der Berührungspunkt der Y-Kurve mit der Adiabate. Da nun

$$\frac{c^2}{2g} = \frac{\varkappa}{\varkappa - 1} (p_1 v_1 - p v)$$

ist und für die Adiabate $p v^{\varkappa} =$ konst. gilt, so kann man zunächst mit Rücksicht auf die Stetigkeitsbedingung (53) für die erste Gleichung schreiben

$$\left(\frac{G}{f}\right)^2 \frac{v^2}{2g} = \frac{\varkappa}{\varkappa - 1} (p_1 v_1 - p v).$$

Bildet man aus beiden Gleichungen dp/dv und setzt die erhaltenen Werte einander gleich, so erhält man die Beziehung

$$\left(\frac{G}{f}\right)^2 v = \varkappa p g \text{ oder } \left(\frac{G}{f}\right)^2 v^2 = \varkappa g p v,$$

mithin ist für den Berührungspunkt der Y-Kurve mit der Adiabate $c^2 = a^2$ oder $c = a$.

Diese Methode der geometrischen Örter kann also für jedes Turbinensystem angewendet werden. Eine gewisse Vorsicht ist nur dann nötig, wenn Spaltexpansion eintritt. In diesem Falle erhält man zwar den Zustandspunkt beim Austritt aus dem Leitrad, aber nicht die für die Zustandsänderung im Laufrade maßgebende Isobare. Hierzu muß mit Hilfe der Kontinuitätsbedingung die Eintrittsgeschwindigkeit des Laufrades und damit der Druckabfall im Spalt bestimmt werden.

Für Turbinen mit nur wenigen Druckstufen, bei denen im Leitapparate eine Geschwindigkeit erzeugt wird, die über der Schallgeschwindigkeit liegt, ist das Verfahren von Baer[1]) gut anwendbar. In diesem Falle ist die durch den engsten Querschnitt der Düse f_m durchgehende Dampfmenge:

$$G = \psi f_m \sqrt{\frac{p_1}{v_1}},$$

[1]) Baer, Z. d. V. d. Ing. 1909, sowie Mitteil. für Forschungsarbeiten.

d. h. G hängt nur vom Anfangszustande ab. Ist nun der Anfangszustand des Dampfes in einer Stufe p_1 gegeben, so wird der Enddruck in der Stufe p_2 zunächst probeweise angenommen. Hierfür bestimmt man c_1 und mit Hilfe von η_u den Endwert des Dampfzustandes in der Stufe A_2, der zugleich Anfangswert für die nächste Stufe ist. Nun ermittelt man das durchströmende Gewicht mit Hilfe obiger Formel. Führt man dies für mehrere Enddrücke aus, so kann man sich G als Funktion von p_2 in einem Diagramme auftragen. Da aber G gegeben ist, so erhält man in dieser Weise den gesuchten Druck p_2. Weitere Verfahren sind noch von Forner[1]) und Loschge[2]) angegeben worden.

k) Vorgänge bei der Regelung.

Die im vorigen Abschnitt mitgeteilten Verfahren sind namentlich dann zu verwenden, wenn man eine Dampfturbine für Teilbelastung zu untersuchen hat.

Versuche ergaben übereinstimmend, daß bei niedrigem Gegendruck die durch eine Turbine durchströmende Dampfmenge dem Anfangsdrucke vor dem ersten Leitrad annähernd proportional ist. Die Proportionalität zwischen Dampfmenge und Druck vor der Stufe gilt für vielstufige Turbinen für fast alle Stufen, mit Ausnahme der letzten. Vorausgesetzt ist dabei nur, daß die Querschnitte unverändert bleiben, wie dies bei der reinen Drosselregelung der Fall ist. Der Dampf wird hierbei vor dem Eintritte ins erste Leitrad durch ein Steuerorgan geleitet, das in der Regel vom Regulator beeinflußt wird. Durch allmähliches Schließen des Steuerorgans (Regulierventils) wird der Druck vor der ersten Turbinenstufe herabgesetzt. Das erwähnte Proportionalitätsgesetz läßt sich in einfacher Weise nur für die Curtisturbine und zwar für den Betrieb mit überhitztem Dampf nachweisen. Da der Dampf hinter dem Regulierventil durch Düsen strömt, so gilt die im I. Teil abgeleitete Gleichung

$$G = \psi F \sqrt{\frac{p_1}{v_1}} = \psi F \cdot \frac{p_1}{\sqrt{p_1 v_1}} \quad . \quad . \quad . \quad . \quad . \quad (54)$$

für die Dampfaufnahme einer derartigen Turbine. Man ersieht, daß G dann proportional p_1 ist, wenn $p_1 v_1 =$ konst. ist. Dies trifft bei

[1]) Forner, Z. d. V. d. Ing. 1909, S. 674.

[2]) Loschge, Z. f. d. ges. Turb. 1911.

der Drosselung des überhitzten Dampfes zu, gilt aber angenähert auch für Naßdampf.

Schematisch sind die Vorgänge im i/s-Diagramm (Fig. 51) dargestellt. Das verfügbare Gefälle entspricht für Vollast der Strecke $A_1 A_k'$, für Teillast $B_1 B_k'$. Das verfügbare Gefälle wird also bei der Drosselung vermindert, und dies ist das unwirtschaftliche Moment der Drosselung. Allerdings zeigt sich, daß das Vakuum bei Teilbela-

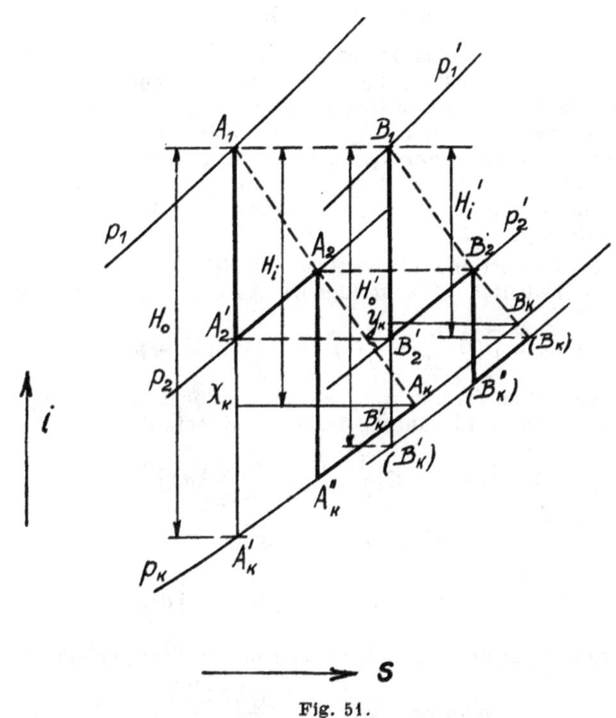

Fig. 51.

stung höher wird, wodurch H_0 nur von $A_1 A_k'$ etwa auf $B_1 (B_k')$ herabgesetzt wird. Für die durchströmenden Dampfmengen gilt

$$\frac{G}{G'} = \frac{p_1}{p_1'} \quad \ldots \ldots \ldots \quad (55),$$

wobei sich G und p_1 auf Vollast, G' und p_1' auf Teillast beziehen.

Nun muß bemerkt werden, daß der Druck p_1 vor dem ersten Leitrad selbst bei unveränderlicher Belastung mitunter nicht konstant bleibt, vielmehr periodischen Schwankungen unterworfen ist. Dies gilt namentlich von den Regelungen, bei denen eine »Unruhe« künstlich herbeigeführt wird, wie z. B. von den Parsonsschen Konstruktionen. Bei Versuchen an derartigen Turbinen kann mit Hilfe eines Indikators der periodische Druckverlauf vor dem ersten Leitrad ermittelt werden. Man erhält dadurch den veränderlichen Druck p_x in Abhängigkeit von der Zeit t, also $p_x = f(t)$. Es wäre jedoch nicht richtig, wenn man für die Berechnung der Arbeit einen mittleren Druck $(p_1)_{\text{mittl.}} = \frac{\int^t p_x\,dt}{t}$ durch unmittelbares Planimetrieren des gewonnenen Diagramms bestimmen würde.

Zur näheren Einsicht führt folgende Überlegung. Der Dampf besitzt vor dem Regulierventil den Druck p_0, das spezifische Volumen v_0, den Wärmeinhalt i_0. Durch die Drosselung wird der Druck auf den veränderlichen Wert p_x herabgesetzt, das spezifische Volumen beträgt v_x, der Wärmeinhalt $i_x = i_0$. (Verfügbar ist das adiabatische Gefälle von p_x, v_x bis zum Gegendruck p_2 im Abdampfstutzen.) Wegen der Veränderlichkeit des Druckes p_x ändert sich in jedem Augenblicke nicht nur das verfügbare Gefälle H, sondern auch die im Zeitelement durchströmende Dampfmenge dG.

Infolge des Proportionalitätsgesetzes ist $dG = G\,dt = C\,p_x \cdot dt$, worin C eine Konstante bedeutet. Die verfügbare Arbeit $\mathfrak{A}_{\text{disp}}$ beträgt nun[1]):

$$\mathfrak{A}_{\text{disp}} = \int^t dG\,\frac{H_x}{A} = \int^t C\,p_x \frac{\varkappa}{\varkappa - 1}(p_x v_x - p_2 v_2)\,dt.$$

Da für überhitzten Dampf $p_x v_x = p_0 v_0 =$ konst. ist, so ergibt sich aus der obigen Gleichung durch Einführung der neuen Konstanten $C_1 = C\,p_0\,v_0\,\varkappa/\varkappa-1$:

$$\mathfrak{A}_{\text{disp}} = C_1 \int^t p_x \left(1 - \frac{p_2 v_2}{p_x v_x}\right) dt,$$

oder wegen

$$p_2 v_2^{\varkappa} = p_x v_x^{\varkappa}$$

$$\mathfrak{A}_{\text{disp}} = C_1 \int^t p_x \left[1 - \left(\frac{p_2}{p_x}\right)^{\frac{\varkappa - 1}{\varkappa}}\right] dt.$$

Der äquivalente Druck p_1 muß einen solchen Wert haben, daß

$$\mathfrak{A}_{\text{disp}} = C_1\,p_1 \left[1 - \left(\frac{p_2}{p_1}\right)^{\frac{\varkappa - 1}{\varkappa}}\right] t$$

wird.

Setzt man

$$p_x \left[1 - \left(\frac{p_2}{p_x}\right)^{\frac{\varkappa - 1}{\varkappa}}\right] = \chi(t),$$

so empfiehlt es sich, aus der experimentell gewonnenen Druckkurve die Funktion $\chi(t)$ für einige Punkte zu ermitteln, worauf $\mathfrak{A}_{\text{disp}}$ durch graphische Integration gewonnen werden kann. Die verfügbare »Leistung« ist:

$$L_0 = \frac{\mathfrak{A}_{\text{disp}}}{t}.$$

---

[1]) Die Vorgänge haben eine gewisse Ähnlichkeit mit denen bei der »Explosions-Gasturbine«.

Bei den modernen Konstruktionen ist übrigens die »Unruhe« vielfach verlassen, zumindest aber stark eingeschränkt worden. Verlaufen die Schwankungen in mäßigen Grenzen, so kann näherungsweise mit dem »mittleren« Druck gerechnet werden.

Man kann nun den Druckverlauf nach irgendeinem Verfahren untersuchen. Es zeigt sich, daß die Proportionalität bei fast allen Stufen einer vielstufigen Turbine besteht, — die letzten ausgenommen — so daß also für die beliebige m^{te} Stufe, ebenso wie für die folgende $m+1^{te}$, die Beziehung gilt:

$$\frac{G}{G'} = \frac{p_m}{p_m'} = \frac{p_{m+1}}{p_{m+1}'}.$$

Daraus ergibt sich aber die wichtige Folgerung, daß sich für eine Stufe das Druckverhältnis

$$\frac{p_{m+1}}{p_m} = \frac{p_{m+1}'}{p_m'} \quad . \quad . \quad . \quad . \quad . \quad . \quad . \quad . \quad (56)$$

nicht ändert. Damit bleibt nämlich im Hinblicke auf die Zeunerschen Formeln die Austrittsgeschwindigkeit aus den einzelnen Stufen, also das verfügbare Einzelgefälle konstant. Nur in den letzten Stufen wird das verfügbare Einzelgefälle herabgesetzt (s. Baer, a. a. O.). Die Drosselung verursacht also eine Leistungskonzentration nach der Hochdruckseite hin. In Fig. 51 ist der Druckverlauf für eine aus zwei Curtisrädern bestehende Turbine dargestellt. Das verfügbare Gefälle der ersten Stufe bei Vollast $A_1 A_2'$ ist nahezu demjenigen bei Teillast $B_1 B_2'$ gleich.

Aus dem Gesagten erhellt, daß der Wirkungsgrad der einzelnen Stufen im Hoch- und Mitteldruckteil der Turbine unverändert bleiben muß. Nur im Niederdruckteil ergibt sich eine Änderung, die aber in der Regel zunächst eine Verbesserung ist; denn es wird durch die Drosselung das Verhältnis $u/c_1 = \chi$ vergrößert, während die Stufen unter normalen Verhältnissen mit einem Werte von χ arbeiten, der unter dem günstigsten liegt. Wird das verfügbare Gefälle stark vermindert, wie dies bei kleinen Belastungen der Fall ist, so sinkt η_u bzw. η_i rasch. Im allgemeinen zeigt sich, daß für die ganze Turbine η_i in ziemlich weiten Grenzen (bis $1/3$ Belastung) nahezu unveränderlich bleibt, d. h.

$$\frac{H_i'}{H_0'} \sim \frac{H_i}{H_0} \text{ oder } \eta_i' \sim \eta_i.$$

Allein es muß dabei berücksichtigt werden, daß in Wirklichkeit für die Beurteilung der Wirtschaftlichkeit nicht η_i' in Frage kommt;

denn der Druck muß unausgenützt von p_1 auf p_1' herabgedrosselt werden. Für die Beurteilung der Wirtschaftlichkeit der Maschine kommt vielmehr bei Teillast der Quotient

$$(\eta_i')_w = \frac{H_i'}{H_0}$$

in Betracht. Es wäre also angebracht, η_i' nicht als den Wirkungsgrad, sondern etwa als das »Güteverhältnis« anzusehen, während $(\eta_i')_w$ der wirtschaftlich maßgebende thermodynamische Wirkungsgrad ist, der selbstverständlich die mechanischen (äußeren) Verluste noch nicht enthält. Dieser Umstand wird in der Literatur nicht immer genügend beachtet. Auf Grund der Gleichung für die Leistung bei Vollast

$$G_{st}\, H_0\, \eta_e = 632\, N_e,$$

sowie der Beziehung

$$G_{st}'\, H_0'\, \eta_e' = 632\, N_e'$$

für Teillast, kann die effektive Nutzleistung für die Teilbelastung mit der der Vollast verglichen werden. Die Leistung ändert sich nicht proportional mit G_{st}, denn selbst dann, wenn man $\eta_e' = \eta_e$ annehmen darf, ist die Änderung von H_0 in Rechnung zu setzen. Trägt man sich G als Funktion von N_e auf (Fig. 52), so erhält man annähernd eine Gerade, die jedoch nicht den Anfangspunkt enthält. Vielmehr beträgt der Dampfverbrauch bei Halblast bei reiner Drosselregelung pro PS etwa 15% mehr als es dem reinen Proportionalitätsgesetz entsprechen würde.

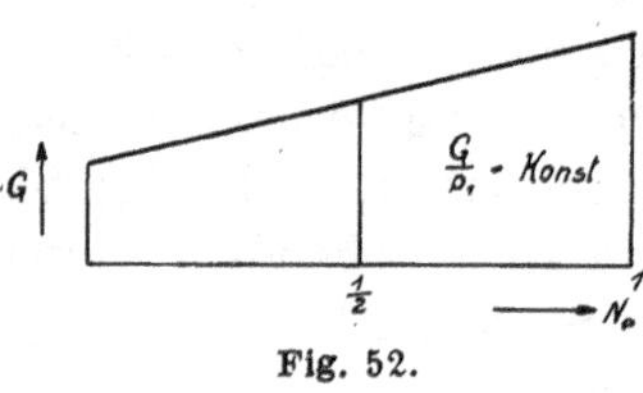

Fig. 52.

Um die Nachteile der Drosselregelung — die übrigens für viele Zwecke vollkommen genügt — zu umgehen, verwendet man die sog. kombinierte Regelung, zu deren Verständnis zuerst die sog. Füllungsregelung zu besprechen ist. Läßt man den Dampfzustand vor dem ersten Leitrad unverändert, so kann man eine Herabsetzung der Leistung dadurch erreichen, daß man die Querschnitte der Leitapparate verstellt. Dies geschieht bei Curtisturbinen durch Schließen von Düsen; nur vereinzelt pflegt man die Düsen selbst verstellbar auszuführen.

Die reine Füllungsregelung verursacht eine noch stärkere Leistungskonzentration im Hochdruckteil, indem bei Teillast in der ersten Stufe ein größeres Gefälle verarbeitet wird als bei Vollast. Betrachtet man wiederum eine zweistufige Curtisturbine (Fig. 53), so gilt für Vollast, wenn p_1 der Druck vor der ersten, p_2 der Druck vor der zweiten Stufe ist:

$$G = F_1 \psi \frac{p_1}{\sqrt{p_1 v_1}} = F_2 \psi \frac{p_2}{\sqrt{p_2 v_2}}.$$

Für Teillast dagegen ergibt sich:

$$G' = \varepsilon F_1 \psi \frac{p_1}{\sqrt{p_1 v_1}} = F_2 \frac{p_2'}{\sqrt{p_2' v_2'}}.$$

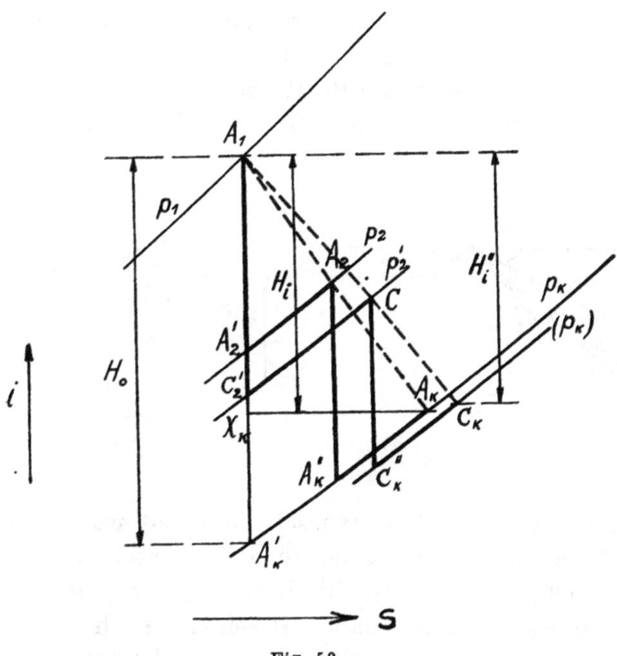

Fig. 53.

εF_1 entspricht dem freien Durchgangsquerschnitt der Düsen bei Teillast. Man erhält nun:

$$\frac{p_2'}{p_1} = \varepsilon \frac{p_2}{p_1} \frac{\sqrt{p_2' v_2'}}{\sqrt{p_2 v_2}} \quad . \; . \; . \; . \; . \; . \; . \; . \; (57).$$

Da $p_2' v_2'$ von $p_2 v_2$ nicht sehr verschieden ist, so überwiegt der Einfluß von ε, wodurch die obige Behauptung bestätigt wird. Eigentlich müßten bei der Füllungsregelung die Querschnitte aller Stufen herabgesetzt werden, was sich aber bei der praktischen Durchführung sehr schwierig gestaltet. (Bauart Schulz.)

Die reine Füllungsregelung ist praktisch nicht anwendbar, weil nicht so leicht eine allmähliche Veränderung des Querschnittes ermöglicht wird. Man vereinigt sie daher mit der Drosselregelung, indem bei abnehmender Belastung die Düsen der Reihe nach abgeschaltet werden, während in den Intervallen durch Drosselung reguliert wird. Durch die kombinierte Regelung erreicht man einen besseren Wirkungsgrad bei Teilbelastung gegenüber der Drosselregelung.

Bei der Untersuchung des Druckverlaufes, insbesondere für Teilbelastung, ist der Einfluß des Stoßes zu berücksichtigen. Bei stoßfreiem Gang arbeitet die Turbine mit einem bestimmten Verhältnis von u/c_1. Bleibt z. B. u konstant und ist die Austrittsgeschwindigkeit aus dem Leitrade c_1', so wäre die Relativgeschwindigkeit (w_1') (Fig. 54); dies ist aber nicht möglich, da sich sonst der Schaufelwinkel β_1 ändern

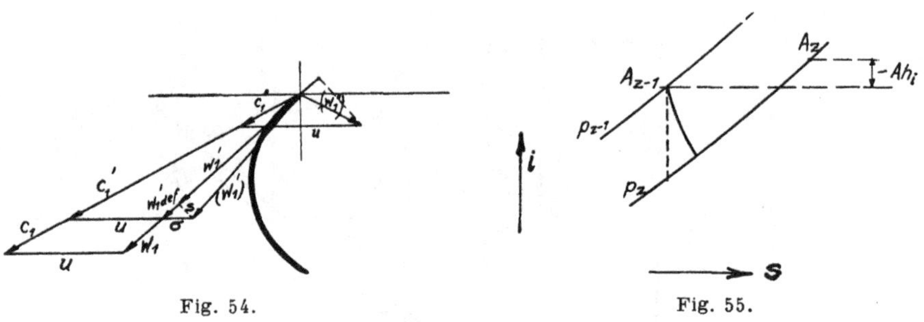

Fig. 54. Fig. 55.

müßte. Die maßgebende Relativgeschwindigkeit ist daher w_1', während s als Stoßkomponente (in der zu w_1' senkrechten Richtung) anzusehen ist. Der Gefällsverlust durch den Stoß beträgt $A\,s^2/2\,g$. Bei Überdruckturbinen rechnet man mit einem noch größeren Stoßverlust, da wegen der Kontinuität der Dampfströmung die Aehsialkomponente der relativen Geschwindigkeit gleich der der absoluten Austrittsgeschwindigkeit aus dem Leitapparate ist. Maßgebend ist hier $w_1'{}_{\text{def}}$, wobei der Stoßverlust $A\,\frac{\sigma^2}{2\,g}$ beträgt (vgl. Loschge, a. a. O.)

Eigentümliche Verhältnisse treten bei den letzten Stufen der vielstufigen Turbinen bei stark verminderter Belastung auf. Da durch die Drosselung nur die letzten Stufen beeinflußt werden, kann — namentlich bei erhöhtem Gegendruck — der Fall eintreten, daß die letzten Stufen keine Nutzarbeit verrichten, vielmehr als Kompressor arbeiten. In diesem Falle wird das verfügbare Gefälle kleiner als die Gefällsverluste (Fig. 55). In der Darstellung entspricht z. B. A_{z-1} dem Zustande vor, A_z dem hinter der letzten Stufe. Sinkt das verfügbare Gefälle stark, so wird natürlich auch c_1 sehr klein. Wird z. B. $c_1 = c_1''$ (Fig. 54), so kann (w_1'') eine derartige Neigung annehmen, daß eine Strömung gar nicht mehr stattfinden würde. Hier muß naturgemäß ein besonders starker Stoßverlust eintreten, wobei die Druckturbine sozusagen zur Überdruckturbine wird, so daß der Dampf doch durch die Schaufeln strömt.

Im allgemeinen kann behauptet werden, daß die Stoßverluste mehr im Niederdruckteil auftreten, so daß die Dampfaufnahme dadurch nicht wesentlich beeinflußt wird. Streng genommen müßte man auch in den Ausdrücken für das verfügbare und spezifische Einzelgefälle den Einfluß des Stoßes berücksichtigen, sobald man das allgemeine Verhalten der Turbinen untersuchen will. Indessen ist dies für eine näherungsweise Untersuchung entbehrlich.

Um die Erscheinungen bei der Regelung beurteilen zu können, macht man von den spezifischen Größen mit Vorteil Gebrauch. Da die Beziehung

$$Z = \frac{\mu H_0}{(u^2)_m} \cdot \sigma$$

stets gültig ist, so kann man zunächst behaupten, daß für die auf nahezu konstante Tourenzahl regulierte Turbine das Produkt $H_0 \sigma$ für die verschiedenen Belastungen annähernd konstant bleiben muß. Wenn also, wie bei der Drosselregelung, H_0 sinkt, so muß σ zunehmen. Da aber σ von u/c_1 abhängt, so wird die Turbine als Ganzes mit einem höheren Wert von u/c_1 arbeiten. Ob dadurch eine Verbesserung oder Verschlechterung des Gütegrades eintritt, hängt erstens davon ab, ob die Turbine bei Vollast einen Wert von u/c_1 aufweist, der unter oder über dem günstigsten liegt, und zweitens davon, wie groß die Änderung des verfügbaren Gefälles ist.

Um diese Verhältnisse besser zu übersehen, mögen hier einige Nachrechnungen an Versuchen von Prof. Josse an einer 1000 PS-Dampfturbine der Sächsischen Maschinenfabrik (vielstufige Gleichdruckturbine) mitgeteilt werden[1]). Die Turbine besaß drei Abstufungen, davon hatte die erste 2, die zweite 3, die dritte 5 Stufen und lief mit 3000 Touren.

[1]) Vgl. Josse, Z. d. Ver. d. Ing. 1910, S. 121 u. ff.

$z_I = 2$	$D_I = 800$ mm	$u_I = 126$ m/sek	$z_I\ u_I^2 = 31752$
$z_{II} = 3$	$D_{II} = 900$ «	$u_{II} = 141$ «	$z_{II}\ u_{II}^2 = 59643$
$z_{III} = 5$	$D_{III} = 1000$ «	$u_{III} = 157$ «	$z_{III}\ u_{III}^2 = 123245$

$$\Sigma u^2 Z = 214640.$$

Josse untersuchte Druck und Temperatur vor den Abstufungen und im Abdampfstutzen für Vollast, ⅓ Last und ⅔ Last. Aus seiner Zahlentafel 2 ergibt sich:

	Abstufung I			Abstufung II			Abstufung III		
Belastung	Voll	⅔	⅓	Voll	⅔	⅓	Voll	⅔	⅓
Verfügbares Gefälle pro Abstufung .	60,2	58,5	61,8	68,2	63,5	61,5	99,7	97,6	84,5
Gütegrad η	0,405	0,438	0,405	0,563	0,575	0,597	0,597	0,537	0,548
σ (berechnet) . . .	521	532	506	860	925	952	1200	1230	1420
u/c_1 (berechnet) .	0,27	0,275	0,26	0,34	0,36	0,37	0,41	0,42	0,44

Für die ganze Turbine gilt: $H_0 = 207{,}8$ Kal (bei Vollast), $H_{tot} = 1{,}07\ H_0 = 223$ Kal, $\sigma = 960$, $u/c_1 \sim 0{,}36$ $\eta = 0{,}59$.

Aus der Tabelle ersieht man zunächst, daß u/c_1 im Hochdruckteil einen weit niedrigeren Wert hat als im Niederdruckteil, ein Umstand, der namentlich vom Standpunkte der Radreibung und Ventilation gerechtfertigt ist. Für jede Abstufung gilt:

$$\sigma_I = \frac{u_I^2\, z_I}{\mu_I H_{0I}}, \quad \sigma_{II} = \frac{u_{II}^2\, z_{II}}{\mu_{II} H_{0II}}, \quad \sigma_{III} = \frac{u_{III}^2\, z_{III}}{\mu_{III} H_{0III}}.$$

Die Werte von σ wurden in dieser Weise berechnet und u/c_1 dann aus Fig. 48 entnommen.

Man ersieht ferner, daß in allen Stufen, mit Ausnahme der letzten, der Gütegrad bei der Teilbelastung zunächst steigt. Zwischen den Größen u/c_1, η und σ bzw. K besteht ein eigentümlicher Zusammenhang; verfolgt man diesen, so wird ein Rückschluß auf die Arbeitsweise der Turbine bei verschiedenen Betriebsverhältnissen möglich.

Bei der Beurteilung der Vorgänge in der Schiffsturbine ist zu beachten, daß die Umfangsgeschwindigkeit veränderlich ist. Da mit Rücksicht auf den Propeller u niedrig angenommen werden muß, ergeben sich hohe Stufenzahlen. Um die Stufenzahl nicht zu sehr zu erhöhen, wählt man bei Schiffsturbinen u/c_1 stets erheblich niedriger als bei Landturbinen, wodurch jedoch der Wirkungsgrad herabgesetzt wird.

Aus den theoretischen Erörterungen und den Versuchen geht hervor, daß die Konstanz von σ bzw. K die Bedingung für die Erhaltung des Wirkungsgrades einer Turbine ist. Mit Hilfe dieses Satzes sind einige Fragen wirtschaftlicher Art leicht zu beantworten.

Eine solche Frage lautet: »Haben ähnliche Dampfturbinen gleichen Wirkungsgrad?« Wenn man zwei geometrisch ähnliche Dampfturbinen unter denselben Gefällsverhältnissen arbeiten läßt, so gilt:

$$Z = \frac{\mu H_0}{K (u^2)_m} = \frac{\mu H_0}{K_1 (u_1^2)_m}.$$

Da beide Dampfturbinen dieselbe Stufenzahl haben, so muß zunächst

$$K (u^2)_m = K_1 (u_1^2)_m \quad \ldots \ldots \quad (58)$$

sein. Da ferner sowohl K als η_u von u/c_1 abhängen, so ist $K = K_1$ anzunehmen. Folglich muß $u = u_1$ gewählt werden. Also nur dann, wenn sich die Tourenzahlen umgekehrt verhalten wie die Durchmesser, kann der Wirkungsgrad am Radumfang η_u erhalten bleiben. Bezüglich des effektiven Wirkungsgrades ist jedoch zu bemerken, daß die Undichtheits- und die mechanischen Verluste bei den kleineren Einheiten weit mehr ins Gewicht fallen als bei den großen. Daher muß das kleinere Modell stets ungünstiger arbeiten.

In ähnlicher Weise ist die Frage der Verwendbarkeit eines vorhandenen Modells bei veränderten Dampfzuständen zu lösen. Wie bei der einstufigen Gleichdruckturbine dargelegt wurde, muß die Umfangsgeschwindigkeit bei veränderten Betriebsverhältnissen derart gewählt werden, daß das spezifische Gefälle konstant bleibt. Dies gilt auch für Wasserturbinen, wenn man für H das hydraulische Gefälle setzt. Das spezifische Gefälle ist eine charakteristische Größe für alle Turbomaschinen.

l) Beispiel für die Berechnung einer 2000 KW-Gleichdruckdampfturbine.

Als Grundlage für die Berechnung diene eine Gleichdruckturbine der Sächsischen Maschinenfabrik vorm. Rich. Hartmann, A.-G. zu Chemnitz, an der Prof. Lewicki am 9. September 1911 Leistungs- und Dampfverbrauchsversuche vorgenommen hat. (Fig. 56a)[1]).

[1]) Die Figur wurde mir in freundlicher Weise von der Direktion der Maschinenfabrik überlassen.

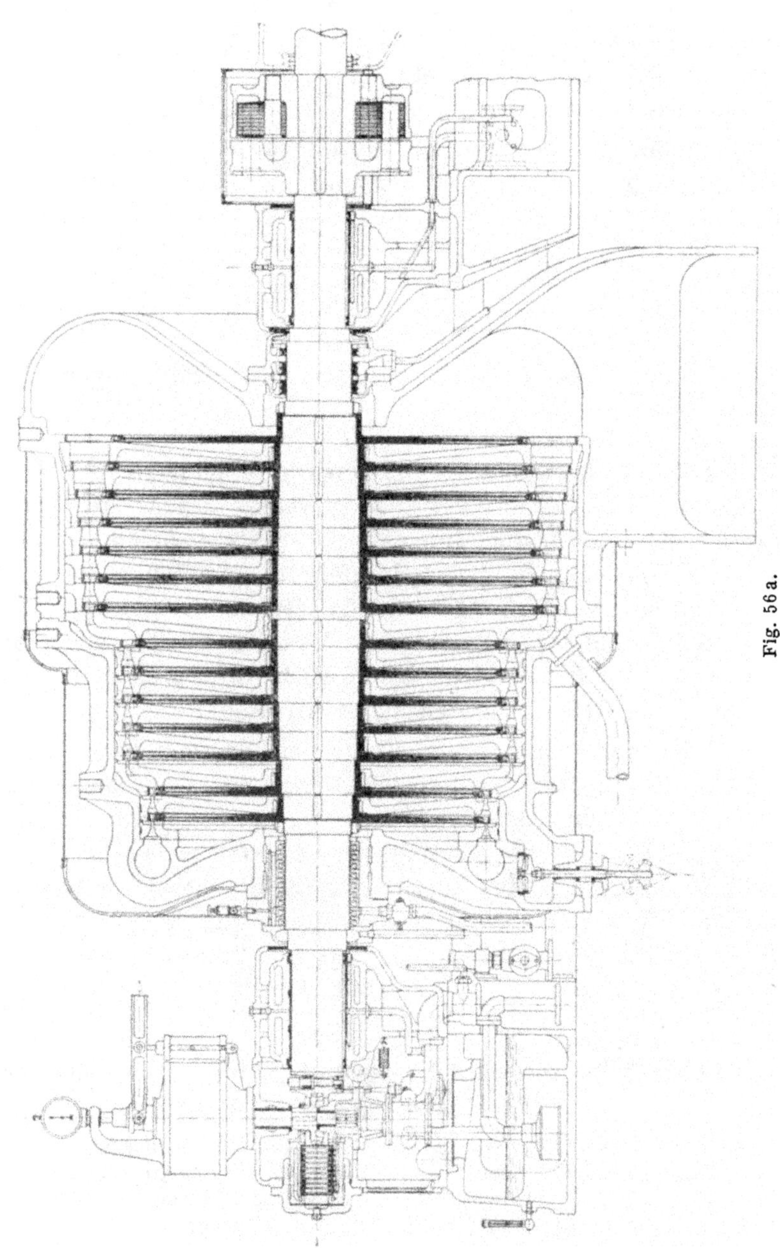

Fig. 56 a.

Die 14 stufige Gleichdruckturbine lief mit 1500 Touren in der Minute und wurde gebaut für 11,5 Atm. Eintrittsüberdruck vor dem Einlaßventil, 300° Dampftemperatur ebenda und 0,05 Atm. abs. Gegendruck im Abdampfstutzen. Es wurde einerseits die elektrische Nutzleistung, andererseits das Kondensat durch Wägung bestimmt. Aus dem Umstand, daß bei 2000 KW der Druck hinter dem Regulierventil nur 10,28 Atm. abs. betrug, geht hervor, daß die Turbine leicht auf eine Leistung von 2500 KW gebracht werden kann. Die Turbinenleistung in PS an der Kuppelung wurde unter Benützung der von Herrn Bauamtmann

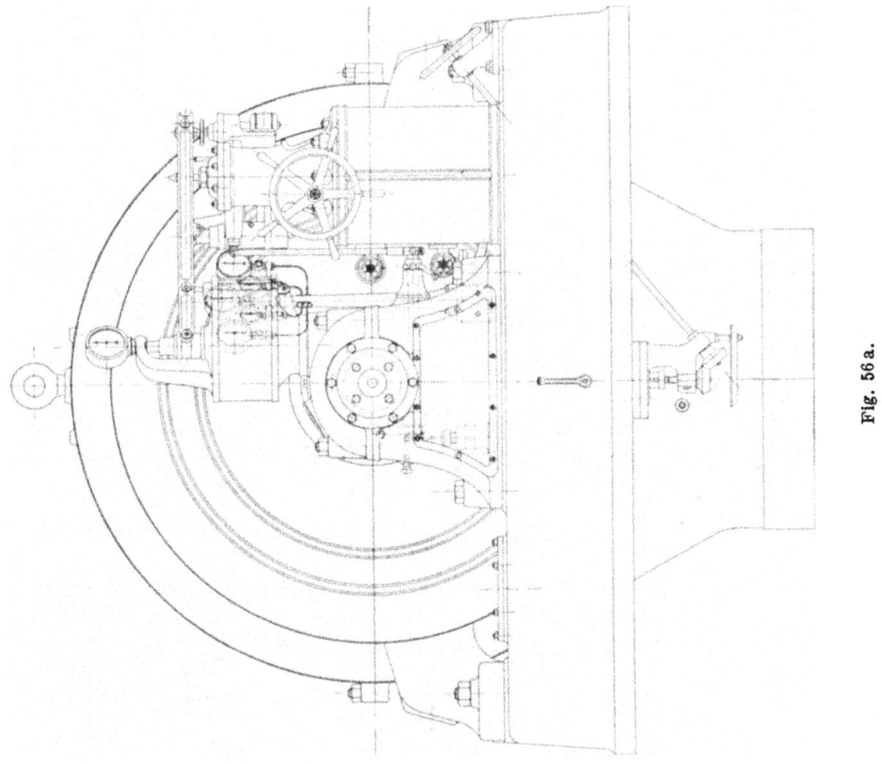

Fig. 56 a.

Besser bereits vorher festgestellten Wirkungsgradziffern des Generators (von der Firma H. Pöge, Chemnitz, geliefert) aus der Generatorleistung errechnet. Der bei Leerlauf des Aggregates mit Erregung erhaltene stündliche Dampfverbrauch von 1028 kg muß als verhältnismäßig gering bezeichnet werden. Die unter etwas ungünstigen Überhitzungs- und Vakuumverhältnissen vorgenommenen Versuche haben die in der Tabelle zusammengestellten Werte ergeben. Bei höherer Überhitzung und besserem Vakuum hätte man wohl noch günstigere Werte für den Dampfverbrauch erhalten.

	Vollast	$^3/_4$-Last	$^1/_3$-Last
Drehzahl in der Minute	1500	1505	1510
Dampfdruck hinter dem Einlaßventil Atm. abs.	10,28	8,32	4,44
Dampftemperatur hinter dem Einlaßventil	272	269,1	269
Dampfdruck im Abdampfstutzen Atm.	0,096	0,085	0,067
Stündliche Kondensatmenge G_{st}	14 430	11 400	5820
Leistung des Generators in KW	1988	1500	702
Wirkungsgrad des Generators η_g	0,95	0,933	0,89
Leistung der Turbine an der Kupplung in PSe	2845	2185	1072
Dampfverbrauch pro KW/Std.	7,26	7,60	8,29
Dampfverbrauch pro PSe/Std.	5,07	5,21	5,42
Thermodynamischer Wirkungsgrad der Turbine	0,639	0,613	0,571

Für die Neuberechnung seien folgende Daten angenommen:

$$p_1 = 12 \text{ Atm. abs.}, \; t_1 = 285^0, \; p_k = 0{,}06 \text{ Atm.}, \; n = 1500,$$

Nutzleistung des Generators 2000 KW, effektive Leistung der Turbine an der Kupplung 2850 PSe.

Das verfügbare Wärmegefälle beträgt 207 Kal. $= H_0$.

Die Abmessungen seien ebenso angenommen wie bei der ausgeführten Maschine; diese hatte 14 Stufen, und zwar:

Stufe 1 und 2: $D_1 = 1300$ mm, $u_1 = 102{,}5$ m/sec,
Stufe 3 bis 7: $D_2 = 1500$ mm, $u_2 = 117{,}8$ m/sec,
Stufe 8 bis 14: $D_3 = 1800$ mm, $u_3 = 141{,}2$ m/sec.

Man berechnet nun das mittlere Quadrat der Umfangsgeschwindigkeit aus

$$(u^2)_m Z = \Sigma u^2 = 229\,500.$$

Damit wird

$$(u^2)_m = 16\,400 \text{ und } \sqrt{(u^2)_m} = 128 \text{ m/sek.}$$

Der Ausführung lag mithin eine spezifische Quadratsumme zugrunde:

$$\sigma = \frac{\Sigma u^2}{H_{\text{tot}}} = \frac{\Sigma u^2}{\mu H_0} = \frac{229\,500}{1{,}07 \cdot 207} = 1040.$$

Dieser Wert entspricht einem Werte $u/c_1 \sim 0{,}36$ in unserer σ-Tafel, wenn man mit einer teilweisen Ausnützung von c_2 rechnet.

Für die Berechnung benützen wir folgende Werte: $\alpha_1 = 18^0$, ferner in der 1. und 2. Abstufung $u/c_1 = 0{,}35$, $\beta_1 = \beta_2 = 27^0\,30'$, in der 3. Abstufung $u/c_1 = 0{,}38$, $\beta_1 = \beta_2 = 28^0\,20'$. Nur in der letzten (14.) Stufe mußte $u/c_1 = 0{,}34$ angenommen werden.

Das verfügbare Gefälle berechnet sich für die 1., 3. und 8. Stufe aus der Formel

$$h_0 = \frac{A}{2g}\frac{c_1^2}{\varphi^2}$$

für alle anderen aus $h_0 = K_{g\varepsilon} \cdot u^2$. Es bedeuten h_{v1} die Verluste in den Leiträdern, h_{v2} die in den Laufrädern, h_{v3} die Verluste beim Austritt (in der 2., 7. und 14. Stufe tritt der volle, in den anderen der halbe Austrittsverlust auf, da mit einer Ausnützung von 0,7 c_2 gerechnet wird), h_{vr} die Verluste durch Radreibung und Ventilation.

Für $K_{g\varepsilon}$ erhält man aus Formel (35a) z. B. für das zweite Leitrad:

$$K_{g\varepsilon} = \frac{A}{2\,g}\left(\frac{\gamma'}{0{,}35^2} + \frac{2\,\delta'}{0{,}35} - 0{,}5\right) = 0{,}001043.$$

Hierbei wurde $\varphi = 0{,}95$, $\psi = 0{,}8$ angenommen.

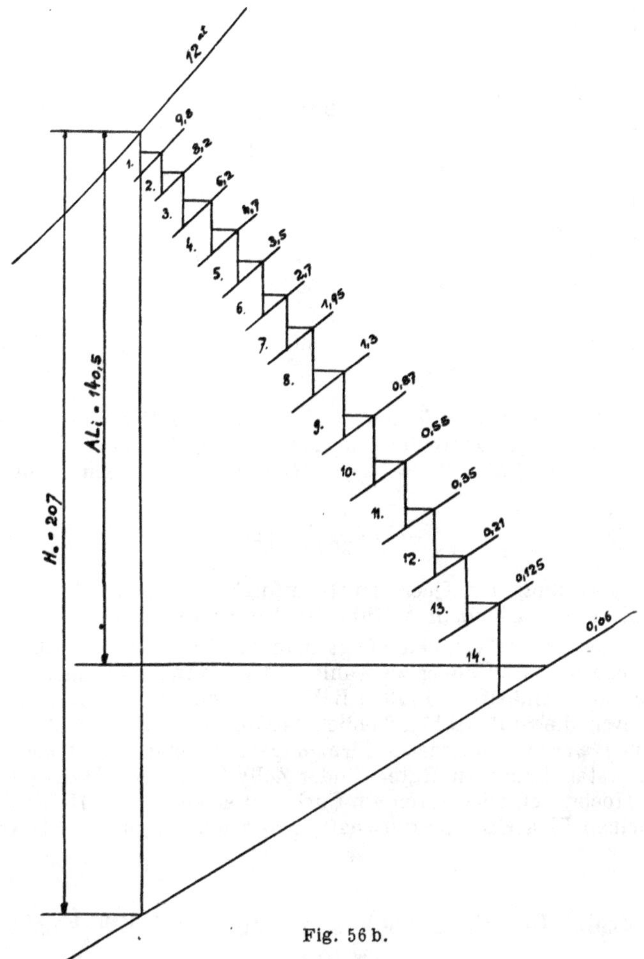

Fig. 56 b.

Die Radreibung wird nach der Formel $N_r = \beta\, D^2\, u^3\, \gamma\, 10^{-6}$ mit $\beta = 6$ bis 7 berechnet. Die Veränderlichkeit von γ muß berücksichtigt werden.

$$h_{vr} = \frac{75\, N_r}{G_{sk} \cdot 427}.$$

Für die Berechnung von G_{sk} dient die Formel (10), die mit $\eta_e = 0{,}62$ und $N_e = 2850$ PS, eine stündliche Dampfmenge von 14 100 kg, bzw. in der Sekunde $G_{sk} = 3{,}9$ kg ergibt.

Tabelle der Gefälle und Verluste.

Stufe	h_0	h_{v1}	h_{v2}	h_{v3}	h_{vr}	h_v
1	11,35	1,14	1,61	0,40	2,69	5,84
2	10,96	1,13	1,61	0,80	2,24	5,78
3	15,02	1,50	2,22	0,54	3,46	7,72
4	14,47	1,50	2,22	0,54	2,68	6,94
5	14,47	1,50	2,22	0,54	2,02	6,30
6	14,47	1,50	2,22	0,54	1,57	5,83
7	14,47	1,50	2,22	1,09	1,14	5,95
8	18,30	1,83	2,54	0,56	1,88	6,81
9	17,70	1,83	2,54	0,56	1,13	6,06
10	17,70	1,83	2,54	0,56	0,67	5,60
11	17,70	1,83	2,54	0,56	0,36	5,29
12	17,70	1,83	2,54	0,56	0,29	5,22
13	17,70	1,83	2,54	0,56	0,19	5,12
14	22	2,25	3,50	2,00	0,12	7,87

Trägt man sich das verfügbare Gefälle und die Verluste im i/s-Diagramm ein, so erhält man die Darstellung in Fig. 56b. Dabei wird $\Sigma h_0 = 224$ Kal., es ist mithin $\mu = 1{,}08$, $A L_i = H_i = 140{,}5$; der thermodynamische, innere Wirkungsgrad beträgt:

$$\eta_i = \frac{140{,}5}{207} = 68\,\%.$$

Die Berechnung der Querschnitte erfolgt ebenso wie bei der einstufigen Turbine (vgl. Lavalturbine) mit Hilfe der Kontinuitätsbedingung.

Bei ausgeführten Turbinen pflegt man häufig u/c_1 im Hochdruckteil niedriger, im Niederdruckteil höher zu wählen. Auch kann man nach den neuen Anschauungen eine Einheit von 2000 KW mit einer Drehzahl $n = 3000$ laufen lassen, wodurch die Stufenzahl erheblich herabgesetzt wird. Mehrstufige Gleichdruckturbinen werden von vielen Firmen gebaut; man nennt sie in der Regel nach ihren ersten Erbauern Rateau- oder Zölly-Turbinen. Häufig werden einige Stufen des Hochdruckteiles durch ein Curtisrad ersetzt, so z. B. bei den Turbinen der Allgemeinen Elektrizitätsgesellschaft, sowie der Bergmann-Elektrizitätswerke Berlin.

m) Beispiel für die Berechnung einer 2000 KW kombinierten Turbine.

Es soll nun dasselbe Rechnungsbeispiel einer 2000 KW-Turbine, die mit 1500 Touren laufen soll, unter der Annahme behandelt werden, daß im Hochdruckteil ein Curtisrad, im Niederdruckteil eine Parsonstrommel angeordnet wird. Diese Kombination wird von mehreren Firmen ausgeführt, so von Brown, Boveri & Cie., von Melms & Pfenninger, der Gutehoffnungshütte, der Ersten Brünner Maschinenfabrik usw. In der Regel wird hierbei das Curtisrad mit zwei Geschwindigkeitsstufen ausgeführt. Um aber die Brauchbarkeit der entwickelten Theorien nachzuweisen, stützen wir die Nachrechnung auf die

Versuche von Stodola[1]) an einer 2000 KW-Dampfturbine von Gebrüder Sulzer. Bei dieser Turbine besteht der Hochdruckteil aus einem dreikränzigen Curtisrad, der Niederdruckteil aus einer Überdruckturbine mit drei Abstufungen. (Fig. 57a.) Die Hauptabmessungen der Turbine sind:

	Mittlerer Durchmesser in mm	Stufenzahl	Schaufellänge	$\vartheta = \frac{D}{l}$
Gleichdruckrad	1400	1 Druckstufe mit 3 Geschwindigkeitsstufen	18—51	belanglos
Erste Überdrucktrommel	756	12	46—66	16,4—11,5
Zweite »	956,5	9	63—90	15—10,6
Dritte »	1200	8	90—180	13,3—6,6

Die Ergebnisse der Versuche waren:

	Normallast	$^1/_2$-Last	$^1/_4$-Last	Überlast
Druck vor dem Regelventil (abs.) . . .	12,52	12,56	12,69	11,58
Temperatur vor dem Regelventil	289,6	288,9	289,4	287,2
Druck vor den Düsen (abs.)	11,12	6,40	4,14	10,15
Temperatur vor den Düsen	284,77	277,15	274,07	282,06
Druck vor der 1. Trommel	1,842	1,043	0,683	2,356
Temperatur vor der 1. Trommel	191,31	185,7	188,5	214
Druck vor der 2. Trommel	0,857	0,480	0,320	1,046
Temperatur vor der 2. Trommel	129,2	125,47	124,75	139,6
Druck vor der 3. Trommel	0,350	0,200	0,138	0,435
Temperatur vor der 3. Trommel	72,31	66,6	64,8	78,53
Druck im Abdampfrohr	0,052	0,0432	0,0422	0,0601
Temperatur im Abdampfrohr	32,00	29,2	29,2	34,47
Drehzahl in der Minute	1501,3	1502	1502	1502,7
Stündlicher Dampfverbrauch insgesamt	14199,3	7985,5	5198,4	17640
Leistung d. Generators an den Klemmen in KW	2058	1049	594	2521

Trägt man sich die Werte für die Drücke und Temperaturen im i/s-Diagramm ein, so kann man die Gefällsverteilung verfolgen. Hierbei zeigt sich, daß der Wirkungsgrad für Normallast im Hochdruckteil 46,2%, im Niederdruckteil 72%, für die ganze Turbine 66% beträgt. Wir legen nun der Berechnung folgende Verhältnisse zugrunde: $p_1 = 11$ Atm. abs., $t_1 = 285^0$, $p_k = 0{,}05$, $n = 1500$. Das verfügbare Gefälle beträgt damit (Fig. 57b) 209 Kal.

[1]) Stodola, Z. d. V. d. Ing. 1911. S. 1846. Der Schnitt durch die Turbine wurde mir in dankenswerter Weise von der Redaktion der Z. des Ver. d. Ing. zur Verfügung gestellt.

Es ist dies fast derselbe Wert wie beim Beispiel der Gleichdruckturbine, es kann also in diesem Falle ebenfalls mit $G_{ek} = 3,9$ gerechnet werden. Die Leistung an

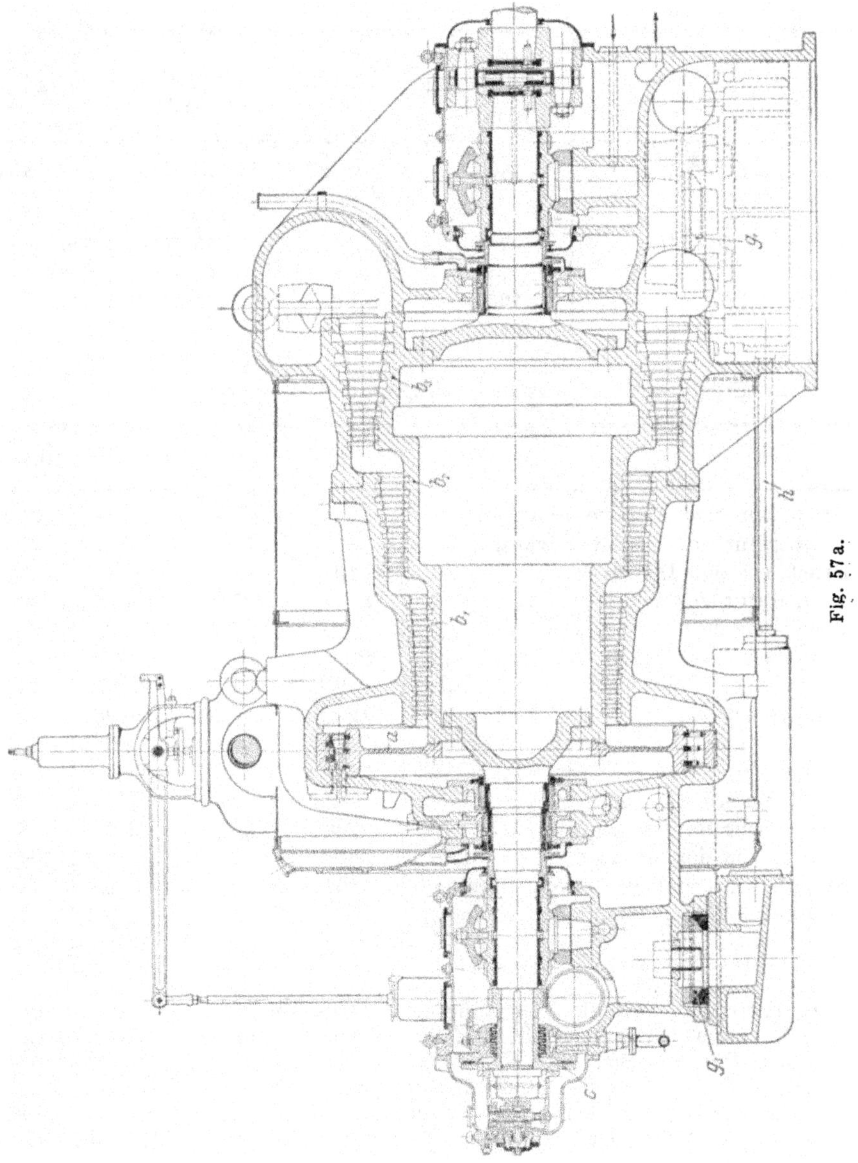

Fig. 57a.

den Klemmen beträgt 2000 KW, mithin ist die Leistung der Turbine etwas höher; mit $\eta_g = 0,95$ erhält man $N_e = 2100$ KW und mit $\eta_m = 0,975$ die »innere« Leistung $N_i = 2940$ PS.

Bei der Neuberechnung muß die Umfangsgeschwindigkeit des Curtisrades gewählt werden. Mit $D = 1400$ mm erhält man $u = 110$ m/Sek. Bezeichnet man das verfügbare Gefälle des Curtisrades mit H_0', so ist $H_0' = K_g u^2$. Dreikränzige Curtisräder arbeiten zumeist mit $u/c_1 = \chi = 0{,}14$; damit wird $K_g = 1/146$, mithin $H_0' = 84$ Kal. Dadurch erreicht man einen Enddruck von 2 Atm. Mit einem Wirkungsgrade von 46% erhält man den Anfangszustand für die Expansion im Niederdruckteil und damit das verfügbare Gefälle für dieses $H_0'' = 138$ Kal. Mit einem Wirkungsgrade von 72% kann man sich die vorläufige Zustandskurve im i/s-Diagramm einzeichnen. Die drei Abstufungen werden zumeist so gewählt, daß die letzte die größte Arbeitsleistung ergibt, wo-

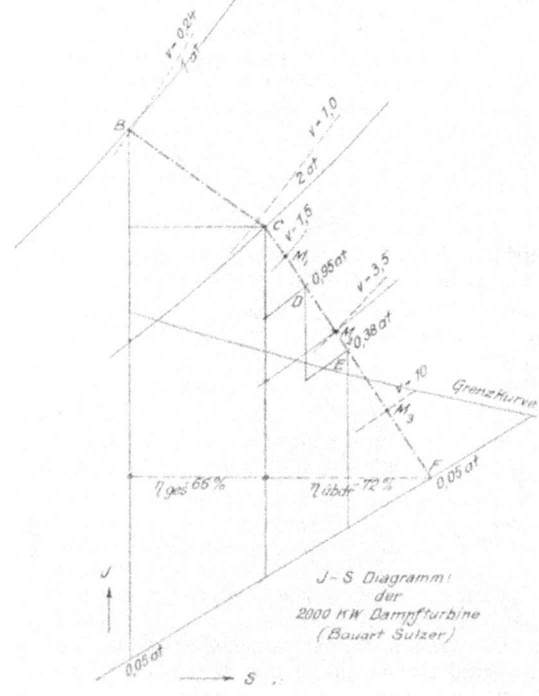

Fig. 57 b.

durch die Stufenzahl herabgesetzt wird. Aus diesem Grunde wird Punkt $M = M_2$ nicht genau für das halbe umgesetzte Gefälle, sondern etwas darüber herausgegriffen. Man findet so $v_m = 3{,}5$. Die Umfangsgeschwindigkeit darf im Hinblicke auf die volle Beaufschlagung nicht willkürlich gewählt, vielmehr muß Gleichung (42) benutzt werden. Nur müssen noch einige Größen entsprechend angenommen werden, nämlich ϑ, χ und τ. Wir wählen mit Rücksicht darauf, daß die Überdruckschauflung nur im Niederdruckteil vorgesehen wird, $\vartheta = 12$, ferner $\tau = 0{,}8$ und $\chi = 0{,}5$, $\alpha_1 = 28^0$; es ergibt sich:

$$D_m = \sqrt[3]{\frac{60 \cdot 3{,}9 \cdot 3{,}5 \cdot 12 \cdot 0{,}5}{0{,}8\, \pi^2 \cdot 1500 \sin \alpha_1}} = 960 \text{ mm.}$$

Diesem Werte von D_m entspricht $u_m = 75{,}4$ m/see.

Nun ermittelt man die reduzierte Stufenzahl mit Hilfe der Hauptgleichung

$$Z_{\text{red}} = \frac{\mu H_0''}{u^2} \cdot \sigma \ddot{u}.$$

Für $\alpha_1 = 28^0$ (Durchschnittswert), $u/c_1 = 0{,}5$ erhält man $\sigma\ddot{u} \backsim 1180$ und

$$Z_{\text{red}} = \frac{1{,}06 \cdot 138}{5700} 1180 \backsim 30.$$

Die reduzierte Stufenzahl beträgt also 30, die wirkliche der ausgeführten Turbine $12 + 9 + 8 = 29$. Die beiden Werte stimmen also sehr gut überein.

Nunmehr mögen noch die Durchmesser der 1. und 3. Abstufung bestimmt werden. Für die 2. Abstufung ist $D_2 = D_m$. Es ist

$$D_1 : D_2 : D_3 \backsim \sqrt[3]{\frac{v_1 \vartheta_1}{\tau_1}} : \sqrt[3]{\frac{v_2 \vartheta_2}{\tau_2}} : \sqrt[3]{\frac{v_3 \vartheta_3}{\tau_3}}.$$

Mit den Werten $v_1 = 1{,}5$, $v_2 = 3{,}5$, $v_3 = 10$, die aus dem i/s-Diagramm entnommen werden, ferner für $\tau_1 = 0{,}7$, $\tau_2 = 0{,}8$, $\tau_3 = 0{,}9$ und $\vartheta_1 = 13$, $\vartheta_2 = 12$ $\vartheta_3 = 9$ erhält man:

$$D_1 = 770 \text{ mm}, \quad D_3 = 1200 \text{ mm}.$$

Es ist also ersichtlich, daß sich durch Verwendung der spezifischen Größen die Berechnung überaus einfach gestaltet.[1])

Die Curtisstufe wird durch die Drosselung fast gar nicht beeinflußt, H_0' bleibt bei allen Belastungen unveränderlich. Nur das Gefälle der letzten Abstufung der Parsonstrommel wird durch die Regelung herabgesetzt. In der 1. und 2. Abstufung bleiben hingegen u/c_1 und mithin η_i und σ bzw. K sogar für ¼ Last ungefähr gleich. Das Gesetz, wonach bei reiner Drosselregelung der Druck von den Düsen der Dampfmenge proportional ist, wird durch die Versuche sehr gut bestätigt. Vergleicht man die Verhältnisse für Normallast und Halblast, so erhält man

$$\frac{p_1}{p_1'} = \frac{11{,}12}{6{,}40} = 1.74, \quad \frac{G}{G'} = \frac{14199{,}3}{7985{,}5} = 1{,}78, \text{ also ist } \frac{p_1}{p_1'} \backsim \frac{G}{G'}.$$

Sobald Zusatzdüsen geöffnet werden, wie beim Versuch mit Überlastung, gilt die Proportionalität nicht mehr.

Mit einer Curtisturbine mit zwei Geschwindigkeitsstufen hätte man einen günstigeren Wirkungsgrad erzielen können. Mit einer Drehzahl $n = 3000$, einem Durchmesser des Curtisrades von 1000 mm, mithin einer Umfangsgeschwindigkeit $u = 157$ m/sek hätte man für den Hochdruckteil mit $u/c_1 = 0{,}20$, $\sigma = 320$ ein Gefälle erhalten

$$H_0' = \frac{157^2}{320} = 77 \text{ Kal.}$$

Man hätte in diesem Falle mit nur zwei Geschwindigkeitsstufen und einem wesentlich kleineren Durchmesser ungefähr dasselbe verfügbare Gefälle im Hochdruckteil ausgenützt, wobei der Wirkungsgrad günstig beeinflußt worden wäre.

[1]) In der Z. f. d. ges. Turb. 1912 gibt auch Kriegbaum eine vereinfachte Berechnung der Parsonsturbinen an.

III. Teil.

Turbokompressoren.

Der Prozeß im Turbokompressor kann vom Standpunkte der Thermodynamik als die Umkehrung des Vorganges in der Turbine angesehen werden. Die bei Besprechung der Dampfturbinen gewonnenen Beziehungen können daher sinngemäß auf den Turbokompressor angewendet werden. Das Wesen der Arbeitsübertragung besteht darin, daß mit Hilfe einer Antriebsmaschine (Dampfturbine, Elektromotor) ein Laufrad in Umdrehung versetzt wird, wodurch das elastische Medium (Luft, Gas oder Dampf) auf höheren Druck gebracht wird. Der Vorläufer des Turbokompressors ist der Ventilator, der sich vom Kompressor dadurch unterscheidet, daß er nur geringe Druckunterschiede erzeugt, ja mitunter nur die Aufgabe hat, eine Förderung der elastischen Flüssigkeit zu bewirken. Während Ventilatoren, namentlich in Grubenbetrieben, schon seit langer Zeit in Verwendung stehen, sind Turbokompressoren erst in den letzten Jahrzehnten entstanden; denn die Erzeugung hoher Drücke mit Hilfe einer drehenden Bewegung konnte erst zu einer Zeit in erfolgreicher Weise aufgenommen werden, in der man die Schwierigkeiten des Betriebes mit hohen Drehzahlen zu bewältigen in der Lage war. In baulicher Hinsicht erinnert der Turbokompressor sehr an die Kreiselpumpe. Auch im Turbokompressorenbau erreicht man die höheren Drücke durch Hintereinanderschalten mehrerer Räder. Diese Bauart rührt von Rateau her.

Der Prozeß im Turbokompressor ist ein Strömungsvorgang mit Arbeitszufuhr von außen. Dadurch unterscheidet er sich wesentlich von dem im Kolbenkompressor. Die für diesen gültigen thermodynamischen Beziehungen können daher, sofern sie sich auf die Ermittelung des wirklichen Arbeitsbedarfes beziehen, für den Turbokompressor nicht verwendet werden. Insbesondere hat die graphische Darstellung der Zustandsänderung des Turbokompressors eine ganz andere thermodynamische Bedeutung als diejenige des Kolbengebläses. Während beim Kolbenkompressor der Verlauf der Zustandsänderung hauptsächlich durch den Wärmeaustausch mit den Wandungen bedingt ist, spielen beim Turbokompressor die durch die hohe Strömungsgeschwindigkeit erzeugten

Reibungswiderstände die entscheidende Rolle. Die Kompression ist daher ein nichtumkehrbarer Vorgang, die Entropie nimmt während des Prozesses zu.

Verfolgt man die Zustandsänderung im p/v-Diagramm für einen ungekühlten Turbokompressor (Fig. 58), so verläuft diese in mehr oder weniger unstetiger Weise unter innerer Wärmezufuhr längs A_1A_2, wobei der Druck von p_1 auf p_2 erhöht wird. Würden hingegen keine Widerstände auftreten, so müßte die Kompression, da vom Wärmeaustausch mit der Umgebung zunächst abgesehen werden kann, längs der Adiabate $A_1 A_2'$ verlaufen. Auf Grund der aufgestellten Lehrsätze für die Strömungsvorgänge läßt sich von vornherein feststellen: Fläche $A_1 A_2 B_2 B_1$ stellt nicht die Arbeit dar,

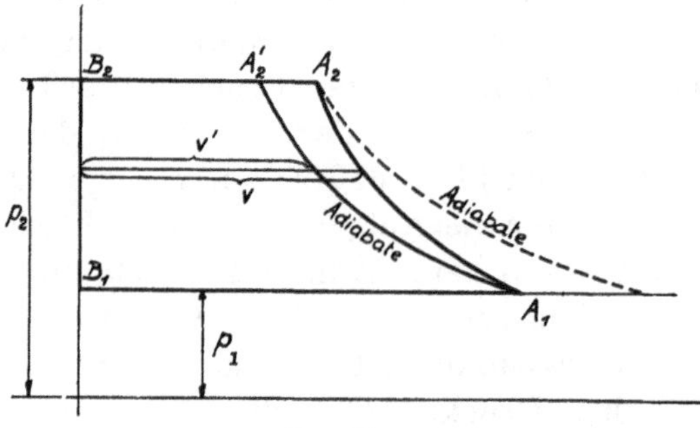

Fig. 58.

und zwar weder die wirkliche noch eine »theoretische«. Zur näheren Einsicht gelangt man durch Heranziehung der thermodynamischen Grundgleichungen, wobei es jedoch nicht gleichgültig ist, ob der Kompressor gekühlt ist oder nicht.

a) Bewertung des ungekühlten Kompressors.

Die Nichtumkehrbarkeit des Prozesses erhellt aus einer ganz einfachen Überlegung. Ließe man das auf den Druck p_2 zusammengepreßte Gas expandieren, so könnte die Expansion keinesfalls längs A_2A_1 verlaufen; denn hierzu müßte dem Gase während der Ausdehnung Wärme von außen entzogen werden, wodurch am Schlusse nicht mehr für alle am Prozesse beteiligten Körper der Anfangszustand wiederhergestellt wäre. Schaltet man aber zunächst die Mitwirkung eines weiteren Körpers (Umgebung, Kühlwasser) aus, so kann die Expansion bestenfalls längs der durch A_2 gelegten Adiabate (in der Figur gestrichelt) verlaufen, so daß bei Erreichung des Druckes p_1

der Anfangswert des spezifischen Volumens nicht wieder erreicht werden kann. Trotzdem kann auch für den Turbokompressor der Arbeitsbedarf in einfacher Weise berechnet werden, indem man die Grundgleichung (V) heranzieht, wobei man nur die Leistung L mit dem negativen Vorzeichen zu versehen hat. Bedenkt man, daß ebenso wie bei der Dampfturbine die Bewegungsenergie des Gases im Eintritts-, bzw. Austrittsstutzen gering ist, so erhält man[1]):

$$A L = i_2 - i_1 \quad \text{. . . . . (1),}$$

wobei der Einfluß der Wärmestrahlung der Einfachheit halber nicht berücksichtigt ist. Die erforderliche Arbeit in Kalorien ergibt sich somit aus dem Unterschiede der Wärmeinhalte am Ende und am Anfang des Prozesses. Wie schon im ersten Teil dargelegt wurde, bezeichnet man die Differenz der Wärmeinhalte als das Wärmegefälle. Es ist:

$$i_2 - i_1 = H$$

$$A L = H \quad \text{. . . . (2),}$$

d. h. die erforderliche Arbeit für die Kompression von 1 kg Gas ist gleich dem mechanischen Äquivalent des Wärmegefälles. In einfachster Weise lassen sich die Verhältnisse auch in diesem Falle mit Hilfe des Mollierschen i/s-Diagrammes übersehen. Die Bezeichnungen in Fig. 59 sind analog denjenigen im Arbeitsdiagramm gewählt, und man ersieht, daß sich die Größe H durch die Strecke $A_1 X$ darstellen läßt. Der Endpunkt des Prozesses ist gegenüber dem Anfangspunkt durch einen höheren Wert der Entropie ausgezeichnet. Vor allem aber ersieht man, daß der Verlauf der Zustandskurve $A_1 A_2$ für die Größe des Arbeitsbedarfes vollkommen belanglos ist, ein Umstand, der nicht genug betont werden kann; denn darin liegt der Grund, daß die Fläche $A_1 A_2 B_2 B_1$ im p/v-Diagramm keine thermodynamische Bedeutung hat. Würde der Vorgang verlustfrei verlaufen können, so müßte während des ganzen Prozesses die Entropie denselben unveränderten Wert annehmen, d. h. die Zustandsänderung müßte adiabatisch verlaufen. Aus diesem Grunde kann als Vergleichskurve für den

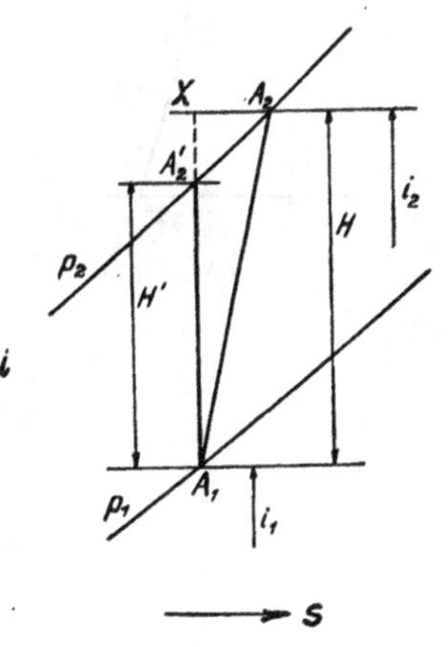

Fig. 59.

[1]) Natürlich entspricht L der »technischen Arbeit« L_t.

ungekühlten Kompressor nur die Adiabate in Frage kommen. Den Arbeitsbedarf des wirklichen Prozesses mit dem der adiabatischen Kompression zu vergleichen, ist somit keineswegs willkürlich; vielmehr ist dies eine Folge des zweiten Hauptsatzes der Thermodynamik, des Entropiesatzes.

Die für adiabatische Kompression erforderliche Arbeit L' berechnet sich aus:

$$A L' = i_2' - i_1 = H' \quad . \quad . \quad . \quad . \quad . \quad . \quad . \quad (3),$$

die sich ebenfalls im i/s-Diagramm in einfachster Weise als Strecke $A_1 A_2'$ ergibt. Für den thermodynamischen Wirkungsgrad des ungekühlten Turbokompressors erhält man:

$$\eta_{th} = \frac{L'}{L} = \frac{H'}{H} \quad . \quad . \quad . \quad (4).$$

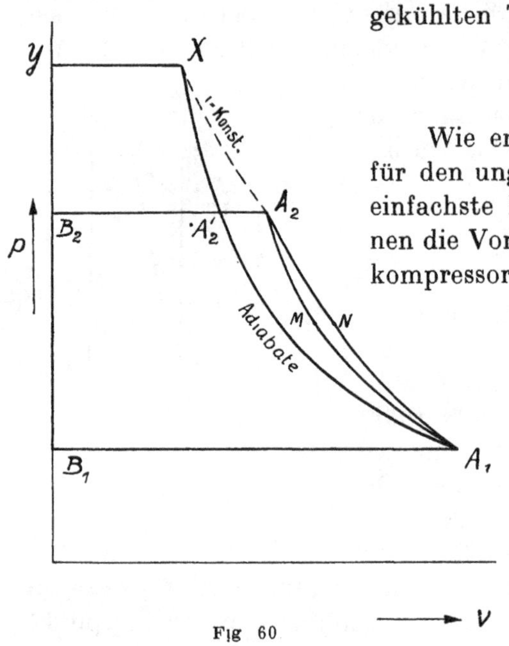

Fig 60

Wie ersichtlich, ist das i/s-Diagramm für den ungekühlten Turbokompressor die einfachste Darstellungsart. Dagegen können die Vorgänge für den gekühlten Turbokompressor, der später behandelt werden soll, nicht in ebenso übersichtlicher Weise im i/s-Diagramm dargestellt werden. Aus diesem Grunde erscheint es berechtigt, für die Beurteilung des Prozesses gegebenenfalls auch das p/v-Diagramm zu verwenden. In der Tat können gegen dessen Anwendung keine Bedenken erhoben werden, wenn man sich vergegenwärtigt, daß man im p/v-Diagramm nur auf indirektem Wege die Arbeit darstellen kann. Der Vorteil der Entropiediagramme besteht aber darin, daß der nichtumkehrbare Charakter der Prozesse deutlicher zum Ausdruck kommt, wodurch Fehler in der Bewertung von selbst vermieden werden, ferner daß man über die Temperaturen im Verlaufe des Vorganges Aufschluß erhält.

Wir beschäftigen uns zuerst mit der Beurteilung des ungekühlten Turbokompressors auf Grund des p/v-Diagramms. Zu diesem Zwecke muß man[1]) die Hilfskonstruktion durchführen, die in allgemeiner

[1]) Vgl. Schüle, Z. d. Ver. d. Ing. 1907, S. 1669. — Z. rkowitz, Z. f. d. ges. Turb. 1908, H. 20 bis 23, 1911, H. 34 bis 36.

Weise bereits im ersten Teil entwickelt wurde. Am einfachsten gestaltet sie sich, wenn man die Adiabate $A_1 A_2'$ bis zum Schnitt mit der durch A_2 gelegten Kurve konstanten Wärmeinhaltes verlängert (Fig. 60). Die Fläche $A_1 X Y B_1$ entspricht dann der erforderlichen Arbeit L. Selbstverständlich könnte man ebensogut auch durch A_2 eine Adiabate hindurchlegen und die beiden Adiabaten mit einer beliebigen Kurve konstanten Wärmeinhaltes zum Schnitt bringen; aber alle anderen Annahmen gestalten sich weniger übersichtlich.

Für vollkommene Gase kann der Beweis für die Richtigkeit des Verfahrens auch auf direktem Wege erbracht werden. Es ist

$$A L = i_2 - i_1 = A \frac{\varkappa}{\varkappa - 1} (p_2 v_2 - p_1 v_1) = c_p (T_2 - T_1) \quad (1\,\mathrm{a})$$

$$A L' = i_2' - i_1 = A \frac{\varkappa}{\varkappa - 1} (p_2 v_2' - p_1 v_1) = c_p (T_2' - T_1) \quad (3\,\mathrm{a}).$$

Dabei beziehen sich v_2 und T_2 auf den Endzustand der wirklichen Kompression A_2, dagegen v_2' und T_2' auf den Endzustand der ideellen, adiabatischen Zustandsänderung A_2'. Dem Punkte X mögen der Druck p_x, das spezifische Volumen v_x und die Temperatur T_x entsprechen, wobei wegen $i_2 =$ konst. für Gase $T_x = T_2$ ist. Man kann, da $p_2 v_2 = p_x v_x$ ist, statt (1a) schreiben:

$$A L = i_2 - i_1 = A \frac{\varkappa}{\varkappa - 1} (p_x v_x - p_1 v_1) = c_p (T_x - T_1).$$

Die geometrische Deutung dieser Beziehung besagt, daß der Ausdruck $i_2 - i_1$ derjenigen Fläche entspricht, welche die Adiabate mit der Ordinatenachse einschließt, also $A_1 X Y B_1$.

Auf einen weiteren Umstand möge an dieser Stelle hingewiesen werden. Sehr häufig ist in der Literatur davon die Rede, daß die wirkliche Zustandsänderung »polytropisch« verläuft. Nun ist dies eine Einschränkung, die thermodynamisch nicht begründet ist; denn die Polytrope entspricht nach Zeuner derjenigen Zustandskurve, bei der die zugeführte Wärme stets der erzielten Temperaturänderung proportional ist. In diesem Falle müßte $d W = c\, d\, T$ sein, wobei W die in Wärme umgesetzte Reibungsarbeit bedeutet, während sich c nach Gleichung (XXX) berechnet. Hierfür müßte aber der prozentuelle Anteil der Widerstände in jedem Teile des Vorganges denselben unveränderlichen Wert annehmen. Nun lehrt schon die Darstellung der Vorgänge im i/s-Diagramm, daß der Verlauf der Zustandskurve gleichgültig ist, da es nur auf den Anfangs- und Endwert des Wärmeinhaltes ankommt. Es ist für den Arbeitsbedarf durchaus belanglos, ob (vgl. Fig. 61) die Kompressionslinie etwa längs $A_1 M A_2$ oder längs $A_1 N A_2$ verläuft. Es liegt im Wesen des Arbeitsvorganges der Turbomaschinen begründet, daß — so lange kein nennenswerter Wärmeaustausch mit der Umgebung erfolgt — nur Gefällsgrößen thermodynamisch von Belang sind. So ist die Fläche $A_1 A_2 B_2 B_1$ im p/v-Diagramm für die Beurteilung des Vorganges ohne Bedeutung, weil sie nicht einem »Wärmegefälle« entspricht. Dasselbe gilt folgerichtig für den Wirkungsgrad bezogen auf die wirkliche Kompression, der zuweilen angeführt wird.

Um den inneren Zusammenhang der Vorgänge noch klarer zu erkennen, mögen diese auch an Hand des T/S-Diagrammes (Fig. 62) besprochen werden. Wie im I. Teil bereits dargelegt wurde, kann übrigens das T/S-

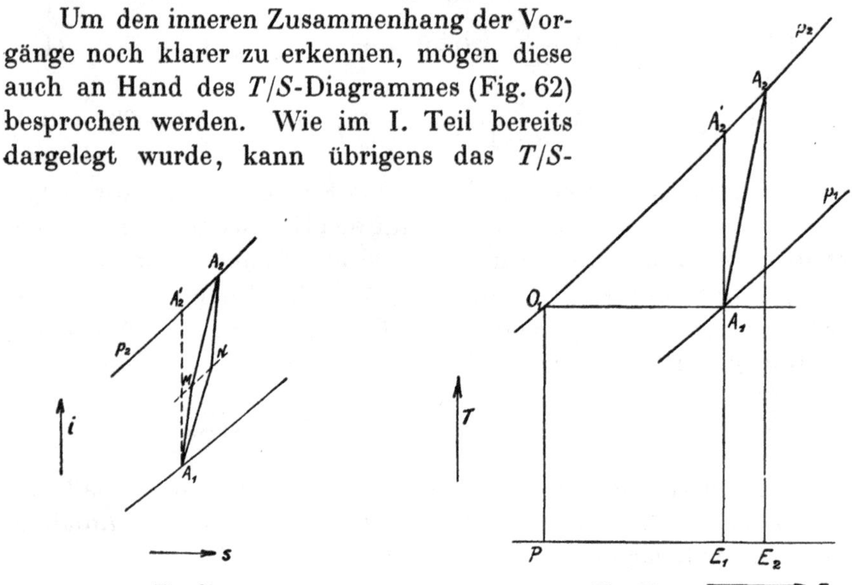

Fig. 61. Fig. 62.

Diagramm für Gase zugleich als i/s-Diagramm benützt werden, so lange man mit konstanter spezifischer Wärme rechnen darf.

Im T/S-Diagramm (Fig. 62) entspricht AL' der Fläche $E_1 A_2' O_1 P$, dagegen AL der Fläche $E_2 A_2 O_1 P$. Die Widerstandsarbeit im Wärmemaße ergibt sich als Fläche $A_1 A_2 E_2 E_1$, sie ist mithin geringer als der Energieverlust im Wärmemaße (Gefällsverlust), welcher der Fläche $E_1 A_2' A_2 E_2$ entspricht. Der Unterschied wird durch die Fläche $A_1 A_2' A_2$ dargestellt. Analog der »rückgewinnbaren Reibungswärme« bei der Dampfturbine, ergibt sich beim Turbokompressor ein »zusätzlicher Wärmeverlust«.

Auf rechnerischem Wege gelangt man zu denselben Ergebnissen mit Hilfe der Grundgleichung VI, die für den ungekühlten Kompressor lautet:

$$dW = di - Avdp \quad \ldots\ldots\ldots (5).$$

Durch Integration ergibt sich:

$$W = i_2 - i_1 - A\int_1^2 vdp \quad \ldots\ldots (5a).$$

Infolge der Gleichung (1) wird:

$$AL = W + A\int_1^2 vdp \quad \ldots\ldots\ldots (6).$$

oder

$$L = \mathfrak{R} + \int_1^2 vdp \quad \ldots\ldots\ldots (6a),$$

wobei $A\,\mathfrak{R} = W$ ist.

Dem Ausdruck $\int_1^2 vdp$ entspricht die Fläche $A_1 A_2 B_2 B_1$ im p/v-Diagramm. Es wäre dies gewissermaßen diejenige Arbeit, die für eine verlustfreie Kompression längs der Zustandsänderung $A_1 A_2$ erforderlich wäre. In Wirklichkeit wird aber der Verlauf der wirklichen Zustandskurve $A_1 A_2$ durch die in Wärme umgesetzte Widerstandsarbeit beeinflußt, so daß eine verlustfreie Kompression längs $A_1 A_2$ ohne äußere Wärmezufuhr physikalisch unmöglich ist.

Führt man dagegen die Integration der Gleichung (5) für die ideelle, adiabatische Zustandsänderung durch, so erhält man mit $W = 0$:

$$0 = i_2' - i_1 - A\int_1^2 v'dp \quad \ldots\ldots\ldots (5b)$$

und mit Gleichung (3)

$$L' = \int_1^2 v'dp \quad \ldots\ldots\ldots\ldots (7).$$

$\int_1^2 v'dp$ entspricht hierbei der Fläche $A_1\,A_2'\,B_2\,B_1$ im p/v-Diagramm.

Die Größe

$$i_2 - i_2' = H_v$$

ist der Gefällsverlust, verursacht durch die Widerstände.

$$H_v = i_2 - i_2' = W + A\int_1^2 vdp - A\int_1^2 v'dp = W + A\int_1^2 (v - v')\,dp$$

$$= W + A\,\Delta L \quad \ldots\ldots\ldots\ldots (8).$$

Der Gefällsverlust ist somit um $A\,\Delta L$ größer als die durch die Widerstände erzeugte Wärmemenge.

Von den beiden Größen W und $A\,\Delta\,L$ ist erstere die weitaus überwiegende; aus diesem Grunde ist der Fehler, den man begeht, wenn man die Fläche $A_1 A_2 B_2 B_1$ als Maß für die Arbeit ansieht, beträchtlich.

Beispiel. Zum Zwecke des Vergleiches denken wir uns die wirkliche Zustandskurve durch eine »mittlere Polytrope« mit dem Exponenten $n = 1{,}55$ ersetzt. Dann ist Fläche

$$A_1 A_2 B_2 B_1 = \frac{n}{n-1}(p_2 v_2 - p_1 v_1) = \int v\,dp.$$

Dagegen ist

$$L = \frac{\varkappa}{\varkappa - 1}(p_2 v_2 - p_1 v_1),$$

daher

$$L : \int v\,dp = \frac{\varkappa}{\varkappa - 1} : \frac{n}{n-1} = 3{,}5 : 2{,}82.$$

Wenn man also die Fläche $A_1 A_2 B_2 B_1 = \int v\,dp$ als Maß für die Arbeit anspricht, so hat man diese um ca. 24% zu niedrig eingeschätzt. Die Abweichung ist unabhängig davon, wie hoch die Drücke angenommen werden. Aus diesem Grunde wird der Fehler prozentuell ebenso groß für den Ventilator wie für den Hochdruckkompressor.

b) Die Arbeitsübertragung im Turbokompressor.

Die Hauptgleichung läßt sich in analoger Weise aufstellen wie für die Dampfturbine. Maßgebend ist die Reaktion, also die Trägheitskraft, die man sich entgegengesetzt der auftretenden Beschleunigung im Sinne des Prinzipes von d'Alembert angebracht denken kann, und zwar ist für die Arbeitsübertragung die Umfangskomponente der Reaktion in die Rechnung einzuführen. In Fig. 63 ist die Laufradschaufel eines Radialkompressors in der Art, wie sie bei den zuerst von Rateau vorgeschlagenen Konstruktionen angewendet wird, dargestellt. Man benutzt aus später zu erörternden Gründen bei Hochdruckkompressoren in der Regel rückgekrümmte Schaufeln, manchmal wählt man wegen der billigen Herstellung gerade Profile. Der Turbokompressor ist als Umkehrung der Überdruckturbine aufzufassen, er arbeitet daher mit voller Beaufschlagung. Verfolgt man die relative Bewegung eines mittleren Stromfadens, so tritt eine Beschleunigung b auf, die man sich in eine (zur Bahn) tangentiale Komponente b_t und in eine normale b_n zerlegt denken kann; bei geradliniger Bahn wird $b_n = 0$.

Ebenso lassen sich die Vorgänge mit Hilfe der absoluten Bahn verfolgen; die auftretende Beschleunigung b' kann ebenfalls in eine zur Bahn tangentiale b_t' und in eine normale b_n' zerlegt werden. Die

Umfangskomponente der absoluten Beschleunigung b' werde mit b_u' bezeichnet; die Reaktion des Luftteilchens auf die Schaufel in der Drehrichtung beträgt $dm b_u'$, wenn dm die Masse des Luftteilchens bedeutet. Wenn man die absolute Beschleunigung b' aus der relativen b ermitteln will, so muß man den Satz von Coriolis anwenden, d. h. man muß die Relativbeschleunigung mit der Systembeschleunigung ($b_s = r \omega^2$) und der Zusatzbeschleunigung ($b_z = 2 w \omega$) zusammensetzen[1]).

Indessen erhält man die Hauptgleichung für die Arbeitsübertragung einfacher durch Anwendung des Flächensatzes. Ein Luftteilchen von

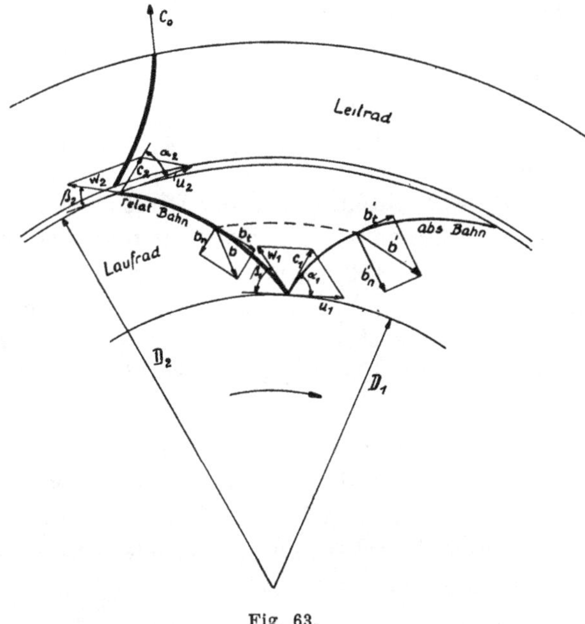

Fig. 63.

der Masse dm tritt mit der absoluten Geschwindigkeit c_1 in das Laufrad und verläßt es mit der absoluten Geschwindigkeit c_2. Auf Grund einer ähnlichen Überlegung wie bei der Dampfturbine (vgl. IIb) erhält man für das Drehmoment, wenn M die in der Zeiteinheit durchströmende Masse, B das Moment der Bewegungsgröße ist:

$$\mathfrak{M} = \frac{dB}{dt} = M\,(c_2 r_2 \cos \alpha_2 - c_1 r_1 \cos \alpha_1) \quad . \quad . \quad . \quad (9).$$

[1]) Vgl. auch Ostertag »Theorie und Konstruktion der Kolben- und Turbokompressoren«, Berlin 1911.

Daraus ergibt sich die Leistung durch Multiplikation von $\mathfrak{M}$ mit der Winkelgeschwindigkeit ω:

$$L = \mathfrak{M}\,\omega = M\,(u_2\,c_2 \cos \alpha_2 - u_1\,c_1 \cos \alpha_1) \quad . \quad . \quad . \quad (10)$$

oder auch

$$L = M\,(u_2\,c_{2u} - u_1\,c_{1u}) \quad . \quad . \quad . \quad . \quad . \quad (10\text{a}),$$

c_{1u} und c_{2u} bedeuten die Umfangskomponenten der absoluten Geschwindigkeiten.

Diese Leistung wird von außen aufgewendet, um das Kreiselrad in Drehung zu versetzen. Sie trägt allen Verlusten im Innern der Maschine Rechnung; nur die äußeren mechanischen Verluste, verursacht durch Reibung in den Lagern, Stopfbüchsen usw., berücksichtigt sie nicht. In der Regel pflegt man die Gleichung, ebenso wie bei der Turbine, auf 1 kg/sek zu beziehen. Man erhält dadurch:

$$L = \mathfrak{H} = \frac{1}{g}\,(u_2\,c_2 \cos \alpha_2 - u_1\,c_1 \cos \alpha_1) \quad . \quad . \quad (10\text{b}).$$

Dabei ist aber zu beachten, daß L der Dimension nach nicht eine Leistung, sondern eine Länge ist, und zwar, wie man sich in der Theorie der Turbogeneratoren (Kreiselpumpen, Gebläse usw.) auszudrücken pflegt, eine Druckhöhe. Wir setzen daher für diesen Fall $L = \mathfrak{H}$ und verstehen unter $\mathfrak{H}$ die theoretische Druckhöhe (in m Luftsäule). Die wirklich erreichte Druckhöhe ist im Hinblicke auf die Verluste naturgemäß geringer.

Eine weitere Beziehung erhält man mit Hülfe des Energieprinzipes. Die dem Laufrad zugeführte Arbeit wird verwendet, um erstens die kinetische Energie der Luft zu erhöhen und zweitens schon im Laufrad eine Druckerhöhung zu bewirken, also Kompressionsarbeit zu leisten. Somit ist:

$$L = \frac{u_2\,c_2 \cos \alpha_2 - u_1\,c_1 \cos \alpha_1}{g} = \frac{c_2^2 - c_1^2}{2\,g} + L_1 \quad . \quad . \quad (11).$$

Darin bedeutet L_1 die Kompressionsarbeit im Laufrad; in diesem wird die Pressung von p_1 auf p erhöht. Die das Laufrad mit der absoluten Geschwindigkeit c_2 und dem Drucke p verlassende Luft kann im Diffusor (bzw. Leitapparat) auf den höheren Druck p_2 gebracht werden, wobei die Kompressionsarbeit L_2 auf Kosten der kinetischen Energie geleistet wird. Wenn die Luft den Diffusor mit der Geschwindigkeit c_d verläßt, so ist

$$\frac{c_2^2 - c_d^2}{2\,g} = L_2 \quad . \quad . \quad . \quad . \quad . \quad . \quad . \quad . \quad (12).$$

In der Literatur wird bei der Berechnung der Kompressionsarbeit sehr häufig die Veränderlichkeit des spezifischen Volumens vernachlässigt. Es ist dies eine Näherung, die bei Niederdruckgebläsen zulässig ist, einen genauen Einblick in die Vorgänge jedoch nicht ermöglicht. Wir wollen uns vielmehr den Prozeß an Hand des i/s-Diagrammes (Fig. 64) veranschaulichen; der Begriff des Wärmeinhaltes ermöglicht auch hier, die Veränderlichkeit des spezifischen Volumens in einfachster Weise zu berücksichtigen. Im Laufrad wird der Druck von p_1 auf p erhöht; die Kompression verläuft in nichtumkehrbarer Weise unter Entropievermehrung längs A_1A. Dabei wird der Wärmeinhalt von i_1 auf i erhöht, und es ist:

$$A L_1 = H_1 = i - i_1 \quad . \quad (13).$$

Im Leitrad (Diffusor) findet eine weitere Kompression vom Drucke p bis zum Drucke p_2 gleichfalls in nichtumkehrbarer Art längs $A\,A_2$ statt. Der Wärmeinhalt wird von i auf i_2 erhöht, und es ist

$$A L_2 = H_2 = i_2 - i \quad . \quad (14).$$

Im ganzen wird in der Stufe des Kompressors der Druck von p_1 auf p_2 und der Wärmeinhalt von i_1 auf i_2 erhöht.

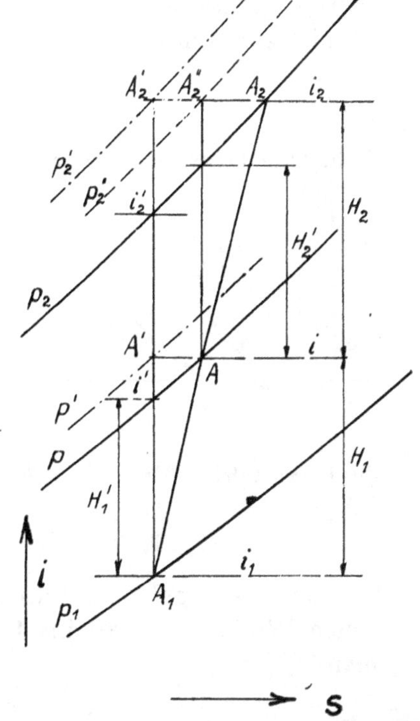

Fig. 64.

Es möge schon an dieser Stelle bemerkt werden, daß die Verluste im Diffusor viel beträchtlicher sind als die im Laufrad. Um die Arbeit L_2 herabzusetzen, wählt man rückgekrümmte Schaufeln im Laufrad. Führt man zunächst in (11) die Beziehungen ein:

$$c_1^2 = u_1^2 + w_1^2 - 2\,u_1\,w_1 \cos\beta_1$$
$$c_2^2 = u_2^2 + w_2^2 - 2\,u_2\,w_2 \cos\beta_2$$

so erhält man unter gleichzeitiger Benützung von (13) für das Laufrad:

$$A\,\frac{u_2^2 - u_1^2}{2\,g} - A\,\frac{w_2^2 - w_1^2}{2\,g} = i - i_1 \quad . \quad . \quad . \quad . \quad (15).$$

Da die Relativgeschwindigkeit im Laufrad der radialen Turbokompressoren sich in der Regel nicht stark ändert, so ersieht man aus (15), daß die Kompression im Laufrad zum großen Teil durch das sog. »Fliehkraftglied«, das die Erhöhung der Umfangsgeschwindigkeit berücksichtigt, hervorgerufen wird.

Ganz anders verhalten sich in dieser Hinsicht die Achsialkompressoren. Läßt man z. B. die Trommel einer Parsonsturbine in umgekehrter Richtung rotieren (Fig. 65), so erhält man eine Luftförderung parallel zur Achse. Hier gilt für das Laufrad:

$$A \frac{w_1^2 - w_2^2}{2g} = i - i_1,$$

d. h. eine Druckerhöhung im Laufrad kann nur dann erfolgen, wenn die Relativgeschwindigkeit herabgesetzt wird. In diesem Fall liegt also reine Umsetzung von Geschwindigkeit in Druck vor. Aus diesem Grunde erreicht man in einer Stufe des Achsialgebläses eine geringere Pressung als beim Radialgebläse. Für den Achsialkompressor erhält man aus (10), bzw. (10b), wenn man hierbei $u_1 = u_2 = u$ setzt:

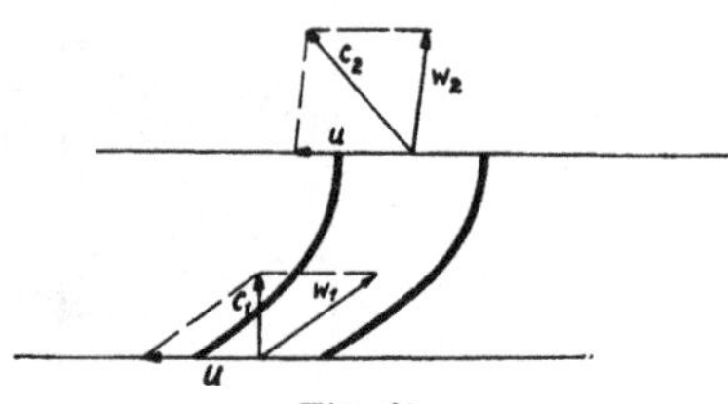

Fig. 65.

$$\mathfrak{H} = \frac{u}{g} (c_2 \cos \alpha_2 - c_1 \cos \alpha_1).$$

Bei Radialgebläsen tritt häufig der Fall ein, daß die Luft unter einem Winkel $\alpha_1 \sim 90^0$ ins Laufrad gelangt. In diesem Falle erhält man:

$$\mathfrak{H} \sim \frac{u_2 c_2 \cos \alpha_2}{g} \quad . \quad . \quad . \quad . \quad . \quad . \quad (10c)$$

als vereinfachte Formel für die Druckhöhe. Man wird mit einer ungefähr radialen Zuströmungsgeschwindigkeit in denjenigen Fällen rechnen können, in denen Leitschaufeln vor dem Eintritte nicht vorgesehen sind. Wenn aber c_1 nicht radial gerichtet ist, so pflegt man mitunter anzunehmen, daß die Ablenkung aus der radialen Richtung einen Stoßverlust verursacht und benützt die Borda-Carnotsche Gleichung. Inwieweit diese Annahme berechtigt ist, entzieht sich theoretischen Erwägungen; experimentelle Untersuchungen wären diesbezüglich in hohem Maße erwünscht. Einige Firmen, wie z. B. Escher, Wyß & Co. in Zürich, ordnen selbst vor der ersten Stufe ihrer radialen Turbokompressoren Leitschaufeln an, um die zuströmende Luft derart abzulenken, daß der Übertritt vom Saugrohr in das Laufrad möglichst stoßfrei erfolgt. Aus diesen und anderen Gründen läßt die Übereinstimmung der »theoretischen« und der wirklichen Druckhöhe mitunter zu wünschen übrig. Die Lauf- und Leitkanäle sind nämlich beim Turbogebläse verhältnismäßig groß, daher kann die Theorie des sog. »mittleren Stromfadens« nur als rohe Näherung bezeichnet werden. Bei geringer Schaufelzahl ist es überdies fraglich, ob die von den einzelnen Luftteilchen zurückgelegten Wege tatsächlich kongruent sind. Hierzu kommt noch der bereits von Pfarr für die Wasserturbine und von Neumann für die Zentrifugalpumpe hervorgehobene Umstand, daß die Durchmesser der Konstruktion nicht mit den »wirksamen« Durchmessern identisch sind. Als wirksame Durchmesser sind (vgl. Fig. 66) D_{1w} und D_{2w} anzusehen; dadurch wird der Einfluß des Fliehkraftgliedes herabgesetzt oder, mit anderen Worten, die nach Gleichung (10c) ermittelte »theoretische Druckhöhe« ist zu groß. Es fehlt aber bis heute ein Ansatz, der alle diese Umstände in befriedigender Weise berücksichtigt. Schließlich kommt noch ein weiterer Vorgang in Betracht, der bereits bei der Dampfturbine als wichtig anerkannt werden mußte: der durch die Spalte hervorgerufene Undichtheitsverlust, bzw. die Mischungsvorgänge.

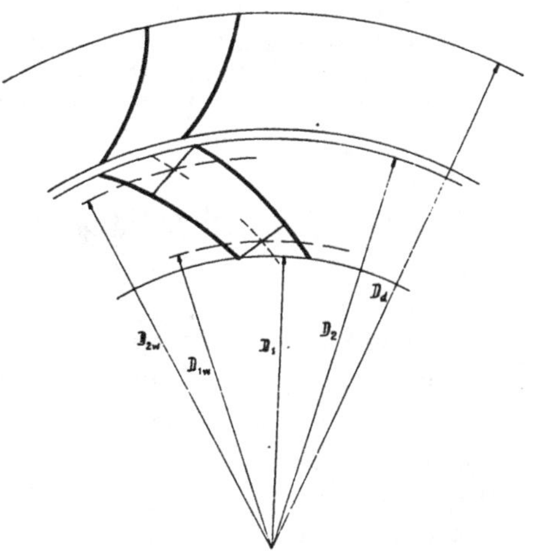
Fig. 66.

Beispiel für die theoretische Druckhöhe. Das Laufrad eines Turbokompressors habe einen inneren Durchmesser $D_1 = 400$ mm und einen äußeren Durchmesser $D_2 = 800$ mm. Die Drehzahl betrage 3000.

1. Es möge zunächst $\beta_2 = 90^0$ angenommen werden. In diesem Falle ist $c_2 \cos \alpha_2 = u_2$ und $\mathfrak{H} = u_2^2/g$. Da $u_2 \backsim 125$ m/sek, so wird $\mathfrak{H} \backsim 1600$ m (Luftsäule). Bei Hochdruckkompressoren pflegt man mitunter das erzielte Wärmegefälle anzugeben. Es ist $H = A\,\mathfrak{H} \backsim 3{,}73$ Kal.

2. Wird die Schaufel vorgekrümmt gewählt, z. B. mit einem Winkel $\beta_2 = 135^0$, so erreicht man eine größere Druckhöhe. Es möge angenommen werden, daß hierbei $w_2 = w_1$ sei, was sich durch entsprechende Wahl der Schaufelbreite erreichen läßt. Bei radialem Eintritt ($\alpha_1 = 90^0$) erhält man mit $u_1 = 62{,}5$, $c_1 = 30$ die Relativgeschwindigkeit $w_1 = 69{,}3$ m/sek. Man erhält damit $\mathfrak{H} \backsim 2200$ m bzw. $H \backsim 5{,}1$ Kal.

3. Die Schaufel möge wie bei den meisten Ausführungen rückgekrümmt angenommen werden. Mit $\beta_2 = 45^0$ und $w_1 = w_2$ ergibt sich $\mathfrak{H} \sim 965$ m bzw. $H \sim 2{,}26$ Kal. Man erhält somit in diesem Falle eine geringe Druckhöhe. Wählt man aber $w_2 < w_1$, z. B. $w_2 = 25$ m/sek, so erhält man $\mathfrak{H} \sim 1370$ m, $H \sim 3{,}21$ Kal. Es empfiehlt sich, bei rückgekrümmten Schaufeln w_2 klein zu wählen.

Will man die Druckerhöhung berechnen, so müßte man sich bei verlustfreier Kompression der Gleichung $A \int v' \, dp = H'$ bedienen. Indem man für die Zustandsänderung die Adiabate annimmt, läßt sich der erzielte Enddruck berechnen. Da aber in einer Stufe das spezif. Volumen nahezu unveränderlich ist, so kann man die Druckerhöhung $\varDelta p$ einfacher ermitteln aus:

$$\varDelta p = \frac{\mathfrak{H}}{v} = \mathfrak{H} \gamma.$$

Ist z. B. das mittlere spezifische Volumen $v = 0{,}83$, so erhält man in unserem Beispiel im ersten Falle $\varDelta p = 1920$ kg/m^2 (entsprechend 0,192 Atm.). Bei vielstufigen Kompressoren muß die Abnahme des spezifischen Volumens in den aufeinanderfolgenden Stufen unbedingt berücksichtigt werden. Innerhalb einer Stufe kann aber die Druckerhöhung unter Annahme eines Mittelwertes für das spezifische Volumen berechnet werden.

c) Vorgänge im Lauf- und Leitrad.

1. Vorgänge im Laufrad.

Schon bei der Besprechung der Vorgänge an Hand der Fig. 64 wurde dargelegt, daß infolge der Widerstände im Lauf- und Leitrad der theoretische Enddruck nicht erreicht werden kann. Mit Hilfe der Gleichung (15) läßt sich der Endwert des Wärmeinhaltes für die Zustandsänderung im Laufrad leicht berechnen. Verliefe die Kompression adiabatisch, so würde man den Druck p' erreichen; in Wirklichkeit gelangt man aber nur bis zum Drucke p, wobei die nichtumkehrbare Kompression im Laufrad von p_1 bis p denselben Arbeitsaufwand benötigt wie die umkehrbare, adiabatische von p_1 bis p'. Könnte man vom Anfangsdrucke p_1 zum Enddruck p auf umkehrbarem Wege gelangen, so würde man hierfür einen geringeren Arbeitsaufwand benötigen, dessen Wärmeäquivalent H_1' ist, und zwar gilt:

$$H_1 = H_1' + H_{v1}$$

H_{v1} entspricht dem Verlust an Wärmegefälle im Laufrad. Aus (15) erhält man:

$$A \frac{w_1^2 - w_2^2}{2g} + A \frac{u_2^2 - u_1^2}{2g} = H_1 = H_1' + H_{v1} \quad . \quad (15a).$$

Das Verhältnis

$$\frac{H_1'}{H_1} = \frac{H_1 - H_{v1}}{H_1}$$

ist gewissermaßen als Wirkungsgrad des Laufrades anzusehen. Selbstverständlich tritt in Wirklichkeit immer ein Verlust auf, der durch die innere Reibung des Gases, sowie durch dessen Reibung an der Schaufeloberfläche hervorgerufen wird. Dazu kommen noch Wirbelungen und bei kleinen Fördermengen noch weitere wesentliche Verluste (Rückströmung usw.). Man kann alle Verluste in (15a) unter Einführung eines Koëffizienten ζ_1 in ähnlicher Weise berücksichtigen wie in der Hydraulik:

$$A\,\frac{w_1^2(1-\zeta_1)-w_2^2}{2g}+A\,\frac{u_2^2-u_1^2}{2g}=H_1' \quad . \quad . \quad (15\text{b}).$$

Für die Dimensionierung der Querschnitte dient die Stetigkeitsbedingung. Ist f_1 der Eintrittsquerschnitt des Laufrades (senkrecht zu w_1 gemessen), f_2 dessen Austrittsquerschnitt, so gilt, wenn G_{sk} das sekundlich durchströmende Luftgewicht in kg bedeutet:

$$G_{sk}=\frac{f_1 w_1}{v_1}=\frac{f_2 w_2}{v}.$$

Dabei ist v das spezifische Volumen beim Austritt aus dem Laufrad, also im Spalt, entsprechend dem Druck p.

Bezeichnet man mit b_1, bzw. b_2 die Schaufelbreiten am Ein-, bzw. Austritt, so ist:

$$f_1=\tau_1 D_1\pi b_1 \sin\beta_1,\quad f_2=\tau_2 D_2\pi b_2 \sin\beta_2.$$

τ_1 und τ_2 sind Koëffizienten, die der Verengung durch die Schaufeln Rechnung tragen. Es empfiehlt sich, bei der praktischen Berechnung die »wirksamen« Durchmesser als maßgebend anzusehen.

Beim Achsialgebläse muß $f_1 < f_2$ angenommen werden; indessen gibt es auch praktische Ausführungen, bei denen die Schaufeln sowohl im Lauf- als im Leitapparate geradlinig sind. Bei diesen findet die Verdichtung durch Stoß statt, die Luft wird durch die Schaufeln hindurchgepeitscht, wodurch natürlich die Wirtschaftlichkeit des Vorganges herabgesetzt wird[1]). Zu den Achsialgebläsen sind auch die Schraubenventilatoren zu rechnen, die sich für die Förderung großer Luftmengen empfehlen.

2. Vorgänge im Leitrad und im Diffusor.

Die aus dem Laufrad austretende Luft besitzt in der Regel eine hohe Austrittsgeschwindigkeit, die bei Turbokompressoren nicht

[1]) Vgl. Fürstenau, Z. d. Ver. d. Ing. 1907.
Langer, Z. f. d. ges. Turb. 1908.

benötigt wird. Man soll daher tunlichst die kinetische Energie in potentielle umsetzen. Zu diesem Zwecke dient entweder ein Leitrad oder ein Diffusor, die in ihrer Wirkungsweise nicht ganz gleichartig sind, wenn sie auch grundsätzlich denselben Zweck verfolgen.

Der Leitapparat wird hinter (außerhalb) dem Laufrade angeordnet. In den Zellen zwischen den Leitschaufeln wird die Geschwindigkeit der Luft herabgesetzt, wobei der Druck erhöht wird. Dabei müssen die Leitschaufeln am Eintritt derart gekrümmt sein, daß die aus dem Laufrad austretende Luft keine plötzliche Ablenkung erfährt, eine Forderung, die sich freilich nur für bestimmte Verhältnisse aufrechterhalten läßt. Schreibt man die Gleichung (12) in der Form:

$$A \frac{c_2^2 - c_d^2}{2g} = A L_2 = H_2 \quad \ldots\ldots \quad (16),$$

so läßt sich die Erhöhung des Wärmeinhaltes in einfacher Weise berechnen. Verfolgt man die Zustandsänderung im Leitrad mit Hilfe des i/s-Diagrammes (Fig. 64), so gelangt man von A nach A_2. Der Enddruck beträgt p_2, während man bei widerstandsfreier Kompression den Druck p_2'' erreichen würde. Um dagegen die Luft von p bis p_2 reibungsfrei zu komprimieren, wäre eine geringere Arbeit erforderlich, deren Äquivalent H_2' ist, wobei

$$H_2 = H_2' + H_{v2}.$$

ist. Der Ausdruck

$$\frac{H_2'}{H_2} = \frac{H_2 - H_{v2}}{H_2}$$

entspricht dem Wirkungsgrade des Leitapparates. Führt man den Verlustkoeffizienten des Leitrades ζ_2 ein, so erhält man:

$$A \frac{(1 - \zeta_2) c_2^2 - c_d^2}{2g} = H_2' \quad \ldots\ldots \quad (16a).$$

Bezeichnet man den Eintrittsquerschnitt des Leitapparates mit f, den Austrittsquerschnitt mit f_d, so gilt[1]):

$$G_{sk} = \frac{f c_2}{v} = \frac{f_d c_d}{v_2} \quad \ldots\ldots \quad (17).$$

In etwas anderer Art ist die Wirkungsweise des D i f f u s o r s zu berücksichtigen. Man versteht darunter einen Ringraum, der das Lauf-

[1]) Man beachte, daß bei dieser Bezeichnungsart v_2 nicht mit v verwechselt werden darf. p_2 und v_2 beziehen sich auf den Zustand hinter dem Leitapparate, also am Ende der Stufe.

rad von außen umgibt und seitlich durch Wandungen abgeschlossen wird, der jedoch keine Schaufeln enthält. Die Gleichungen (16) bzw. (16a) bestehen auch in diesem Falle, nicht aber (17). c_2 ist wiederum die Geschwindigkeit, mit der die Luft in den Diffusor tritt, c_d diejenige, womit sie ihn verläßt. Nimmt man zunächst an, daß die Bewegung im Diffusor verlustfrei erfolgt, eine Näherung, die allerdings nicht zutrifft, jedoch bei nachträglicher Einführung der Vorzahl ζ_2 zulässig ist, so ist eine Drucksteigerung im Sinne des Umfanges unmöglich, weil dadurch eine Unstetigkeit entstehen müßte, für die infolge der fehlenden Schaufeln keine Veranlassung vorliegt. Die Niveauflächen im Zylinderraum sind daher konzentrische Kreiszylinder um die Achse der Maschine, oder wenn man sich mit der Betrachtung in einer Ebene senkrecht zur Achse begnügt, die Niveaulinien sind konzentrische Kreise. In diesem Falle müssen alle auftretenden Kräfte in radialer Richtung wirken, es liegt mithin eine Zentralbewegung vor. Bei dieser ist die Flächengeschwindigkeit konstant, d. h. $c_u \cdot r =$ konst. Bezeichnet man die Umfangskomponente der Geschwindigkeit beim Eintritt in den Diffusor mit c_{2u}, beim Austritt mit c_{du}, so besteht die Beziehung:

$$c_{2u} \cdot D_2 = c_{du} \cdot D_d \quad \ldots \ldots \ldots \quad (18).$$

Unter D_d ist der äußere Durchmesser des Diffusors zu verstehen. Man ersieht also, daß die Umfangskomponente der Geschwindigkeit beim Austritt aus dem Diffusor nur von den Durchmessern abhängt[1]). Im übrigen gelangt man zu (18) auch durch Aufstellung der Momentengleichung. Da sich im Diffusor keine Schaufeln befinden, kann auch kein Drehmoment übertragen werden, d. h. das Moment der Bewegungsgröße muß für die ganze Strömung denselben unveränderlichen Wert besitzen.

Für die Berechnung der radialen Austrittskomponente der Geschwindigkeit c_{dr} ist die Stetigkeitsbedingung sinngemäß anzuwenden. Beträgt die Breite des Diffusors beim Eintritt b, beim Austritt b_d, so ist:

$$G = \frac{D_2 \pi b}{v} \cdot c_{2r} = \frac{D_d \cdot \pi \cdot b_d}{v_2} \cdot c_{dr} \quad \ldots \ldots \quad (19).$$

Dadurch kann man c_{dr} aus c_{2r} berechnen, und es ist

$$c_d = \sqrt{c_{du}^2 + c_{dr}^2}.$$

---

[1]) Vgl. Grun, Z. d. Ver. d. Ing. 1907, S. 543.

Mit Hilfe von (16), bzw. (16a) kann man das Wärmegefälle und die Druckerhöhung im Diffusor ermitteln, und zwar erhält man mit der Annahme $v \sim v_2$:

$$H_2 = \frac{A}{2g}\left[c_{2u}^2\left\{1-\left(\frac{D_2}{D_d}\right)^2\right\}+c_{2r}^2\left\{1-\left(\frac{D_2\,b}{D_d\,b_d}\right)^2\right\}\right].$$

In Wirklichkeit treten im Diffusor erhebliche Energieverluste auf, so daß sich die Verhältnisse keineswegs so einfach gestalten. Auch die Vorgänge in den Zellen des Leitapparates sind mit Verlusten verbunden. Leider liegt bisher über die Umsetzung von Geschwindigkeit in Druck nur recht wenig Versuchsmaterial vor. Die meisten Versuche dieser Art sind mit Wasser und zwar mit Hilfe von Düsen mit geradliniger Achse durchgeführt worden[1]). Für Wasser kommt Andres zu folgendem Schlusse: »Gleichförmig fließendes Wasser mit parallelen Stromfäden setzt am schwersten seine kinetische Energie in potentielle um; je höher die Wirbelung des Wassers ist, desto günstiger wird der Wirkungsgrad, und die günstigsten Ergebnisse erhält man mit Wasser, welches eine um die Rohrachse drehende Bewegung besitzt.« Inwieweit diese Folgerungen für Luft zutreffen, bleibe dahingestellt. Vielleicht wird sich ein von Prandtl[2]) herrührender Ansatz hinsichtlich der Flüssigkeitsbewegung mit kleiner Reibung für das Verständnis der Vorgänge fruchtbar erweisen. Prandtl berücksichtigt hierbei die Reibung nur in unmittelbarer Nähe der Wandung, in der sog. »Grenzschicht«, während er für diejenigen Flüssigkeitsteile, die sich nicht in der Nähe der Wand befinden, von den Widerständen absieht. Hierbei gelangt er zum Schluß, daß *ein Ablösen von der Wand dann eintreten kann, wenn der Druck in Richtung der Strömungsgeschwindigkeit zunimmt.* Dies kann somit beim Turbokompressor stattfinden.

Zum Zwecke einer stetigen Druckzunahme, sowie insbesondere um eine Ablösung des Strahles zu verhindern, muß eine *möglichst allmähliche Querschnittszunahme* im Leitapparate angestrebt werden.

[1]) Weisbach, Experimental-Hydraulik, S. 147. — Fliegner, Zivilingenieur 1875. — Francis, Lowell hydraulic experiments, 4. Aufl. — Bänninger, Z. f. d. ges. Turb. 1906, S. 12. — Andres, Mitteilungen über Forschungsarbeiten, H. 76.

[2]) Prandtl, Verhandlungen des internationalen Mathematikerkongresses in Heidelberg 1904.

d) Spezifisches Gefälle.

Das spezifische Gefälle spielt beim Turbokompressor dieselbe Rolle wie bei der Dampfturbine. Es ermöglicht in einfacher Weise die Ermittelung der Stufenzahl des vielstufigen Kompressors und ist diejenige charakteristische Größe, mit deren Hülfe man das allgemeine Verhalten der Maschine leicht beurteilen kann. Aus (10b) erhält man:

$$\mathfrak{H} = \frac{u_2 c_2 \cos\alpha_2 - u_1 c_1 \cos\alpha_1}{g} = \frac{u_2^2 - u_2 w_2 \cos\beta_2 - u_1^2 + u_1 w_1 \cos\beta_1}{g}$$

Es ist ferner näherungsweise $f_1 w_1 = f_2 w_2$, mithin gilt:

$$\mathfrak{H} = \frac{1}{g}\left[u_2 w_2 \left(\frac{D_1}{D_2}\frac{f_2}{f_1}\cos\beta_1 - \cos\beta_2\right) + u_2^2\left\{1 - \left(\frac{D_1}{D_2}\right)^2\right\}\right] \text{ in } m,$$

bzw. in Kalorien $H = A\mathfrak{H}$.

Setzt man wie bei der Dampfturbine

$$H = K u_2^2 \quad \ldots\ldots\ldots \quad (20),$$

so ergibt sich für das spezifische Gefälle:

$$K = \frac{A}{g}\left[\left(\frac{w_2}{u_2}\right)\left(\frac{D_1}{D_2}\frac{f_2}{f_1}\cos\beta_1 - \cos\beta_2\right) + 1 - \left(\frac{D_1}{D_2}\right)^2\right] \quad . \ (21).$$

Ebenso kann man:

$$\mathfrak{H} = \mathfrak{K} u_2^2 \quad \ldots\ldots\ldots \quad (20\text{a})$$

schreiben, wobei $K = A\mathfrak{K}$ ist.

Das spezifische Gefälle hängt außer von den Schaufelwinkeln und den Durchmessern, bzw. den Querschnitten, insbesondere von w_2/u_2 ab. Dieses Verhältnis spielt dieselbe Rolle wie der Bruch u/c_1 bei der Dampfturbine. Bei ähnlichen Kompressoren haben f_2/f_1 und D_1/D_2 denselben Wert, ebenso sind die Winkel gleich. Ähnliche Turbogebläse haben mithin das gleiche spezifische Gefälle.

Setzt man $f_1 = \tau_1 D_1 \pi b_1 \sin\beta_1$, $f_2 = \tau_2 D_2 \pi b_2 \sin\beta_2$, worin b_1 und b_2 die Schaufelbreiten, τ_1 und τ_2 die durch die Schaufeln verursachten Verengungsfaktoren bedeuten, so erhält man aus (21):

$$K = \frac{A}{g}\left[\left(\frac{w_2}{u_2}\right)\left(\frac{\tau_2 b_2 \sin\beta_2}{\tau_1 b_1 \sin\beta_1}\cos\beta_1 - \cos\beta_2\right) + 1 - \left(\frac{D_1}{D_2}\right)^2\right] \ (21\text{a}).$$

Die Formel gilt auch für das Achsialgebläse, nur ist in diesem Falle $D_1 = D_2$. In der Literatur, namentlich in der älteren, pflegt man die erzeugte Druckhöhe in Abhängigkeit von der Umfangsgeschwindigkeit durch die Formel

$$\mathfrak{H} = \varphi \frac{u_2^2}{g}$$

darzustellen, wobei φ als »manometrischer Wirkungsgrad« definiert wird. Diese Bezeichnung ist jedoch unzutreffend, da man unter »Wirkungsgrad« eine Größe versteht, die Verlusten Rechnung zu tragen hat. Die Vorzahl φ hängt aber auch von den Konstruktionsverhältnissen und nicht nur von den Verlusten ab. Das Beispiel im Abschnitt b) hat gezeigt, daß man bei vorgekrümmten Schaufeln eine größere Druckhöhe erreicht als bei rückgekrümmten; dabei wurde in allen Fällen von den Verlusten gänzlich abgesehen und nur die »theoretische Druckhöhe« ermittelt. Es ist also ersichtlich, daß die Bezeichnung »manometrischer Wirkungsgrad« unbegründet ist[1]). Wir werden von ihr in den weiteren Ausführungen keinen Gebrauch machen, vielmehr, wie bei der Dampfturbine, vom spezifischen Gefälle. Zu beachten ist, daß sich K auf das Wärmegefälle H (Kal.), $\mathfrak{K}$ hingegen auf $\mathfrak{H}$ (Meter) bezieht. Was die Dimension von $\mathfrak{K}$ betrifft, so gilt:

$$[m] = [\mathfrak{K}] \cdot \left[\frac{m}{\text{sek}}\right]^2 \text{ folglich } [\mathfrak{K}] = \frac{\text{sek}^2}{m},$$

oder der reziproke Wert des spezifischen Gefälles — entsprechend der spezifischen Quadratsumme bei den Dampfturbinen — hat die Dimension einer Beschleunigung.

In dem Beispiele des Abschnittes b) erhält man für radiale Schaufeln $\mathfrak{K} = 0{,}102$, für vorgekrümmte Schaufeln $\mathfrak{K} \sim 0{,}14$, für rückgekrümmte mit $w_2 = w_1$ $\mathfrak{K} = 0{,}061$ für rückgekrümmte mit $w_2 = 25$ m/sek $\mathfrak{K} \sim 0{,}0878$. Man wird durchschnittlich bei rückgekrümmten Schaufeln $\mathfrak{K} = 0{,}08$ bis $0{,}1$ wählen können. Demgemäß erhält man für $K = A\,\mathfrak{K}$ einen sehr kleinen echten Bruch und für $\sigma = 1/K = 427/\mathfrak{K} = 5300$ bis 4270.

e) Wirkungsgrad am Radumfang.

Bei der Dampfturbine konnte eine Beziehung für den Wirkungsgrad in Abhängigkeit von u/c_1, den Schaufelwinkeln und Widerstandskoeffizienten aufgestellt werden. Wenn man auch beim Turbokompressor infolge der Unsicherheit der Koeffizienten ζ_1 und ζ_2 auf Grund des bisher vorliegenden Versuchsmaterials mit Hilfe eines derartigen

[1]) Im übrigen besteht zwischen dem spezifischen Gefälle $\mathfrak{K}$ und dem »manometrischen Wirkungsgrad« eine einfache Beziehung. Es ist $\mathfrak{H} = \mathfrak{K} \cdot u_2^2 = \varphi\, u_2^2/g$, mithin ist $\mathfrak{K} = \varphi/g$.

Ausdruckes die Verhältnisse nur qualitativ übersehen kann, so möge dieser Weg doch eingeschlagen werden.

Berücksichtigt man nur die Verluste im Laufrad und Leitrad (bzw. im Diffusor), so lautet das nutzbare Wärmegefälle am Radumfang[1]):

$$H_u = \frac{A}{g}\left[(u_2^2 - u_1^2) + (u_1 w_1 \cos\beta_1 - u_2 w_2 \cos\beta_2) - \zeta_1 \frac{w_1^2}{2} - \zeta_2 \frac{c_2^2}{2}\right].$$

Hierbei ist $H_{v1} = A\,\zeta_1 \frac{w_1^2}{2g}$ der Verlust im Laufrad, $H_{v2} = A\,\zeta_2 \frac{c_2^2}{2g}$ der Verlust im Leitrad.

Man kann auch schreiben:

$$A\,L_u = H_u = H - H_{v1} - H_{v2}.$$

Verwendet man die Stetigkeitsbedingung unter Vernachlässigung der Änderung des spezifischen Volumens innerhalb der Stufe:

$$f_1 w_1 = f_2 w_2 = f c_2 = f_d c_d,$$

so erhält man:

$$w_1 = w_2 \frac{f_2}{f_1}, \quad c_2 = \frac{f_2 w_2}{f}.$$ Benützt man noch $u_1 = u_2 \frac{D_1}{D_2}$,

so ergibt sich:

$$H_u = \frac{A}{g}\left[u_2^2\left\{1 - \left(\frac{D_1}{D_2}\right)^2\right\} + u_2 w_2\left(\frac{D_1}{D_2}\frac{f_2}{f_1}\cos\beta_1 - \cos\beta_2\right) - \right.$$
$$\left. - \frac{\zeta_1}{2}\left(\frac{f_2}{f_1}\right)^2 w_2^2 - \frac{\zeta_2}{2}\left(\frac{f_2}{f}\right)^2 w_2^2\right].$$

Damit erhält man für den Wirkungsgrad am Radumfang:

$$\eta_u = \frac{H_u}{H} = 1 - \frac{\left(\frac{w_2}{u_2}\right)^2 \frac{1}{2}\left[\zeta_1\left(\frac{f_2}{f_1}\right)^2 + \zeta_2\left(\frac{f_2}{f}\right)^2\right]}{1 - \left(\frac{D_1}{D_2}\right)^2 + \left(\frac{w_2}{u_2}\right)\left(\frac{D_1}{D_2}\frac{f_2}{f_1}\cos\beta_1 - \cos\beta_2\right)} \quad . \; (22).$$

Man ersieht, daß der Wirkungsgrad am Radumfang[2]) außer von den Schaufelwinkeln und Konstruktionsverhältnissen insbesondere vom

---

[1]) Es wird dabei vorausgesetzt, daß die Austrittsgeschwindigkeit aus dem Diffusor in der folgenden Stufe vollkommen ausgenützt wird.

[2]) Dieser Ausdruck entspricht auch dem sog. »Hydraulischen Wirkungsgrad«. In der Literatur findet man mitunter die irrtümliche Behauptung, daß der Wirkungsgrad der Stufe durch Multiplikation des Laufrad- und Leitradwirkungsgrades gewonnen werden kann. In der Tat muß, wenn die Verlustziffer ζ für Lauf- und Leitrad gleich groß ist, bei halbem Reaktionsgrad der Wirkungsgrad der Stufe nahezu $1 - \zeta$ betragen. Der Turbokompressor ist eben die Umkehrung der Ü b e r d r u c k t u r b i n e.

Quotienten w_2/u_2 abhängt. Ebenso wie bei den Dampfturbinen gibt es auch bei den Turbogebläsen zwei charakteristische Größen, nämlich das spezifische Gefälle und den Wirkungsgrad am Radumfang, welche hauptsächlich von einem Geschwindigkeitsverhältnisse abhängen. So lange w_2/u_2 bei einem Turbokompressor konstant bleibt, ist auch der Wirkungsgrad am Radumfang unveränderlich.

Um die Gleichung (22) für den Wirkungsgrad am Radumfang einer Diskussion zu unterziehen, insbesondere um die günstigsten Arbeitsverhältnisse festzustellen, schreiben wir kürzehalber:

$$\eta_u = 1 - \frac{E\chi^2}{B + C\chi} \quad \ldots \ldots \quad (22\,\mathrm{a}).$$

Darin bedeuten: χ das Verhältnis w_2/u_2.

$$B = 1 - \left(\frac{D_1}{D_2}\right)^2$$

$$C = \frac{D_1}{D_2}\frac{f_2}{f_1}\cos\beta_1 - \cos\beta_2$$

$$E = \frac{1}{2}\left[\zeta_1\left(\frac{f_2}{f_1}\right)^2 + \zeta_2\left(\frac{f_2}{f}\right)^2\right].$$

Die Beziehung zwischen η_u und χ hat hyperbolischen Charakter. Sucht man die Bedingung für die extremen Werte von η_u, so erhält man durch Differentiation die Beziehung:

$$2\,BE\,\chi + EC\,\chi^2 = 0,$$

die durch 2 Werte, nämlich

$$\chi_1 = 0$$

$$\chi_2 = -\frac{2\,B}{C}$$

befriedigt wird.

Wie man sich durch nochmalige Differentiation überzeugen kann, bedeutet χ_1 ein Maximum, χ_2 dagegen ein Minimum. Von Interesse ist, daß für $w_2/u_2 = 0$, $\eta_u = 1$ wird.

Dieser Wert kann freilich praktischen Ausführungen nicht zugrunde gelegt werden; denn $w_2 = 0$ bedeutet, daß keine Luft gefördert wird, also den »Schwebezustand«. Man kann aber aus der Betrachtung die Folgerung ziehen, daß es sich vom Standpunkte des Wirkungsgrades empfiehlt, einen möglichst kleinen Wert für $\chi = w_2/u_2$ zu wählen.

Da u_2 nur vom Durchmesser und der Tourenzahl abhängt, so wird man die relative Austrittsgeschwindigkeit w_2 nach Tunlichkeit herabzusetzen trachten.

Für einen bestimmten Wert von χ wird $\eta_u = 0$. Man erhält dafür die Bedingung:

$$E\chi^2 - C\chi - B = 0$$

oder

$$\chi = \frac{C}{2E} \pm \sqrt{\frac{C^2}{4E^2} + \frac{B}{E}} = \frac{C}{2E} \pm \frac{1}{2E}\sqrt{C^2 + 4BE}.$$

Zu bemerken ist, daß die Koeffizienten B und E stets positiv sind, während C sowohl positiv als negativ werden kann.

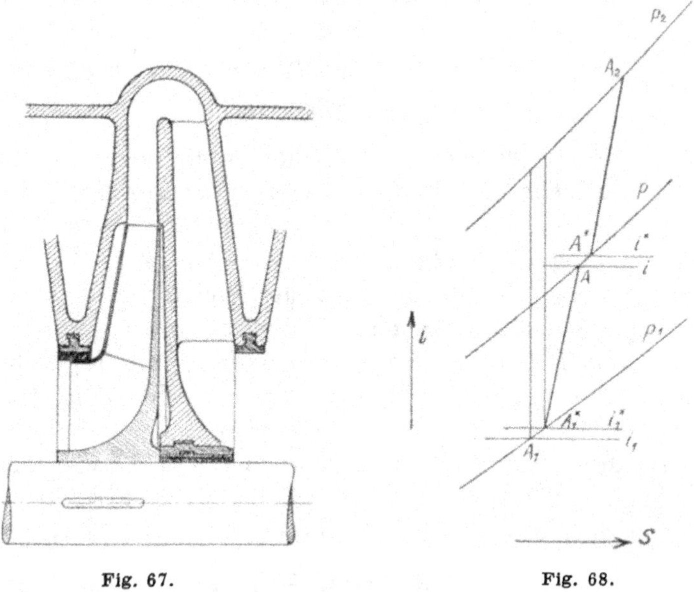

Fig. 67. Fig. 68.

In Wirklichkeit kommt es freilich nicht auf den günstigsten Wirkungsgrad am Radumfang, sondern auf den besten »effektiven« an, wobei noch die weiteren Verluste, wie die durch Radseitenreibung erzeugten, sowie die durch die Undichtheiten entstehenden Mischungsverluste zu berücksichtigen sind. Namentlich können die letzteren mitunter sehr ins Gewicht fallen. Die vom Saugrohr, bzw. von der vorhergehenden Stufe dem Laufrade zugeführte Luft vermengt sich vor Eintritt in dieses mit der durch den Spalt rückströmenden (vgl. Fig. 67). Dadurch entsteht eine Erhöhung des Wärmeinhaltes von i_1 auf i_1^* (Fig. 68) und eine Entropievermehrung. Bei der in Fig. 67

dargestellten Konstruktion findet unmittelbar hinter dem Laufrade ein weiterer Mischungsvorgang statt, demzufolge der Wärmeinhalt von i auf i^* erhöht wird. Die ganze der Stufe zugeführte Leistung muß zur Deckung sämtlicher Verluste verwendet werden, d. h. man erreicht gegenüber der verlustfreien Kompression eine erheblich geringere Endpressung. Sache des Konstrukteurs ist es, die Spaltverluste durch entsprechende Dichtungen möglichst herabzusetzen.

Genauere Verfahren zur Berechnung des Spaltverlustes gibt M. Vidmar[1]) unter Verwendung der Zeunerschen Ansätze für die Mischungsvorgänge an. Zu berücksichtigen ist auch die Veränderlichkeit des Druckes im Raume zwischen Laufrad und Gehäuse, wobei ähnliche Verhältnisse auftreten wie bei den Francis-Wasserturbinen.[2])

f) Einzelwirkungsgrad und Gesamtwirkungsgrad. Zusätzlicher Wärmeverlust.

Um höhere Pressungen zu erreichen, muß die Druckluft (bzw. Gas, Dampf) in mehreren Stufen hintereinander komprimiert werden. Wenn man auch für den Fall großer Druckunterschiede stets Kühlung anwendet, so möge vorläufig zur besseren Übersicht hiervon abgesehen werden. Für die Bestimmung des Einzelwirkungsgrades sind, wie im vorhergehenden Abschnitt dargelegt wurde, vor allem die Verluste im Laufrad und Diffusor, ferner die durch Radreibung und Mischung entstehenden zu berücksichtigen. Um den Zusammenhang zwischen Einzel- und Gesamtwirkungsgrad zu ermitteln, möge zunächst ein dreistufiger Kompressor der Betrachtung zugrunde gelegt werden. In Fig. 69 stelle $A_1 A_4'$ die adiabatische, $A_1 A_4$ die wirkliche Kompression dar. Die ideelle Gesamtarbeit beträgt in Kal.:

$$A L' = i_4' - i_1$$

und die wirkliche

$$A L = i_4 - i_1.$$

Für Gase gilt naturgemäß: $A L = c_p \; (T_4 - T_1)$.

Die erforderliche Mehrzufuhr an Arbeit, d. i. der »Gefällsverlust«, wird im Wärmediagramm durch die Fläche

$$M A_4' A_4 P = H_v = i_4 - i_4'$$

dargestellt. Der Wärmewert der Reibungsarbeit wird dagegen durch

[1]) Vidmar, Z. f. d. ges. Turb. 1910.

[2]) Vgl. Kobes, Die Druckverhältnisse in den Francisturbinen und der Druck auf den Spurzapfen (Z. d. öst. Ing.- und Archit.-Ver. 1905, H. 49).

die Fläche $M A_1 A_2 A_3 A_4 P$ veranschaulicht, er ist somit geringer als der »Gefällsverlust«.

Der Gesamtwirkungsgrad lautet:

$$\eta_{\text{tot}} = \frac{i_4' - i_1}{i_4 - i_1} = \frac{H'}{H}.$$

Daraus ergibt sich:

$$1 - \eta_{\text{tot}} = \frac{i_4 - i_4'}{i_4 - i_1} = \frac{H_v}{H},$$

mithin:

$$H_v = i_4 - i_4' = (1 - \eta_{\text{tot}})(i_4 - i_1) = (1 - \eta_{\text{tot}}) H.$$

Für die erste Stufe bestehen die Beziehungen:

$$\eta_1 = \frac{i_2' - i_1}{i_2 - i_1}, \quad 1 - \eta_1 = \frac{i_2 - i_2'}{i_2 - i_1}.$$

Der Gefällsverlust in der ersten Stufe h_{v1} ergibt sich daraus zu:

$$h_{v1} = i_2 - i_2' = (1 - \eta_1)(i_2 - i_1).$$

Er entspricht der Fläche $M A_2' A_2 N$ im T/S-Diagramm. In der zweiten Stufe geht die Zustandsänderung von A_2 aus, als adiabatische Vergleichskurve gilt $A_2 A_3''$ (und nicht etwa $A_2' A_3'$). Die erforderliche Mehrarbeit (Gefällsverlust) für die zweite Stufe beträgt:

$$h_{v2} = i_3 - i_3'' = (1 - \eta_2)(i_3 - i_2) =$$
$$= \text{Fläche } N A_3'' A_3 O$$

und für die dritte Stufe:

$$h_{v3} = i_4 - i_4''' = (1 - \eta_3)(i_4 - i_3) =$$
$$= \text{Fläche } O A_4''' A_4 P.$$

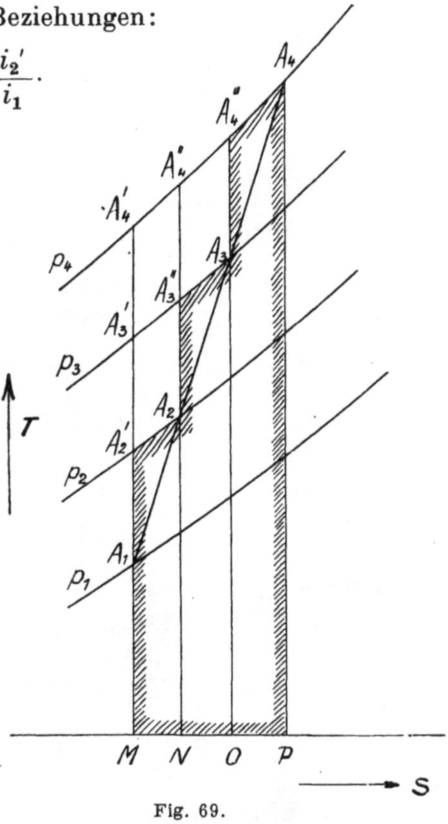

Fig. 69.

Die Summe der drei Gefällsverluste entspricht der im Wärmediagramm durch eine Schraffur hervorgehobenen Fläche; darnach ist die Summe der Teilverluste geringer als der Gesamtverlust. Dies rührt davon her, daß die Einzelwirkungsgrade auf verschiedene Adiabaten bezogen worden sind. Entsprechend der »rückgewinnbaren Reibungswärme« bei den Dampfturbinen t r i t t b e i d e n T u r b o k o m -

pressoren ein »zusätzlicher Wärmeverlust« auf, der den Gesamtwirkungsgrad herabsetzt.

Will man den Gesamtverlust aus den Einzelverlusten berechnen, so müssen diese mit einem Faktor multipliziert werden, z. B. ist der Gefällsverlust der ersten Stufe h_{v1} im Verhältnis von

$$\frac{\text{Fläche } M\, A_4'\, A_4''\, N}{\text{Fläche } M\, A_2'\, A_2\, N} \sim \frac{T_4'}{T_2'}$$

zu vergrößern. Die Näherung, an Stelle des Flächenverhältnisses den Quotienten der Temperaturen einzuführen, muß wohl als zulässig bezeichnet werden. Nur der Verlust in der letzten Stufe, in diesem Falle h_{v3}, kommt als solcher unmittelbar in Frage. Es ist

$$H_v = h_{v1} \frac{T_4'}{T_2'} + h_{v2} \frac{T_4''}{T_3''} + h_{v3},$$

wobei die Indizes der Temperaturen denen der Punkte A im Wärmediagramm entsprechen. Nun ist aber:

$$\frac{T_4''}{T_3''} = \frac{T_4'}{T_3'},$$

weil die Punkte A_4'' und A_4' bzw. A_3'' und A_3' auf je einer Isobaren liegen; mithin gilt auch:

$$H_v = h_{v1} \frac{T_4'}{T_2'} + h_{v2} \frac{T_4'}{T_3'} + h_{v3} \quad \ldots \ldots \ldots (23).$$

Wenn man annehmen darf, daß die Einzelwirkungsgrade in den einzelnen Stufen gleich groß sind, so erhält man aus (23):

$$(1 - \eta_{tot})\,(i_4 - i_1) = \left[(i_2 - i_1) \frac{T_4'}{T_2'} + (i_3 - i_2) \frac{T_4'}{T_3'} + (i_4 - i_3)\right](1 - \eta_1).$$

Nimmt man ferner an, daß in jeder Stufe dasselbe Wärmegefälle erzeugt wird, daß also

$$h = i_2 - i_1 = i_3 - i_2 = i_4 - i_3$$

ist, so wird:

$$(1 - \eta_{tot})\, H = (1 - \eta_1)\, h \left(\frac{1}{T_2'} + \frac{1}{T_3'} + \frac{1}{T_4'}\right) T_4'$$

und mit $H = 3\,h$:

$$1 - \eta_{tot} = (1 - \eta_1) \frac{T_4'}{3} \left(\frac{1}{T_2'} + \frac{1}{T_3'} + \frac{1}{T_4'}\right).$$

In analoger Weise erhält man für Z Stufen:

$$1 - \eta_{tot} = (1 - \eta_1) \frac{T_{z+1}'}{Z} \sum_{T_2'}^{T_{z+1}'} \left(\frac{1}{T'}\right) \quad \ldots \ldots (24),$$

wodurch der Gesamtwirkungsgrad aus dem Einzelwirkungsgrade berechnet werden kann.

Für einen Kompressor mit vielen Stufen kann man sich auch eines einfacheren Verfahrens bedienen. In Fig. 70 entspricht Fläche

$$O O_1\, A'_{z+1}\, P = AL' = H'$$

der erforderlichen Arbeit für verlustfreie Kompression, während die wirkliche Arbeit $AL = H$ durch die Fläche $OO_{z+1}\ A_{z+1}\ P$ dargestellt wird. Es ist

$$\eta_{tot} = \frac{AL'}{AL} = \frac{H'}{H} = \frac{i_{z+1}' - i_1}{i_{z+1} - i_1}.$$

i_{z+1} bedeutet den Wert des Wärmeinhaltes am Ende der letzten Stufe bei der wirklichen, i_{z+1}' bei der adiabatischen Kompression. Für Gase gilt:

$$\eta_{tot} = \frac{T_{z+1}' - T_1}{T_{z+1} - T_1}.$$

Greift man unter der Serie der Stufen etwa die dritte heraus, für die als Anfangszustand der Kompression A_3 anzusehen ist, so ist schon für eine verlustfreie Kompression gegenüber der Adiabate $A_1\ A_{z+1}'$ eine Mehrarbeit aufzuwenden entsprechend $A_3'\ A_4'\ A_4''\ A_3 = q_z$.

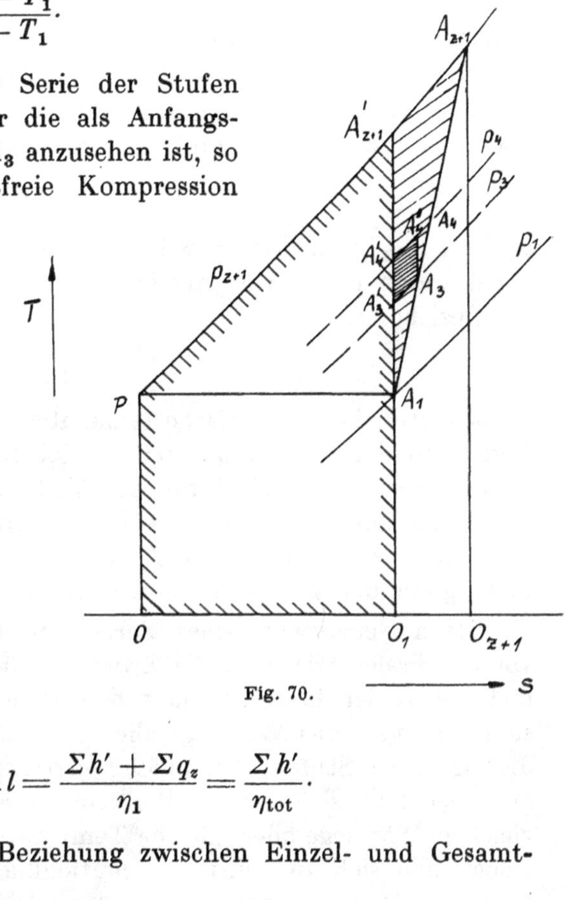

Es ist daher

$$\eta_1 = \frac{A\,l' + q_z}{A\,l} = \frac{h' + q_z}{h},$$

wobei l die wirkliche Einzelarbeit, l' dagegen diejenige ideelle Stufenarbeit bedeutet, die dann in Betracht käme, wenn die ganze Kompression längs der Adiabate $A_1\ A_{z+1}'$ verlaufen würde. Die Gesamtarbeit berechnet sich aus

$$A\,L = \Sigma A\,l = \frac{\Sigma h' + \Sigma q_z}{\eta_1} = \frac{\Sigma h'}{\eta_{tot}}.$$

Fig. 70.

Somit ergibt sich als Beziehung zwischen Einzel- und Gesamtwirkungsgrad:

$$\eta_{tot} = \eta_1 \frac{\Sigma h'}{\Sigma h' + \Sigma q} = \eta_1 \frac{H'}{H' + Q_z} \quad . \quad . \quad . \quad . \quad (25).$$

Dabei ist Q_z der ganze zusätzliche Wärmeverlust; er wird im T/S-Diagramm durch die Fläche $A_1\ A_{z+1}'\ A_{z+1}$ dargestellt.

g) Ermittlung der Stufenzahl. Teilung der Diagrammfläche.

Für die Ermittelung der Stufenzahl kann eine ähnliche Formel angewendet werden wie bei den Dampfturbinen. Wird bei Z Stufen in jeder Stufe dasselbe Wärmegefälle h erzeugt, so ist $H = Zh$, oder da $h = K u_2^2$ ist:

$$Z = \frac{H}{K u_2^2} \quad . \; . \; . \; . \; . \; . \; . \; . \; . \; (26).$$

Statt H und K kann man auch $\mathfrak{H}$ und $\mathfrak{K}$ schreiben.

Werden die einzelnen Stufen, um die Abnahme des spezifischen Volumens zu berücksichtigen, mit staffelförmig veränderlichem Durchmesser ausgeführt, so muß der Mittelwert von u_2^2 eingeführt werden.

Zu beachten ist, daß H das »innere« Gefälle bedeutet; wenn keine Kühlung vorliegt, ist bei Z Stufen

$$H = i_{z+1} - i_1,$$

wobei i_{z+1} den beim wirklichen Prozeß erreichten Endwert des Wärmeinhaltes bedeutet. Es besteht die Beziehung:

$$H = \frac{H'}{\eta_{tot}} \quad . \; . \; . \; . \; . \; . \; . \; . \; . \; (27).$$

H' bedeutet das theoretische (adiabatische) Gefälle. Auf Grund von Versuchen darf man $\eta_{tot} = 0{,}6$ bis $0{,}7$ setzen. In Ermangelung genauen Versuchsmaterials für die Verluste bei der Umsetzung von Geschwindigkeit in Druck ist man heute noch nicht in der Lage, mit Hilfe der Koeffizienten ζ_1 und ζ_2 den Wirkungsgrad am Radumfang und daraus η_{tot} in hinreichend zuverlässiger Weise zu ermitteln.

Beim Neuentwurf eines Turbokompressors steht man außerdem vor der Frage, wie groß die Zwischendrücke zu wählen sind. Wenn mehrere Räder hintereinander denselben Durchmesser D_2 besitzen, so kann man das Wärmegefälle, bzw. die erforderliche Arbeit auf die einzelnen Stufen gleichmäßig verteilen. Mit Hilfe des T/S-Diagrammes läßt sich dieses Problem in einfachster Weise lösen, da gleichen Wärmegefällen gleiche Temperaturunterschiede entsprechen, wobei man sich zunächst den mutmaßlichen Verlauf der Zustandskurve im Wärmediagramm einträgt. Dies gilt freilich nur für den ungekühlten Luftkompressor. Dabei braucht man die Kompressionslinie nicht als Polytrope anzunehmen, vielmehr kann man sie so einzeichnen, wie sie den auf versuchstechnischer Grundlage gewonnenen Erfahrungen am besten entspricht.

Mit Hilfe einer einfachen Überlegung ist das Problem aber auch auf Grund des p/v-Diagrammes lösbar. Man nimmt zu diesem Zwecke an, daß die wirkliche Kompression etwa längs der Kurve $A_1 A_{z+1}$ verläuft (Fig. 71). Die (technische) Arbeit für die Kompression von 1 kg Luft berechnet sich aus:

$$L = \frac{\varkappa}{\varkappa - 1} (p_{z+1} v_{z+1} - p_1 v_1).$$

Für eine beliebige Zwischenstufe, in der der Druck von p_m auf p_{m+1} erhöht wird, beträgt die Arbeit pro kg:

$$l = \frac{\varkappa}{\varkappa - 1} (p_{m+1} v_{m+1} - p_m v_m).$$

Nun soll $l = L/z$ sein, oder

$$(p_{m+1} v_{m+1} - p_m v_m) Z = (p_{z+1} v_{z+1} - p_1 v_1) = \Delta.$$

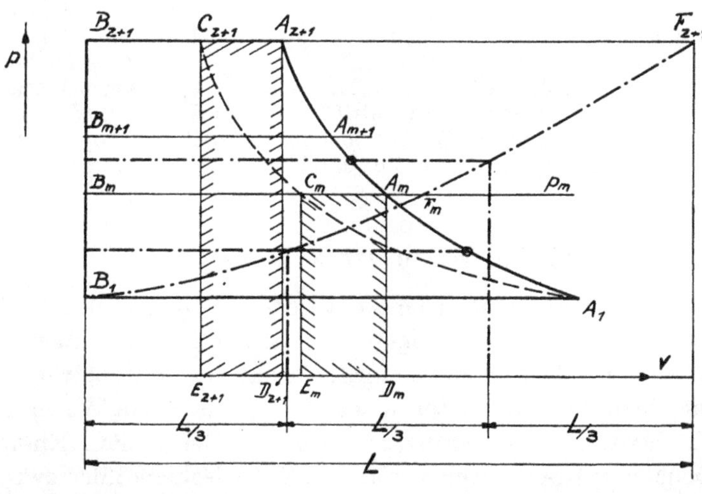

Fig. 71.

Um nun die Arbeitsteilung vorzunehmen, ist es nicht erforderlich, den Ausdruck für L in Z gleiche Teile zu zerlegen, vielmehr genügt es, die Differenz Δ durch Z zu dividieren. Um dies auf graphischem Wege leicht durchführen zu können, legt man als Hilfskurve eine gleichseitige Hyperbel (Isotherme) durch A_1. Für diese ist $pv = p_1 v_1 = \text{konst.}$ Das Rechteck $A_{z+1} D_{z+1} E_{z+1} C_{z+1}$ entspricht Δ. Man trägt sich nun dessen Flächenwert vom Punkte B_{z+1} aus auf und erhält so den Punkt F_{z+1}, wobei die Strecke $B_{z+1} F_{z+1}$ der Größe Δ entspricht. Ebenso erhält man für den beliebigen Zwischendruck p_m das Rechteck

$C_m A_m D_m E_m$, dessen Flächenwert man von B_m aus aufträgt, wodurch sich F_m ergibt. Verbindet man alle Punkte F, so erhält man eine Kurve, die als »Arbeitskurve« bezeichnet werden kann; sie ist eine Art Integralkurve. Nun teilt man die Strecke $B_{z+1} F_{z+1}$ in Z gleiche Teile und zieht durch die Teilungspunkte vertikale Gerade bis zum Schnitt mit der Arbeitskurve. Die Ordinaten dieser Schnittpunkte ergeben die gesuchten Zwischendrücke. Selbstverständlich kann man die Strecke $B_{z+1} F_{z+1}$ auch nach anderen Gesichtspunkten teilen, wenn nicht dieselbe Arbeitsleistung in den einzelnen Stufen gewünscht wird. In der Figur sind 3 gleiche Teile gewählt.

Beispiel. In einem ungekühlten Turbokompressor soll Luft von 1 Atm. auf 2 Atm. komprimiert werden. Der äußere Laufraddurchmesser beträgt 600 mm, die Drehzahl $n = 3500$, mithin ist die Umfangsgeschwindigkeit $u_2 \backsim 110$ m/sek. Wenn die Temperatur der angesaugten Luft $t_1 = 15^0$ beträgt, so würde man bei adiabatischer Kompression (wie man mit Hilfe der Ostertagschen Entropiediagramme in einfachster Weise erhält) eine Endtemperatur $t_2' = 77{,}5^0$ C erreichen. Somit ist $H' = 0{,}238 \cdot (77{,}5 - 15) = 14{,}9$ Kal. Für die Berechnung der Stufenzahl muß H ermittelt werden. Es möge ein Wirkungsgrad $\eta = 0{,}65$ angenommen werden, womit man $H = 23$ Kal. erhält. Da $H = AL$ ist, beträgt $L \backsim 9800$ m. Für jede Stufe gilt $l = \mathfrak{K} u_2^2$; mit $\mathfrak{K} = 0{,}09$, einem Werte, der für rückgekrümmte Schaufeln sehr oft zutrifft, erhält man $l = \mathfrak{K} u_2^2 = 1089$ m und $z = L/l = 9$ Stufen. Bei der Dimensionierung eines Turbokompressors muß zuerst der Durchmesser des Laufrades im Hinblicke auf die zu fördernde Luftmenge berechnet werden.

h) Das Wesen der Kühlung.

Bei den vielstufigen Hochdruckkompressoren pflegt man die Luft in den einzelnen Stufen durch eigens zu diesem Zwecke eingeführtes Wasser zu kühlen. Das Kühlwasser entzieht der durchströmenden Luft Wärme, insbesondere hinter jeder Stufe, wobei ein Wärmeübergang durch die Gehäusewandung stattfindet. Bei großen Einheiten für hohe Drücke werden zuweilen auch noch Zwischenkühler zwischen Nieder- und Hochdruckteil bzw. zwischen Nieder- und Mitteldruckteil oder zwischen diesem und dem Hochdruckteil eingebaut. Die Zustandsänderung der Luft wird nunmehr durch zwei Umstände beeinflußt: 1. durch die inneren Widerstände, welche sich in Wärme verwandeln und eine Erhöhung der Lufttemperatur verursachen, 2. durch die Wärmeabgabe nach außen, die eine Herabsetzung der Lufttemperatur bewirkt.

Die Kühlung ist in den einzelnen Stufen nicht in gleicher Weise wirksam. Die Formel für den Wärmeübergang durch eine Wand (pro Zeiteinheit) lautet:

$$Q = kF\,(t_1 - t_2),$$

wobei k die Wärmedurchgangszahl, t_1 die Temperatur der wärmeren, t_2 die der kälteren Flüssigkeit ist. Die durch eine Wand übertragene Wärmemenge wächst mithin proportional mit dem Temperaturunterschied. Aus diesem Grunde ist beim Turbokompressor die Kühlung in den Niederdruckstufen viel weniger wirksam wie in den Hochdruckstufen. Die Versuche von Havlicek und von Lasche[1]) ergaben, daß die Zustandskurve zunächst trotz der Kühlung über der Adiabate verläuft, in den letzten Stufen dagegen fast isothermisch ist. Die Zustandskurve hat überhaupt einen ausgesprochen unstetigen Charakter und darf nicht als »Polytrope« bezeichnet werden. Da ihr Verlauf wesentlich durch die Reibung beeinflußt wird, ist sie — ebenso wie beim ungekühlten Kompressor — nicht umkehrbarer Natur. Denkt man sich den Druckverlauf für die einzelnen Stufen im p/v-Diagramm eingetragen (Fig. 72), so erhält man eine Kurve $A_1 A_k$. Es braucht wohl nicht hervorgehoben zu werden, daß die Fläche $A_1 A_k B_2 B_1$ nicht die Arbeit darstellt. Zur Ermittlung der erforderlichen Arbeit muß auch hier die Grundgleichung (V) benützt werden, wobei die an das Kühlwasser (event. an die Umgebung) abgegebene Wärmemenge Q zu berücksichtigen ist. Man erhält

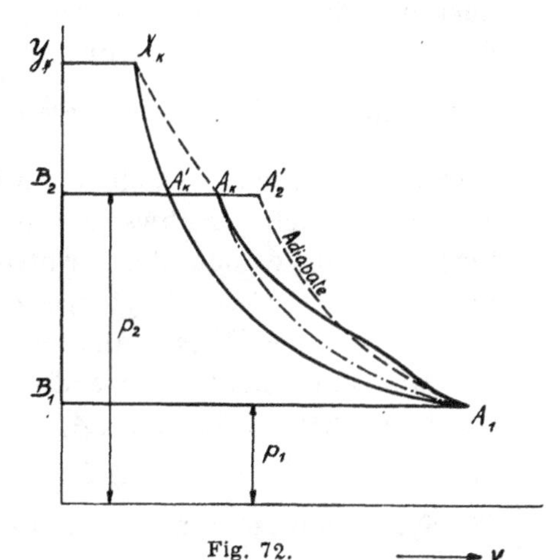

Fig. 72.

$$A L_k = i_k - i_1 + Q \quad . \quad . \quad . \quad . \quad . \quad . \quad . \quad (28),$$

worin i_1 den Anfangswert, i_k den Endwert des Wärmeinhaltes bedeuten. Diese Bezeichnung wurde eingeführt, um eine Verwechslung mit i_2, dem Wärmeinhalte am Ende der wirklichen Kompression des ungekühlten Turbokompressors zu vermeiden. Um die wirkliche Arbeit in den Diagrammen darstellen zu können, muß hier in etwas anderer Weise vorgegangen werden als beim ungekühlten Turbokompressor. Die Adiabate durch den gleichen Anfangspunkt $A_1 A_2'$ (in der Figur gestrichelt) kann hier nicht als Vergleichskurve benützt werden. An ihre Stelle tritt eine ideelle Kompression[2]),

[1]) Havlicek, Z. d. Ver. d. Ing. 1909. — Lasche, Z. d. Ver. d. Ing. 1911.
[2]) Zerkowitz, Z. f. d. ges. Turb. 1911, S. 548.

bei der dieselbe Wärmemenge Q wie beim realen Prozess abzuführen ist, bei der aber keine Widerstände auftreten. Diese Annahme ist nicht etwa willkürlich; denn die gewählte Vergleichskurve muß vor allem einem umkehrbaren Prozeß entsprechen, da nur in diesem Falle die Darstellung der Arbeit im p/v-Diagramm unmittelbar möglich ist. Man kann sich vorstellen, daß während dieser idealen Kompression Wärme vom Gase in einen Behälter übergeht, die bei einer gedachten Expansion der verlustfrei komprimierten Luft wieder zugeführt werden könnte. Nur über die Art, in der die Wärmeabgabe bei dieser idealen Zustandsänderung vor sich geht, muß eine Annahme getroffen werden. Am einfachsten ist es, zu diesem Zwecke die Polytrope heranzuziehen, also denjenigen Prozeß, bei dem $dQ = c\,d\,T$ ist, worin $c = \frac{n-\varkappa}{n-1}\,c_v$ gilt. Prinzipiell wären freilich auch andere Annahmen denkbar, doch läßt sich leicht nachweisen, daß die Annahme der Polytrope als Vergleichskurve mit dem Entropieprinzip im Einklang steht. In Fig. 72 wird diese Polytrope durch die Kurve $A_1\,A_k'$ dargestellt; der Endwert des Wärmeinhaltes (im Punkte A_k') sei mit i_k' bezeichnet.

Die sinngemäße Anwendung der Gleichung (V) ergibt für die zur Kompression längs $A_1\,A_k'$ erforderliche Arbeit (im Wärmemaße):

$$A\,L_k' = i_k' - i_1 + Q \quad \ldots\ldots \quad (29).$$

Nun benutze man noch die thermodynamische Grundgleichung

$$dQ + dW = di - A\,v\,dp,$$

deren Integration für den wirklichen Prozeß ergibt:

$$W - Q = i_k - i_1 - A\int_1^2 v\,dp \quad \ldots\ldots \quad (30).$$

Dagegen erhält man für die ideale, widerstandsfreie Kompression:

$$-Q = i_k' - i_1 - A\int_1^2 v'\,dp \quad \ldots\ldots \quad (31).$$

Dabei entspricht v' dem spezifischen Volumen längs der Vergleichspolytrope.

Aus (28) und (30) erhält man:

$$A\,L_k = W + A\int_1^2 v\,dp \quad \ldots\ldots \quad (32)$$

und aus (29) und (31):

$$A\,L_k' = A\int_1^2 v'\,dp \quad \ldots\ldots \quad (33),$$

d. h. die Fläche zwischen Kompressionslinie und Ordinatenachse stellt auch beim gekühlten Kompressor nur für die reibungsfreie Zustandsänderung die Arbeit dar.

Zwecks Darstellung der für die wirkliche Kompression erforderlichen Arbeit muß eine besondere Konstruktion vorgenommen werden. Bildet man nämlich die Differenz $AL_k - AL_k'$, so erhält man:

$$A L_k - A L_k' = W + A \int_1^2 v dp - A \int_1^2 v' dp = W + A \Delta L_k \quad . \quad (34),$$

wobei ΔL_k der Fläche $A_1 A_k A_k'$ entspricht. Die Widerstandsarbeit ist also geringer als die erforderliche Mehrzufuhr an Arbeit. Aus (28) und (29) erhält man ferner:

$$A L_k - A L_k' = i_k - i_k' \quad . \quad . \quad (34a).$$

Diese Beziehung führt zu folgendem geometrischen Verfahren. Man lege durch den Punkt A_k' eine Adiabate und bringe sie mit der durch A_k gelegten Kurve konstanten Wärmeinhaltes zum Schnitt. Man erhält so den Punkt X_k und es ist

$$L_k - L_k' = \text{Fläche } A_k' X_k Y_k B_2.$$

Die Gesamtarbeit wird durch die Summe aus dieser Fläche und der Fläche $A_1 A_k' B_2 B_1$ dargestellt. Für Gase gilt wiederum:

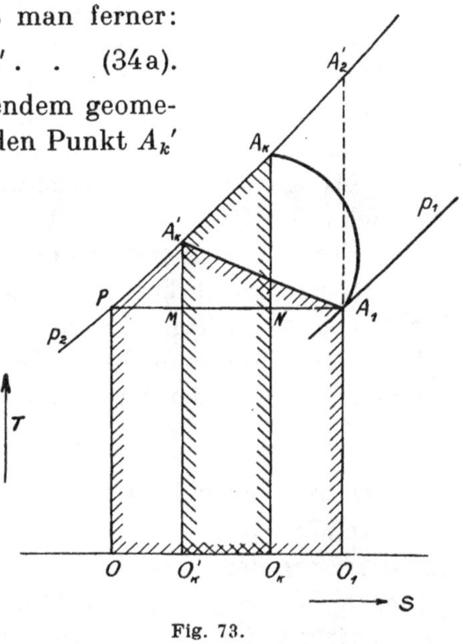

$$A L_k - A L_k' = c_p (T_k - T_k') =$$

$$= A \frac{\varkappa}{\varkappa - 1} (p_2 v_k - p_2 v_k') =$$

$$= A \frac{\varkappa}{\varkappa - 1} (p_x v_x - p_2 v_k').$$

Fig. 73.

v_k und v_k' entsprechen den Werten für das spezifische Volumen in den Punkten A_k bzw. A_k', v_x und p_x beziehen sich auf X_k.

Die letzte Gleichung besagt gleichfalls, daß man zur Ermittelung der Gesamtarbeit nicht die Polytrope verlängern darf, vielmehr durch A_k' eine Adiabate legen muß. An Stelle einer stetigen Kurve erhält man für die Darstellung der erforderlichen Arbeit einen Kurvenzug, der aus zwei Teilen besteht, die verschiedenen Gesetzen entsprechen. Für Gase gehen die Gleichungen (28) und (29) über in:

$$A L_k = c_p (T_k - T_1) + Q \quad . \quad . \quad . \quad . \quad . \quad (28a)$$

$$A L_k' = c_p (T_k' - T_1) + Q \quad . \quad . \quad . \quad . \quad . \quad (29a).$$

Wir wollen nun die Vorgänge im Entropiediagramme zur Darstellung bringen. Des i/s-Diagrammes kann man sich nicht bedienen, da die Größe Q darin nicht dargestellt werden kann. In Fig. 73 bedeutet wiederum $A_1 A_k$ die wirkliche Kompressionskurve, die einen ganz unregelmäßigen Verlauf hat und sich bei höheren Drucken einer Isotherme nähert. $A_1 A_k'$ ist die Vergleichskurve, und es entspricht die Fläche $O_k' O_1 A_1 A_k'$ der Wärmemenge Q. Da ferner c_p $(T_k' - T_1)$ durch die Fläche $O\, O'_k\, A_k'\, P$ dargestellt wird, so ergibt die Summe dieser beiden Flächen AL_k', also die Arbeit für die verlustfreie Kompression des gekühlten Turbokompressors. Für den ungekühlten Kompressor wird dagegen für die verlustfreie Zustandsänderung der Arbeitsbedarf durch die Fläche $O\, O_1 A_2' P$ dargestellt. Die Arbeitsersparnis durch die Kühlung ist somit durch die Fläche $A_1 A_2' A_k'$ gegeben und kann, wie der Augenschein lehrt, recht erheblich sein. Es ist also vollkommen begründet, wenn man auf reichliche Kühlung Wert legt, da man dadurch ein Mittel zur Herabsetzung der Betriebsarbeit hat. Der Arbeitsbedarf des wirklichen Prozesses läßt sich im Wärmediagramm nicht durch eine geschlossene Fläche darstellen. Am einfachsten ist es, wenn man den Mehrbedarf an Arbeit gegenüber der verlustfreien Kompression ermittelt, und zwar ist:

$$A L_k - A L_k' = c_p (T_k - T_k').$$

Dieser Ausdruck wird durch die Fläche $O_k' O_k A_k A_k'$ abgebildet.

In Fig. 72 ist der Fall des gut gekühlten Turbokompressors vorausgesetzt, für den $Q > W$ ist. Natürlich gelten ganz ähnliche Erwägungen, falls $W > Q$ sein sollte, d. h. wenn der Wärmewert der Widerstandsarbeit die ins Kühlwasser übergegangene Wärmemenge überwiegt. In diesem Falle muß Punkt A_k rechts von der Adiabate $A_1 A_2'$ liegen.

Um das hier mitgeteilte Verfahren zur Darstellung der erforderlichen Arbeit in den Diagrammen durchführen zu können, muß noch der Exponent der Vergleichspolytrope $A_1 A_k'$ berechnet werden. Bekanntlich gilt für die Polytrope $dQ = c\, d\, T$ oder $Q = c\,(T_k' - T_1)$, wobei $c = c_v \frac{n - \varkappa}{n - 1}$ ist. Wenn $\varkappa > n > 1$ ist, so wird c negativ und, da T_k' in diesem Falle größer als T_1 ausfällt, so wird Q negativ. Nun ist aber in unseren Grundgleichungen unter Q die vom Kühlwasser aufgenommene Wärmemenge, also ein positiver Wert, zu verstehen. Aus diesem Grunde ist zu setzen:

$$Q = c_v \frac{\varkappa - n}{n - 1} \left(T_k' - T_1\right) \quad . \quad . \quad . \quad . \quad . \quad . \quad . \quad . \quad (35)$$

Nun besteht die Beziehung:

$$\frac{T_k'}{T_1} = \left(\frac{p_2}{p_1}\right)^{\frac{n-1}{n}} \quad \text{oder} \quad \lg \frac{T_k'}{T_1} = \frac{n-1}{n} \lg \frac{p_2}{p_1} \quad \ldots \ldots \quad (36)$$

Aus (35) und (36) läßt sich durch Elimination von T_k' n berechnen. Um dies in einfacher Weise durchführen zu können, ersetze man den logarithmischen Ausdruck durch eine Potenzreihe, z. B.

$$\lg x = 2\left[\frac{x-1}{x+1} + \frac{1}{3}\left(\frac{x-1}{x+1}\right)^3 + \ldots\right].$$

Da $x = T_k'/T_1$ nur wenig größer als 1 ist, dürfen die Glieder höherer Ordnung vernachlässigt werden, somit gilt:

$$\lg \frac{T_k'}{T_1} \sim 2\,\frac{T_k' - T_1}{T_k' + T_1}$$

oder:

$$2\,\frac{T_k' - T_1}{T_k' + T_1} \sim \frac{n-1}{n} \lg \left(\frac{p_2}{p_1}\right).$$

Benützt man wiederum Gleichung (35), so erhält man:

$$1 = \left[1 + \frac{2\,T_1}{Q} c_v \frac{\varkappa - n}{n-1}\right] \frac{n-1}{2\,n} \lg \frac{p_2}{p_1}$$

und daraus:

$$n = \frac{(2\,T_1\,c_p - Q) \lg \frac{p_2}{p_1}}{(2\,T_1\,c_v - Q) \lg \frac{p_2}{p_1} + 2\,Q} \quad \ldots \ldots \ldots \quad (37)$$

Diese Gleichung dient ganz allgemein zur Bestimmung des Exponenten der Vergleichspolytrope. Für $Q = 0$ wird $n = \varkappa$, d. h. man erhält die Adiabate.

Für den Fall der Isotherme, wobei $n = 1$ wird, ergibt sich aus (37):

$$Q_{\text{isoth}} = T_1 (c_p - c_v) \lg \frac{p_2}{p_1} = A\,R\,T_1 \lg \frac{p_2}{p_1} \quad \ldots \ldots \quad (38)$$

Sobald man n kennt, kann man die Vergleichskurve im p/v-Diagramm etwa mit Hilfe des bekannten Brauerschen Verfahrens oder im T/S-Diagramm in der im I. Teil angegebenen Weise einzeichnen.

Als thermodynamischen (inneren) Wirkungsgrad des Turbokompressors könnte man das Verhältnis

$$\eta_{th} = \frac{A\,L_k'}{A\,L_k} = \frac{i_k' - i_1 + Q}{i_k - i_1 + Q} \quad \ldots \ldots \quad (39)$$

ansehen. In der Praxis pflegt man jedoch den Wirkungsgrad des gekühlten Turbokompressors für Luft auf die Isotherme zu beziehen; man setzt also:

$$\eta_{\text{isoth}} = \frac{A\,L_{\text{isoth.}}}{A\,L_k} = \frac{A\,R\,T_1 \lg \frac{p_2}{p_1}}{c_p (T_k - T_1) + Q} \quad \ldots \ldots \quad (40).$$

Nun ist zu bemerken, daß die isothermische Kompression eine ganz bestimmte Wärmeabfuhr Q_{isoth} erfordert, die durch (38) gegeben ist. Sobald aber $Q \gtrless Q_{\text{isoth}}$ wird, ist eine isothermische Kompression nicht möglich. Wenn man Versuche an praktischen Ausführungen gut gekühlter Turbokompressoren nachrechnet, so findet man in der Regel $Q > Q_{\text{isoth}}$, eine Folge der sehr lebhaften Wärmeabgabe an das Kühlwasser, d. h. die Vergleichskurve ist eine Polytrope mit $n < 1$, oder $T_k' < T_1$.

In dem Ausdruck für AL_k' fällt somit der Summand $c_p(T_k' - T_1)$ negativ aus; für die wirkliche Kompression ist dagegen stets $T_k > T_1$. Gegen den durch (39) definierten Wirkungsgrad läßt sich in diesem Falle einwenden, daß man nicht verlangen kann, die Luft möge am Schlusse der Kompression »unterkühlt« sein, um so mehr als die Luft eine niedrigere Temperatur als das Kühlwasser überhaupt nicht annehmen kann. Würde eine unendliche große Wassermenge zur Verfügung stehen, so könnte man tatsächlich bestenfalls eine isothermische Kompression erzielen. Der »isothermische Wirkungsgrad« hat daher für den gut gekühlten Kompressor physikalische Berechtigung. Nur muß die isothermische Leistung, wie Prof. Langer bemerkt, streng genommen nicht für die Temperatur der eintretenden Luft, sondern für die Kühlwassertemperatur berechnet werden. Eine objektive Vergleichsbasis für das Verhalten des gekühlten und des ungekühlten Kompressors kann man mittels des Wirkungsgrades des »äquivalenten ungekühlten Kompressors« erhalten. Es wäre dies der Wirkungsgrad, der sich dann ergäbe, wenn man die Kühlung ausschalten würde. Der Vorgang wäre der folgende: Aus L_k und L_k' ermittelt man $L_k - L_k'$, also den Verlust infolge der Widerstände. Außerdem bestimme man den Arbeitsbedarf der verlustfreien adiabatischen Kompression L'. Für die wirkliche Kompression ohne Beeinflussung durch die Kühlung ist dann die Arbeit L aufzuwenden, wobei

$$L = L' + (L_k - L_k')$$

zu setzen ist. Als Wirkungsgrad hätte man dann den Ausdruck

$$\eta_{th} = \frac{L'}{L} = \frac{L'}{L' + (L_k - L_k')}$$

anzusehen. Ganz genau ist auch diese Rechnungsart nicht, da die Widerstände selbst, namentlich die Radreibung, durch die Kühlung beeinflußt werden, indem dadurch andere Gaszustände eintreten. Aber er ermöglicht immerhin die gerechteste Vergleichsbasis.

Beispiel. Zum besseren Verständnis mögen die Verhältnisse an einem ausgeführten 4000 pferdigen Turbokompressor der Maschinenbauaktiengesellschaft Pokorny & Wittekind in Frankfurt a. M. besprochen werden. An diesem Kompressor sind auf dem Prüffelde der Turbinenfabrik der Allgemeinen Elektrizitätsgesellschaft in Berlin umfassende Versuche durchgeführt worden, über die Prof. Langer[1]) berichtet. Nach dessen Angaben beträgt die normale Ansaugeleistung 36 000 m³/Std. Luft, der Enddruck 9 kg/cm² abs. Der durch zwei Synchronmotoren der Siemens-Schuckertwerke von je 2000 PSe Leistung bei 3000 Um-

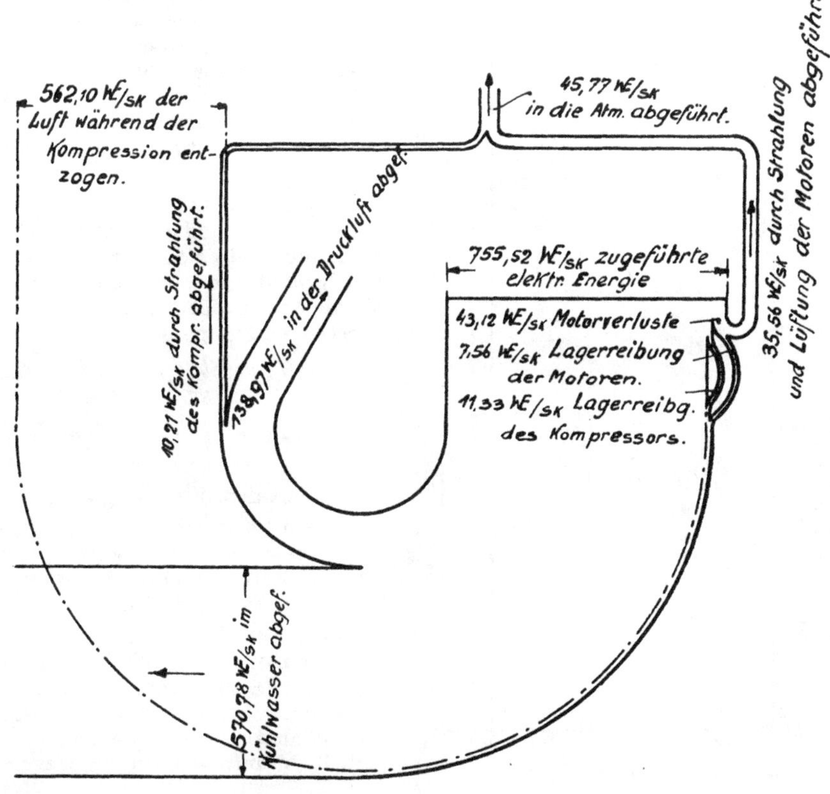

Fig. 74.

läufen in der Minute angetriebene Kompressor verdichtet die Luft in drei Hauptstufen, von denen die Niederdruckstufe in zwei parallel arbeitende geteilt ist, so daß die eine Kompressorseite aus einem Niederdruck- und dem Mitteldruck-, die zweite aus dem anderen Niederdruck- und dem Hochdruckgehäuse besteht. Ein Zwischenkühler ist nur zwischen Mittel- und Hochdruckteil vorgesehen.

Für die Nachrechnung sei der Versuch V herangezogen; Fig. 74 stellt die Wärmebilanz dar, wie sie von Langer mitgeteilt wird. Der Atmosphärendruck war 1,0308 kg/cm², der Druck wurde jedoch beim Eintritt infolge der für Meßzwecke eingebauten Düsen herabgesetzt. Der Enddruck betrug 9,081 kg/cm².

[1]) Langer, Z. d. Ver. d. Ing. 1911, S. 173.

Die Temperatur der Atmosphäre war $t_1 = 25{,}07$ die Endtemperatur im Druckstutzen $t_k = 85{,}86$. Es ist mithin $c_p\,(t_k - t_1) = 14{,}5$ Kal. pro 1 kg Luft, und da 9,6 kg Luft in der Sekunde gefördert wurden, ist $Gc_p\,(t_k - t_1) = 138{,}97$ Kal.; dieser Wert ist im Diagramme unter der Bezeichnung »WE/sek. in der Druckluft abgeführt« angegeben. Das Kühlwasser trat mit einer Temperatur von 24,06° ein und mit 35,08° aus. Da $G_w \backsim 52$ kg Kühlwasser in der Sekunde verwendet wurden, so wurden im ganzen ungefähr $52 \cdot 11 \backsim 572$ Kal./sek. durch das Kühlwasser abgeführt (in der Figur mit 570,78 Kal. angegeben). Das Kühlwasser wurde aber auch verwendet zur Kühlung der Lager der Motoren und des Kompressors und zwar 19 Kal./sek. Es blieben also zur Kühlung der Luft 553 Kal. sek. übrig. Dieser Wert muß durch 9,6 dividiert werden, wodurch man für 1 kg Luft $Q = 57{,}5$ Kal. erhält.

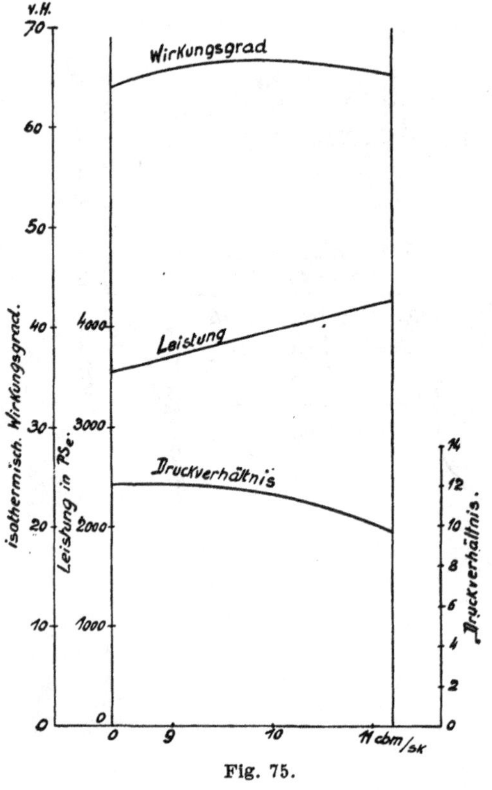

Fig. 75.

Mit Hilfe der Formel 37 erhält man $n \backsim 0{,}876$ und aus (35) $T_k' \backsim 219{,}6$, d. h. die Endtemperatur für die Vergleichspolytrope fällt viel niedriger aus als die Anfangstemperatur. Mit diesen Werten erhält man

$$A\,L_k = (i_k - i_1) + Q = \\ = 14{,}5 + 57{,}5 = 72,$$

$$A\,L_k' = (i_k' - i_1) + Q = \\ = -18{,}7 + 57{,}5 = 38{,}8$$

und damit den Wirkungsgrad, bezogen auf die Vergleichskurve zu $\eta_{th} \backsim 0{,}54$.

Dieser Wert ist weit niedriger als der »isothermische« Wirkungsgrad, der sich für den Versuch (V) zu $\eta_{\text{isoth}} = 0{,}66$ ergibt.

Endlich möge noch der Wirkungsgrad des »äquivalenten, ungekühlten Turbokompressors« berechnet werden. Für adiabatische Kompression wäre die Arbeit L' aufzuwenden, und zwar ist

$$A\,L' = c_p\,(T_2' - T_1) = 61{,}3 \text{ Kal.}$$

Hierbei muß zuerst T_2' mit Hilfe der Beziehung

$$\frac{T_2'}{T_1} = \left(\frac{p_2}{p_1}\right)^{\frac{\varkappa - 1}{\varkappa}}$$

berechnet werden, wobei man $T_2' = 555^0$ erhält.

Es gilt also für die äquivalente Arbeit L:

$$A\,L = A\,L' + (A\,L_k - A\,L_k') = 61{,}3 + 33{,}2 = 94{,}5 \text{ Kal.}$$

$$\eta_{\text{ad}} = 0{,}65.$$

Aus den Versuchen kann die wichtige Folgerung gezogen werden, daß der »isothermische« Wirkungsgrad dem »Wirkungsgrad des äquivalenten ungekühlten Turbokompressors« viel näher steht als der auf die Vergleichskurve bezogene. Vom Standpunkte der Praxis kann mithin der »isothermische Wirkungsgrad« für die Beurteilung des (gut) gekühlten Turbokompressors befürwortet werden. Die Vergleichskurve $A_1 A_k'$ muß aber in den Diagrammen eingezeichnet werden, wenn man die erforderliche Arbeit darstellen will; hierfür die Isotherme zu benützen, wäre nicht angängig.

Als weitere beachtenswerte Tatsache ergibt sich aus den Langerschen Versuchen, daß die durch Strahlung an die Umgebung abgegebene Wärmemenge gering ist[1]).

Es möge noch die Figur 73 vom Standpunkte des Entropieprinzipes besprochen werden. Sowohl für den wirklichen als auch für den idealen Vorgang zeigt es sich, daß die Entropie des arbeitenden Körpers (Luft) am Ende geringer ist als am Anfange. Dies steht aber keineswegs im Widerspruche mit dem Prinzip der Vermehrung der Entropie, da es hierbei auf die Entropiewerte aller am Prozesse beteiligten Körper ankommt. In diesem Falle sind es 1. die zu komprimierende Luft, 2. das Kühlwasser, 3. die Atmosphäre der Umgebung. Da das Kühlwasser die Wärmemenge Q, die umgebende Luft die (meist kleine) Wärmemenge Q_s aufnimmt, so erfährt bei der verlustfreien Kompression der arbeitende Körper eine Entropieverminderung, da ihm sonst keine Wärme zugeführt wird:

$$\Delta S_a' = -\int \frac{dQ + dQ_s}{T}.$$

Dagegen erfährt das Kühlwasser eine Entropievermehrung:

$$\Delta S_w = + \int \frac{dQ}{T}$$

und die umgebende Luft

$$\Delta S_u = + \int \frac{dQ_s}{T}.$$

Es ist also:

$$\Delta S = \Delta S_a + \Delta S_w + \Delta S_u = 0 \quad . \quad . \quad . \quad . \quad (41),$$

[1]) Immerhin kann bei mehrstufigen Einheiten, bei denen mehrere Gehäuse vorgesehen sind, in den Zwischenleitungen eine gewisse Kühlung durch die Luft der Umgebung stattfinden. Es erscheint auch aus diesem Grunde gerechtfertigt, wenn man in der Praxis den Wirkungsgrad stets auf die Isotherme bezieht, wie dies auch der Verein deutscher Ingenieure in seinen »Regeln für Leistungsversuche an Ventilatoren und Kompressoren« vorschlägt. Für das eingehende Studium der inneren Vorgänge in den einzelnen Stufen wäre dagegen diese vereinfachte Betrachtungsart nicht am Platze.

d. h. für die verlustfreie Kompression längs der Vergleichskurve $A_1 A_k'$ ist die Entropieänderung aller am Prozeß beteiligten Körper gleich Null.

Für den wirklichen Prozeß muß dagegen noch die durch die sich in Wärme umsetzende Widerstandsarbeit erzeugte Entropieänderung bei der arbeitenden Luft berücksichtigt werden. Es gilt:

$$\Delta S_a = -\int \frac{dQ + dQ_s}{T} + \int \frac{dW}{T},$$

während ΔS_w und ΔS_u ebenso wie im früheren Falle lauten. Mithin ergibt sich als gesamte Entropieänderung aller am Prozesse beteiligten Körper

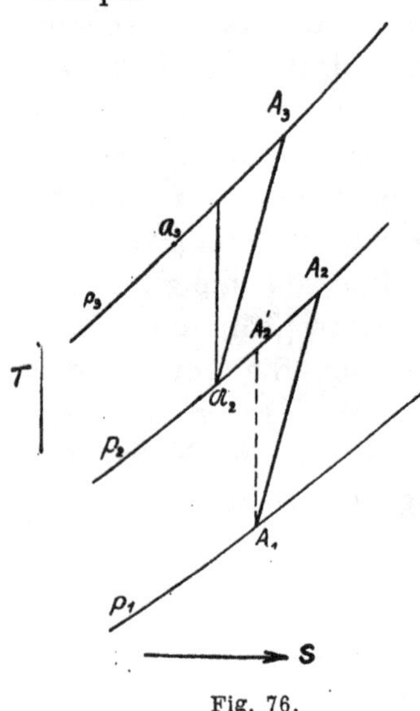

Fig. 76.

$$\Delta S = \int \frac{dW}{T} \quad . \quad . \quad . \quad . \quad (42),$$

also eine Entropievermehrung. Diese Beziehung gilt auch für den ungekühlten Turbokompressor, wobei sich die Verhältnisse insofern einfacher gestalten, als $dQ = 0$ wird.

Für die Beurteilung des Turbokompressors — wie jeder Wärmemaschine überhaupt — ist stets ein Idealprozeß heranzuziehen, für den die Entropie aller am Vorgang beteiligten Körper einen unveränderlichen Wert besitzt.

Bei der Neuberechnung eines (gut) gekühlten Z-stufigen Turbokompressors empfiehlt es sich, im Hinblicke auf den Umstand, daß der wirkliche Verlauf der Kompressionslinie unbekannt ist, zunächst den Arbeitsbedarf für die isothermische Kompression zu ermitteln:

$$L_{\text{isoth}} = p_1 v_1 \lg \frac{p_{z+1}}{p_1}.$$

Hierbei ist unter p_{z+1} der Druck am Ende der letzten Stufe zu verstehen. Mit Hilfe des isothermischen Wirkungsgrades, den man erfahrungsgemäß zwischen 0,6 und 0,7 annehmen kann, läßt sich dann der Arbeitsbedarf für die wirkliche Kompression bestimmen. Zwecks Dimensionierung der einzelnen Stufen ist es noch erforderlich, die Zwischendrücke zu bestimmen. Es bedeutet p_1 den Druck vor der ersten, p_2 vor der zweiten . . ., p_z vor der letzten Stufe. Der theoretische Arbeitsbedarf lautet für die 1. Stufe:

$$l_1 = p_1 v_1 \lg \frac{p_2}{p_1},$$

für die 2. Stufe

$$l_2 = p_1 v_1 \lg \frac{p_3}{p_2},$$

für die letzte Stufe

$$l_z = p_1 v_1 \lg \frac{p_{z+1}}{p_z}.$$

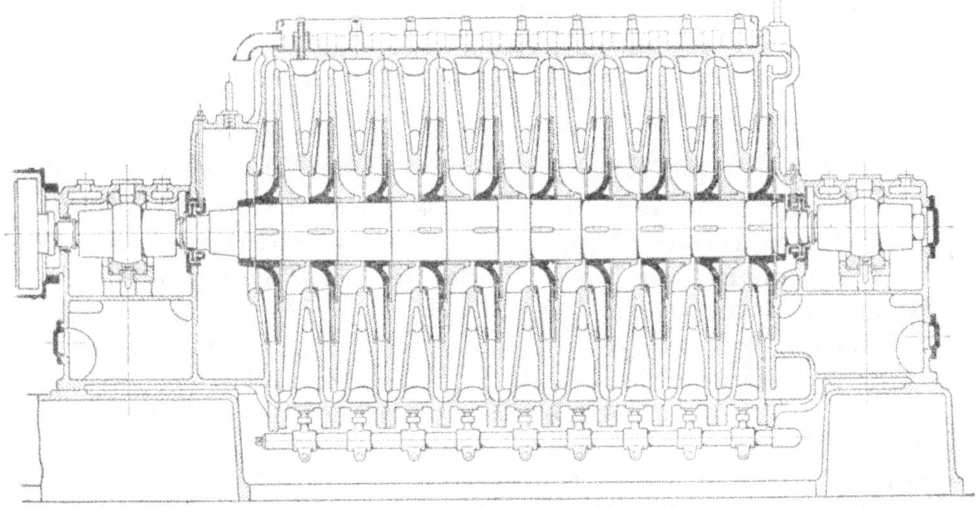

Fig. 76 a.

Soll der Arbeitsbedarf der einzelnen Stufen gleich groß sein, wie dies freilich nur für einen Satz von Rädern mit gleichem äußeren Durchmesser D_2 möglich ist, so wird

$$l_1 = l_2 = \ldots\ldots = l_z$$

sein, oder

$$\frac{p_2}{p_1} = \frac{p_3}{p_2} = \ldots\ldots \frac{p_{z+1}}{p_z} = \varepsilon \quad . \quad . \quad . \quad . \quad . \quad (43),$$

d. h. das Druckverhältnis ist für die einzelnen Stufen konstant. Es gilt: $p_2 = p_1 \varepsilon$, $p_3 = p_1 \varepsilon^2$, $p_{z+1} = p_1 \varepsilon^z$, d. h. die Drücke in den einzelnen Stufen nehmen nach einer geometrischen Reihe zu. Für die Ermittlung der Querschnitte in den einzelnen Stufen muß der

Verlauf der wirklichen Zustandskurve im T/S- oder im p/v-Diagramm angenommen werden, da die wirklichen Werte für das spezifische Volumen maßgebend sind.

Auch für den gekühlten Kompressor ist der Gesamtwirkungsgrad mit dem Einzelwirkungsgrad nicht identisch, doch läßt sich der Zusammenhang nicht in einfacher Weise übersehen. Der Verlauf der Zustandskurve ist ein ganz unregelmäßiger, und man darf annehmen, daß die Kühlung vor allem h i n t e r jeder Stufe wirksam ist, während die Zustandsänderung im Lauf- und Leitrad durch die Kühlung nur wenig beeinflußt wird und mithin über der Adiabate verläuft. In Fig. 76 wird dies zur Darstellung gebracht. Für die Beurteilung des Arbeitsvorganges in den einzelnen Stufen kann mithin ebenso vorgegangen werden wie beim ungekühlten Kompressor. Fig. 76 a bringt einen Schnitt durch einen vielstufigen Turbokompressor.

i) Das allgemeine Verhalten der Turbokompressoren.

Das allgemeine Verhalten ist insbesondere für die Beurteilung der Vorgänge bei der Regelung von Interesse. Hierbei kommt es auf den Zusammenhang dreier Größen an, nämlich der Luftmenge, der erzeugten Pressung und der Tourenzahl.

Zumeist wird von der Regelungsvorrichtung verlangt, daß sie die Förderung verschiedener Luftmengen bei gleichbleibender Pressung ermögliche. Aber auch der umgekehrte Fall, d. i. die Einstellung einer bestimmten Fördermenge bei veränderlicher Endpressung kommt zuweilen in Frage, wie z. B. bei den Gebläsen für Hochöfen.

Die Änderung der Fördermenge bei konstanter Pressung kann auf zweifache Art erreicht werden: 1. durch Veränderung der Tourenzahl; 2. durch Drosseln in der Saug- oder Druckleitung.

Die erstere Art ist, wie aus den folgenden Ausführungen hervorgehen wird, die wirtschaftlich richtigere. Zu diesem Zwecke muß die Antriebsmaschine auf verschiedene Drehzahlen eingestellt werden können. Die zweite Art ist aber vielfach die bequemere; namentlich auf Prüffeldern pflegt man den in der Saug- oder Druckleitung eingebauten Drosselschieber zu verstellen, wodurch die Luftmenge eingestellt werden kann. Bedeutet $\mathfrak{H}$ die erreichte Druckhöhe in m Luftsäule, so ist

$$V = \mu f \sqrt{2 g \mathfrak{H}} \quad . \; . \; . \; . \; . \; . \; . \; . \; . \quad (44),$$

worin V die Luftmenge in m^3/sek, f den freien Querschnitt, μ einen Koeffizienten bedeutet, der die Widerstände beim Durchströmen durch die Schieberöffnung berücksichtigt. Diese Gleichung eignet sich nur für Niederdruckgebläse. Bei größeren Druckunterschieden tritt an ihre Stelle:

$$V = \mu f \sqrt{2 g \frac{H}{A}} \quad . \quad . \quad . \quad . \quad . \quad . \quad (44a),$$

worin H das der Expansion der gepreßten Luft bis auf den Atmosphärendruck entsprechende verfügbare Wärmegefälle bedeutet.

Für eine gegebene Schieberstellung ist somit: $\frac{V}{\sqrt{\mathfrak{H}}} = \text{konst.}$

Dieser Wert ist insbesondere unabhängig von der Tourenzahl. Im Grubenbetrieb pflegt man den Ausdruck $f = 0{,}383 \frac{V}{\sqrt{h}}$ als die »gleichwertige Öffnung« oder »äquivalente Grubenweite« zu bezeichnen. Dabei ist h die Pressung in kg/m^2; die Formel ist aus (44) entstanden, wobei $\mu = 0{,}65$ angenommen wurde.

Im Abschnitt (e) wurde die Beziehung für das »Wärmegefälle« am Radumfang abgeleitet. Durch Division mit A erhält man daraus die Druckhöhe am Radumfang als Funktion von u_2 und w_2 in der Form:

$$\mathfrak{H}_u = \frac{1}{g} \left[B u_2^2 + C u_2 w_2 - E w_2^2\right].$$

Die Größe $\mathfrak{H}_u$ entspricht allerdings noch nicht der tatsächlich erreichten Druckhöhe $\mathfrak{H}_e$, die kleiner als $\mathfrak{H}_u$ ist, weil noch die Verluste durch Radseitenreibung usw. zu decken sind. Aber man darf annehmen, daß zwischen $\mathfrak{H}_e$, u_2 und w_2 ein ähnlicher Zusammenhang besteht. Nun ist u_2 der Tourenzahl, w_2 der geförderten Luftmenge proportional, mithin darf man die Beziehung aufstellen:

$$\mathfrak{H}_e = \beta n^2 + \gamma V n + \delta V^2 \quad . \quad . \quad . \quad . \quad . \quad . \quad (45).$$

Diese Gleichung definiert das allgemeine Verhalten des Turbogebläses; dabei ist außer den erwähnten Verlusten in den Lauf- und Leitschaufeln auch noch der Einfluß des Stoßes zu berücksichtigen. Rechnerisch kann dies in ähnlicher Weise durchgeführt werden wie bei den Zentrifugalpumpen[1]) unter Zugrundelegung des Borda-Carnotschen Gesetzes. Da allerdings eine derartige Betrachtungsweise nur in beschränktem Maße mit der Wirklichkeit übereinstimmt, so möge fernerhin hiervon abgesehen werden. Der durch Gleichung (45) dargestellte Zusammenhang entspricht, geometrisch gedeutet, einem hyperboli-

[1]) Vgl. des Verfassers »Beitrag zur Theorie der Zentrifugalpumpen« (Z. d. österr. Ing.- u. Arch.-Ver. 1909).

schen Paraboloid. Ist $n =$ konstant, so erhält man die Beziehung zwischen Druckhöhe und Fördermenge, die durch eine Parabel dargestellt und als »Charakteristik« bezeichnet wird (vgl. Fig. 77). Der jeweilige Beharrungszustand ergibt sich als Schnittpunkt der Charakteristik mit der Widerstandskurve, d. i. der Parabel $\frac{V}{\sqrt{\mathfrak{H}}} =$ konst. Ändert man die Schieberstellung, so erhält man eine andere Widerstandskurve und damit einen anderen Beharrungszustand. Läßt man die Schieberstellung konstant, so kann man durch Änderung der Tourenzahl einen anderen Zustand einstellen; in diesem Falle bleibt die Widerstandskurve bestehen, während sich die Charakteristik verschiebt.

Da wegen $\mathfrak{H} = \mathfrak{K}\, u_2^2$ der Wirkungsgrad nur dann konstant bleiben kann, wenn sich w_2/u_2 nicht ändert, so muß auch die Bedingung für konstanten Wirkungsgrad $V/n =$ konstant lauten. Diese Beziehung, in Verbindung mit der Gleichung für $\mathfrak{H}$, führt aber auf $\frac{V}{\sqrt{\mathfrak{H}}} =$ konstant, d. h. man kann nur durch Veränderung der Tourenzahl eine Regulierung mit annähernd konstantem Wirkungsgrad erzielen. Bei der anderen Art der Regelung müssen hingegen Stoßverluste eintreten. Zu beachten ist noch, daß man mit Hilfe eines Turbokompressors nicht beliebig kleine Luftmengen fördern kann, da hierbei das unangenehme »Pumpen« eintritt. Die untere Grenze liegt nach Angaben der allgemeinen Elektrizitäts-Gesellschaft in Berlin bei ½ bis ⅓ der Normalleistung. (Abblaseventil!) Es ist dies ein Nachteil des Turbokompressors, der überhaupt nur dort in Frage kommen kann, wo es sich um die Förderung **großer** Luftmengen handelt.

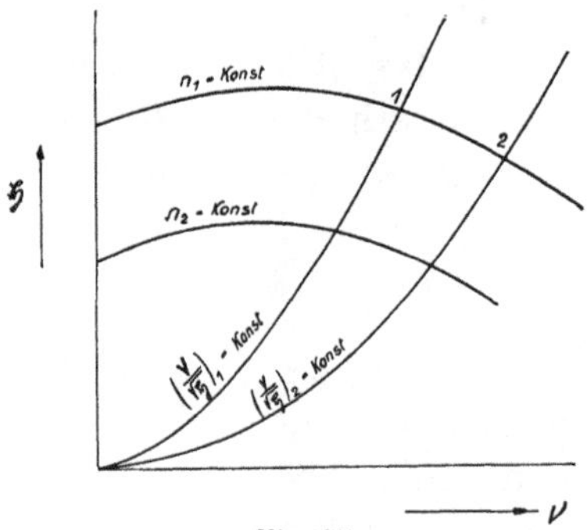

Fig. 77.

Für vielstufige gekühlte Hochdruckkompressoren erhält man in analoger Weise zu (26), wenn p_1 der Anfangs-, p_2 der Enddruck ist:

$$A\,L = Z\,K\,u_2^2$$

wobei

$$A\,L = i_2 - i_1 + Q$$

ist. Mit Rücksicht auf (40) ergibt sich:

$$A\,R\,T_1 \lg \frac{p_2}{p_1} = \eta_{\mathrm{isoth}}\, Z\, K\, u_2^2$$

oder

$$\lg \frac{p_2}{p_1} = \text{konst. } u_2^2 \quad \ldots\ldots \quad (46).$$

Bedeutet V die angesaugte Luftmenge (m³/sek), N die Betriebsarbeit (PS), so gilt mit guter Näherung:

$$H = \text{konst. } u_2^2$$
$$V = \text{konst. } u_2$$
$$N = \text{konst. } u_2^3.$$

IV. Teil.

Zur Verwendung von Turbomaschinen in der Kältetechnik.

Im Hinblicke auf die zunehmende Verbreitung der Turbomaschinen wurde in den letzten Jahren die Frage aufgeworfen, inwieweit die Verwendung von Turbomaschinen in der Kältetechnik möglich und wirtschaftlich wäre. Man unterscheidet bekanntlich Kaltluft- und Kaltdampfmaschinen. Bei den ersteren wird atmosphärische Luft, bei den letzteren zumeist Ammoniak, schweflige Säure oder Kohlensäure als arbeitendes Medium verwendet. Obwohl Kaltluftmaschinen vom wärmetechnischen Standpunkte wesentlich unwirtschaftlicher als Kaltdampfmaschinen arbeiten, werden sie vereinzelt wegen ihres gefahrlosen, einfachen Betriebes namentlich zur Schiffskühlung noch verwendet. Da von mehreren Seiten angeregt wurde, eine Verbesserung der Kaltluftmaschinen mit Hilfe von Turbomaschinen anzustreben, möge diese Frage zunächst untersucht werden.

a) Turbo-Kaltluftmaschine.

Zur Erzielung einer größeren Kälteleistung sind große Luftmengen erforderlich. Dieser Umstand wäre für die Verwendung von Turbomaschinen günstig, während der Raumbedarf der Arbeitszylinder bei Kolbenmaschinen häufig sehr erheblich ist. Es zeigt sich jedoch, daß durch Verwendung von Turbomaschinen die Wirtschaftlichkeit noch mehr herabgesetzt wird, wie aus den folgenden Untersuchungen hervorgeht.

Der Vorgang bei einer Kaltluftmaschine ist der folgende: Luft wird aus einem Raume, dessen Temperatur herabgesetzt werden soll, angesaugt und mit Hilfe eines Kompressors auf einen höheren Druck verdichtet. Die komprimierte Luft wird nun durch Rohrschlangen geführt, in denen sie gekühlt wird, worauf man sie wiederum bis zum Anfangsdrucke arbeitsverrichtend expandieren läßt; dadurch wird eine tiefe Temperatur erreicht. Der Zyklus wird durch die Fig. 78 (p/v-Diagramm) und die Fig. 79 (T/S-Diagramm) veranschaulicht.

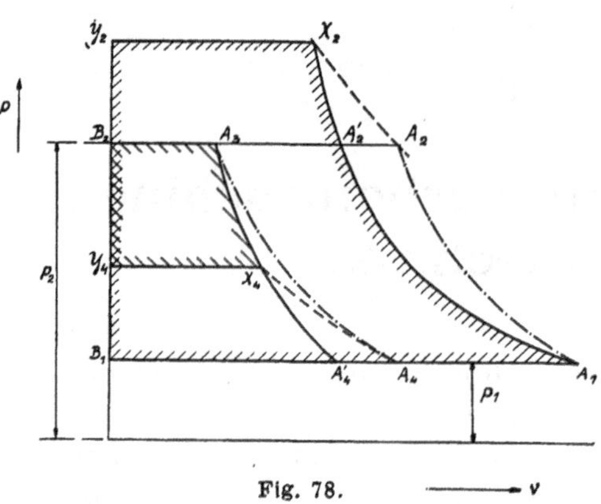

Fig. 78.

Es soll nun die Kompression durch einen Turbokompressor, die Expansion durch eine Luftturbine bewirkt werden. Könnten sich die Zustandsänderungen widerstandsfrei vollziehen, so würde die Kompression längs $A_1 A_2'$, die Expansion längs $A_3 A_4'$ verlaufen. Wir wollen zunächst annehmen, daß der Kompressor nicht gekühlt ist; dann ergibt sich als ideale Zustandsänderung die Adiabate $A_1 A_2'$. Die ideale Zustandsänderung in der Turbine ist die Adiabate $A_3 A_4'$. Maßgebend für die Beurteilung der Wirtschaftlichkeit einer Kältemaschine ist die sog. »Leistungsziffer«, die gleich dem Quotienten aus der Kälteleistung und dem Arbeitsbedarf ist. Ist Q_o' die Kälteleistung für den Idealprozeß, AL' der Arbeitsbedarf (in Kal.), so ist die theoretische Leistungsziffer:

$$\varepsilon' = \frac{Q_0'}{A L'} \quad \dots\dots\dots \quad (1).$$

Bezeichnet man die Temperaturen in den Zustandspunkten A_1 und A_3 mit T_1 und T_3, bzw. in den Punkten A_2' und A_4' mit T_2' und T_4', so läßt sich leicht nachweisen, daß:

$$\varepsilon' = \frac{T_1}{T_2' - T_1} = \frac{T_4'}{T_3 - T_4'} \quad \dots\dots \quad (2).$$

Die Kälteleistung Q_o' wird im T/S-Diagramm durch die Fläche $E_3 E_1 A_1 A_4'$ dargestellt. Die aufzuwendende Arbeit entspricht der Fläche $A_1 A_2' A_3 A_4'$.

Wegen der Verluste verläuft die Kompression längs $A_1 A_2$, der Arbeitsbedarf derselben beträgt (in Kal.):

$$A L_k = c_p (T_2 - T_1).$$

Der Arbeitsbedarf der verlustfreien Kompression ist hingegen:

$$A L_k' = c_p (T_2' - T_1).$$

Das Verhältnis

$$\eta_k = \frac{T_2' - T_1}{T_2 - T_1} = \frac{L_k'}{L_k} \quad . \quad . \quad . \quad (3)$$

entspricht dem Wirkungsgrade des Turbokompressors. Durch die nicht umkehrbare Zustandsänderung wird der Arbeitsbedarf für die Kompression erhöht. Im p/v-Diagramm entspricht L_k' der Fläche $A_1 A_2' B_2 B_1$, L_k hingegen der Fläche $A_1 X_2 Y_2 B_1$, wobei $A_2 X_2$ eine Kurve konstanten Wärmeinhaltes bedeutet.

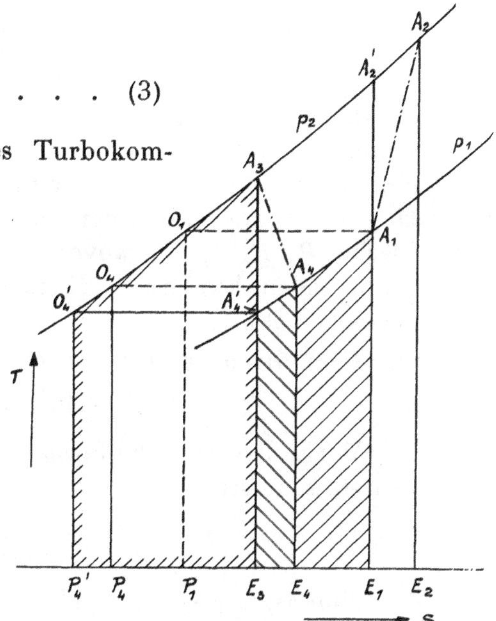

Fig. 79.

Von dem Arbeitsbedarf L_k wird die Arbeit L_t der Luftturbine zurückgewonnen. Diese lautet:

$$A L_t = c_p (T_3 - T_4),$$

während bei der verlustfreien Expansion die Arbeit durch

$$A L_t' = c_p (T_3 - T_4')$$

gegeben wäre. Der »innere« Wirkungsgrad der Turbine ist

$$\eta_t = \frac{T_3 - T_4}{T_3 - T_4'} = \frac{L_t}{L_t'} \quad . \quad . \quad . \quad . \quad . \quad . \quad (4).$$

Infolge der nicht adiabatischen Expansion kann nur die Arbeit L_t durch die Turbine zurückgewonnen werden, die im p/v-Diagramm der Fläche $A_3 X_4 Y_4 B_2$ entspricht, wobei $X_4 A_4$ eine Kurve konstanten Wärmeinhaltes bedeutet. Ist die aufzuwendende Arbeit (pro kg Luft) im Idealfall

$$L' = L_k' - L_t',$$

so beträgt sie in Wirklichkeit[1])

$$L = L_k - L_t = \frac{L_k'}{\eta_k} - \eta_t L_t' \quad \ldots \ldots \quad (5).$$

Durch die nichtumkehrbare Expansion wird aber nicht allein die aufzuwendende Arbeit erhöht, vielmehr wird die Kälteleistung selbst unmittelbar herabgesetzt. Diese beträgt $Q_o = c_p\ (T_1 - T_4)$, während im Idealfall $Q_o' = c_p\ (T_1 - T_4')$ erzielt werden könnte. Der erstere Ausdruck entspricht in Fig. 79 der Fläche $E_4\,E_1\,A_1\,A_4$, der letztere der Fläche $E_3\,E_1\,A_1\,A_4'$. Der Verlust an Kälteleistung

$$Q_0' - Q_0 = c_p\,(T_4 - T_4') \quad \ldots \ldots \quad (6)$$

wird durch die Fläche $E_3\,E_4\,A_4\,A_4'$ dargestellt.

Durch Betrachtung des T/S-Diagrammes erkennt man ohne weiteres, daß **der Verlust an Kälteleistung ebenso groß ist wie der Energieverlust in der Turbine.** Das verfügbare Gefälle der Turbine entspricht im T/S-Diagramm der Fläche $P_4'\,E_3\,A_3\,O_4'$, wovon infolge der unter Entropievermehrung verlaufenden Expansion $A_3\,A_4$ die Fläche $P_4'\,P_4\,O_4\,O_4'$ als Verlust anzusehen ist.

Im übrigen kann dies auch rechnerisch nachgewiesen werden, da

$$A\,L_t' - A\,L_t = c_p\,(T_4 - T_4') \text{ ist.}$$

Wir wollen noch die Formel für die Leistungsziffer ε des wirklichen Prozesses aufstellen:

$$\varepsilon = \frac{Q_0}{A\,L} = \frac{T_1 - T_4}{(T_2 - T_1) - (T_3 - T_4)}.$$

Nun ist $T_4 - T_4' = (1 - \eta_t)\,(T_3 - T_4')$, somit:

$$\varepsilon = \frac{T_1 - T_4' - (1 - \eta_t)\,(T_3 - T_4')}{\frac{T_2' - T_1}{\eta_k} - (T_3 - T_4')\,\eta_t} \quad \ldots \ldots \quad (7).$$

Der schädliche Einfluß der nichtumkehrbaren Expansion fällt hier doppelt schwer ins Gewicht. Da in der Turbine die thermischen Verluste höher sind als in der Kolbenmaschine, so muß die Anwendung einer Turbine für den Expansionsvorgang gegenüber dem »Expansionszylinder« als ein Nachteil bezeichnet werden.

---

[1]) Der wirkliche Arbeitsbedarf ist noch etwas größer als L, da in η_k und η_t die (geringfügigen) mechanischen Verluste nicht enthalten sind.

Die größeren mechanischen Verluste des letzteren sind insofern nicht so bedeutungsvoll, als sie auf die Kälteleistung keinen Einfluß ausüben.

Bezüglich des Kompressionsvorganges ist zu bemerken, daß in dieser Hinsicht die Verwendung des Turbokompressors gegenüber einem Kolbenkompressor nicht so nachteilig ist, da die Kälteleistung durch den Verlauf der Kompression nicht unmittelbar beeinflußt wird. Jedenfalls würde es sich empfehlen, den Kompressor mit reichlicher Kühlung zu versehen.

Die Anwendung der Turbomaschine für Kompression und Expansion ist — entgegen einer in der Literatur mehrfach geäußerten Ansicht — jedenfalls unwirtschaftlich. Rücksichten auf den Raumbedarf könnten allenfalls einen Versuch mit einem Turbokompressor erwägungswert erscheinen lassen, während die Anwendung der Luftturbine unter allen Umständen die Anlage noch verschlechtert.

Auf noch einen Umstand sei hingewiesen: Die Benützung von Turbomaschinen ist für kleinere Kälteleistungen ausgeschlossen. Für die untere Grenze ist praktisch nicht die kleinste Spaltbreite der Turbine, vielmehr diejenige des Kompressors maßgebend; denn die Turbine kann teilweise beaufschlagt werden (als Gleichdruckturbine), der Kompressor jedoch nicht.

Beispiel. 1. Es sei $p_1 = 1$ Atm., $p_2 = 4$ Atm., $T_1 = 270^0$, $T_3 = 300^0$. Mit Hilfe der Beziehung

$$\left(\frac{p_2}{p_1}\right)^{\frac{\varkappa-1}{\varkappa}} = \frac{T_2'}{T_1} = \frac{T_3}{T_4'}$$

ergibt sich:

$$T_2' = 401^0, \quad T_4' = 202^0.$$

Die theoretische Leistungsziffer ergibt sich zu: $\varepsilon' = 2{,}05$.

Die wirkliche Leistungsziffer berechnet sich nach Gleichung (7), wenn man $\eta_t = \eta_k = 0{,}7$ setzt, zu:

$$\varepsilon = \frac{68 - 0{,}3 \cdot 98}{\frac{131}{0{,}7} - 98 \cdot 0{,}7} = 0{,}326.$$

Die Leistungsziffer wird also ganz erheblich herabgesetzt; das Verhältnis $\varepsilon/\varepsilon' = 0{,}16$.

2. Nun wird bekanntlich durch Herabsetzung des Enddruckes die theoretische Leistungsziffer erhöht; es fragt sich, wie sich die wirkliche Leistungsziffer bei Anwendung von Turbomaschinen verhalten wird.

Man wähle $p_2/p_1 = 1{,}6$, ferner $t_1 = -2^0$, $t_3 = 24^0$. Der letztere Wert ist von der Temperatur des Kühlwassers abhängig. Es ist somit: $T_1 = 271^0$, $T_3 = 297^0$. Mit Hilfe der gleichen Beziehung wie im Beispiel 1 erhält man T_2'

$= 312^0$, $T_4' = 258^0$. Die theoretische Leistungsziffer ergibt sich mit diesen Werten zu: $\varepsilon' = 6{,}6$; die wirkliche Leistungsziffer beträgt dagegen

$$\varepsilon = \frac{13 - 0{,}3 \cdot 39}{\frac{41}{0{,}7} - 0{,}7 \cdot 39} \sim 0{,}04.$$

Das Verhältnis ε/ε' beträgt 0,006. In diesem Falle ist die theoretische Leistungsziffer größer als beim Beispiel 1, die wirkliche dagegen erheblich kleiner. Der Grund liegt in der wesentlichen Herabsetzung der Kälteleistung infolge der nichtumkehrbaren Expansion; denn es beträgt pro kg Gas: $Q_0' = 0{,}238 \cdot 13 = 3{,}1$ Kal., dagegen $Q_0 = 0{,}238 \cdot 1{,}3 = 0{,}31$ Kal. Eine Verbesserung der Kaltluftmaschinen wird also durch Verwendung von Turbomaschinen keineswegs erzielt. Für kleinere Luftvolumina als 2000 cbm/Std. ist übrigens beim Turbokompressor ein Wirkungsgrad $\eta_k = 0{,}7$ gar nicht erreichbar.

b) Turbo-Kaltdampfmaschine.

In der Praxis sind die Kaltluftmaschinen durch die Kaltdampfmaschinen größtenteils verdrängt worden, da diese wesentlich wirtschaftlicher arbeiten. Der Arbeitsvorgang möge an Hand des Entropiediagrammes (Fig. 80) verfolgt werden. Der Kompressor saugt aus dem Verdampfer Dampf an (Zustand A_1), komprimiert ihn bis zum Zustand A_2 (Druck p_2) und drückt ihn in den Kondensator.

In diesem wird der Dampf vollständig verflüssigt und gelangt im Zustand A_3 mit einer Temperatur T_3 zum Regulierventil, wodurch er bis zum Anfangsdruck p_1 gedrosselt wird. A_3A_4 entspricht der Drosselung. Das flüssige Medium wird dann im Verdampfer verdampft, wobei dem Kühlmittel (Salzlösung) die Kälteleistung Q_0 entzogen wird.

Beträgt die Kompressionsarbeit in Kal. AL, so ist wieder:

$$\varepsilon = \frac{Q_0}{AL} \quad \ldots \ldots \ldots \quad (8).$$

Daß man bei Kaltdampfmaschinen bessere Leistungsziffern erreicht, liegt daran, daß bei ihnen die Verdampfungswärme ausgenutzt wird, so daß so große Temperaturunterschiede wie bei den Kaltluftmaschinen überhaupt nicht auftreten. Bei den Kaltdampfmaschinen ist an Stelle des Expansionszylinders ein Regulierventil vorgesehen; dadurch entfällt die Möglichkeit der Verwendung einer Kaltdampfturbine. Dagegen kann prinzipiell die Kompression durch einen Turbokompressor bewirkt werden. Auf die Kälteleistung bleibt es natürlich ohne jeden Einfluß, ob die Kompression mit Hilfe eines Kolbens- oder eines Turbokompressors bewerkstelligt wird.

Wenn die Kompression widerstandsfrei verlaufen könnte, so wäre der Arbeitsbedarf (in Kal.)

$$A L' = i_2' - i_1 = \text{Fläche } A_1 A_2' B_2 B_1.$$

In Wirklichkeit ist der Arbeitsbedarf infolge der Reibungswiderstände größer, er beträgt:

$$AL = i_2 - i_1.$$

Der Mehrverbrauch an Arbeit $AL - AL' = i_2 - i_2'$ wird durch die Fläche $E_1 A_2' A_2 E_2$ dargestellt.

Bei der Verwendung von Turbokompressoren kommt nur der sog. »trockene Kompressorgang« in Frage, da bei Naßdampf Korrosionen der Schaufeln eintreten können. Als arbeitendes Medium käme nur schweflige Säure in Betracht. Kohlensäure hat ein zu großes spezifisches Gewicht, die Schaufeln des Turbogebläses würden zu kurz ausfallen.

Für schweflige Säure kann der Turbokompressor nur für große Kälteleistungen in Frage kommen, wie bereits Lorenz[1]) bemerkt hat. Nimmt man z. B. als Verdampfungstemperatur $\vartheta_1 = -10^0$ an, welcher der Druck $p_1 = 1{,}04$ Atm. abs. entspricht, als Kondensatortemperatur $\vartheta_2 = +20^0$, entsprechend dem Drucke $p_2 = 3{,}35$ Atm., so erhält man für überhitzten Betrieb mit Unterkühlung:

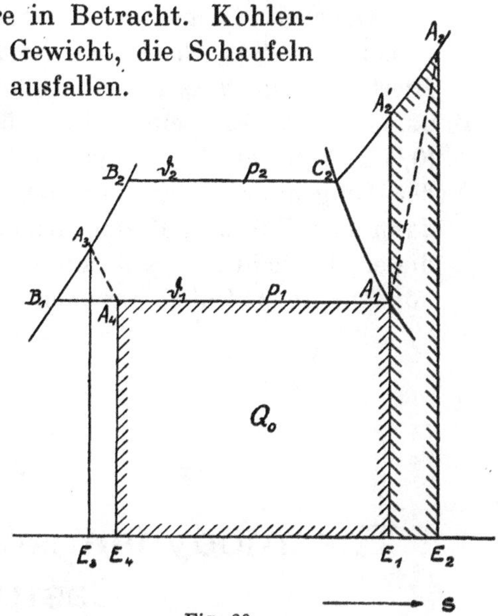

$$AL' = 10{,}89 \text{ Kal.},$$

Fig. 80.

$Q_0 = 85{,}54$ Kal., $\varepsilon = 7{,}85$. Dabei bezieht sich die Kälteleistung Q_0 auf die Gewichtsmenge 1 kg, das spezifische Volumen ist $v = 0{,}33$ bei -10^0. Bezeichnet man die stündliche Kälteleistung mit Q_{st}, das stündlich arbeitende Dampfvolumen mit V_{st}, so ist

$$\frac{Q_{st}}{Q_0} = \frac{V_{st}}{v_0} \quad \ldots\ldots\ldots \quad (9).$$

---

[1]) Lorenz, Z. f. d. ges. Turb. 1910.

Führt man als kleinsten zulässigen Wert für V_{st} 2500 cbm ein, so ist

$$Q_{st} = \frac{2500}{0{,}33} \cdot 85{,}54 = 648\,000 \text{ Kal.}$$

Die kleinste, bei Anwendung von Turbokompressoren und von SO_2 als Kühlmittel zu erreichende stündliche Kälteleistung beträgt somit 648 000 Kal.

Bei Ammoniak wird Q_0 wegen der größeren Verdampfungswärme bedeutend größer, mithin fällt Q_{st} im Hinblicke auf (9) noch wesentlich größer aus als bei SO_2.

Jedenfalls ergibt sich aus den vorstehenden Betrachtungen, daß für die bisher gebräuchlichen Anlagen die Anwendung von Turbomaschinen keine wirtschaftlichen Vorteile zeitigen kann.

Dagegen beansprucht eine von Josse und Gensecke[1]) vorgeschlagene Strahlkältemaschine ein weit höheres Interesse. Hierbei wird Wasser als Kälteträger verwendet, indem im Verdampfer mittels eines Dampfstrahles ein derart tiefer Druck (0,006 Atm. abs.) erzeugt wird, daß das Wasser verdampft und der Umgebung Wärme entzieht. Durch eine erweiterte Düse wird dann der Dampf auf den Kondensatordruck gebracht. Mit Hülfe dieser Einrichtung soll man erhebliche Kälteleistungen erzielen können, doch fehlen hierüber in der Literatur nähere Angaben.

V. Teil.

Thermodynamische Grundlagen der Gasturbinen.

Die Verbrennungsmaschinen haben in den letzten Jahren eine ungeahnte Entwicklung und Verbreitung erfahren. Es erscheint daher naheliegend, die bei den Gas- und Ölmaschinen verwirklichten Prozesse mit Hülfe von Turbomaschinen durchzuführen. Trotzdem es gerade in neuerer Zeit an ernsten Bestrebungen in dieser Hinsicht nicht fehlt, hat man mit Hülfe der Gasturbine noch lange nicht die in

[1]) Z. f. d. ges. Turb. 1911, S. 540.

der Kolbenmaschine erzielte Wärmeausnutzung erreicht. Aus diesem Grunde mögen an dieser Stelle der Berechnung der Gasturbine nur einige kurze Bemerkungen gewidmet werden.

Im Kolbengasmaschinenbau tauchte zuerst die Gasmaschine von Lenoir auf, der alsbald die »atmosphärische Gasmaschine« von Otto und Langen folgte. Diese beiden Maschinen sind als Explosionsmotoren ohne Vorverdichtung anzusehen. Eine wesentliche thermische Verbesserung wurde durch die von Otto angewandte Kompression vor der Zündung erzielt. Noch günstiger verhält sich die Dieselmaschine, bei der die Vorkompression bis zu einer derart hohen Pressung geführt wird, daß sich der zugeführte Brennstoff in der heißen Luft von selbst entzündet.

Sobald man den Prozeß der Kolbenkraftmaschinen auf die Turbine übertragen will, ergeben sich mehrere Schwierigkeiten. Bei den Kolbenmaschinen können Expansion und Kompression in demselben Zylinder bewirkt werden; aus diesem Grunde erreicht man hohe Wirkungsgrade. Dies ist bei der Turbine nicht möglich, da man außer der Turbine, in der nur die Expansion stattfinden kann, noch einen besonderen Kompressor braucht. Am naheliegendsten erscheint die Verwendung eines besonderen Turbokompressors, wodurch freilich der Arbeitsbedarf für die Kompression erhöht wird. Aber selbst dann, wenn es gelingen sollte, einen möglichst vollkommenen Turbokompressor zu bauen, wäre die Turbine noch immer im Nachteil gegenüber der Kolbenmaschine, da die thermischen Verluste infolge der nichtumkehrbaren Expansion und Kompression bei der Turbomaschine mehr ins Gewicht fallen. Die größeren mechanischen Verluste der Kolbenmaschine sind aber weniger nachteilig, da bei der Gaskolbenmaschine derselbe Mechanismus für die Übertragung der hin- und hergehenden in eine rotierende Bewegung sowohl für die Expansion als für die Kompression verwendet wird. Eine wesentliche Schwierigkeit besteht ferner darin, daß die am Ende der Expansion erzielten Temperaturen außerordentlich hoch sind, und daß wir über kein geeignetes Schaufelmaterial verfügen, das derartig hohe Temperaturen dauernd vertragen könnte. Diesbezüglich ist also die Gasturbinenfrage eine Materialfrage. Vorläufig wäre man genötigt, um die unzulässig hohen Temperaturen herabzusetzen, entweder Wasser einzuspritzen, wodurch der Wirkungsgrad vermindert wird, oder aber eine nur mäßige Kompression zuzulassen; außerdem müßte die Turbine als einstufige Druckturbine mit Geschwindigkeitsstufen ausgeführt werden.

a) Theorie der Gasturbine für konstante spezifische Wärmen.

Eine auf Grund dieser Annahme entwickelte Theorie kann von vornherein keinen besonderen Genauigkeitsgrad aufweisen. Man ist aber in der Lage, die Vorgänge leicht zu übersehen, und daher soll zunächst dieser Weg beschritten werden. Ein Umstand möge schon an dieser Stelle hervorgehoben werden: Für die Berechnung der verfügbaren Arbeit ist es prinzipiell gleichgültig, ob der Prozeß mit Hülfe einer Kolben- oder Turbomaschine verwirklicht wird. Nur hinsichtlich der Ermittelung der wirklichen Arbeit muß ein Unterschied bestehen, da die Verlustquellen in beiden Maschinengattungen verschiedenartig sind. Die Formeln, die also hinsichtlich der Berechnung der verfügbaren Arbeit aufgestellt werden, gelten ohne weiteres auch für Kolbenmaschinen.

1. Verdichtungslose Explosionsturbine.

Zu dieser Gruppe gehört die von Holzwarth[1]) konstruierte Turbine, die — wenn sie auch noch keinen sehr hohen Wirkungsgrad ergeben hat — in mancher Hinsicht eine beachtenswerte Lösung darstellt. Der Raum, in dem die Verpuffung stattfindet, ist gegen die Turbine durch ein selbsttätiges Ventil abgeschlossen. Erst wenn die Explosion stattgefunden hat, wird durch den erhöhten Druck das Ventil geöffnet, und das Gemisch strömt den Düsen zu. Nachdem die Verbrennungskammer entleert ist, wird sie mit Luft ausgespült, wodurch die Rückstände entfernt werden. Wir haben also auch bei der Gasturbine eine periodische Verpuffung. Der Prozeß wird durch Fig. 81 (p/v-Diagramm) dargestellt. Das Gemisch befindet sich im Zustande p_0, v_0, T_0 in der Verbrennungskammer (Punkt A_0). Nach der Verbrennung wird der Druck auf p_1 erhöht (Punkt A_1), worauf Überströmen des Gemisches aus der Kammer in die Turbine stattfindet. Dabei sinkt der Druck in der Kammer in dem Maße, wie das Gemisch den Düsen der Turbine zugeführt wird. Der Druck

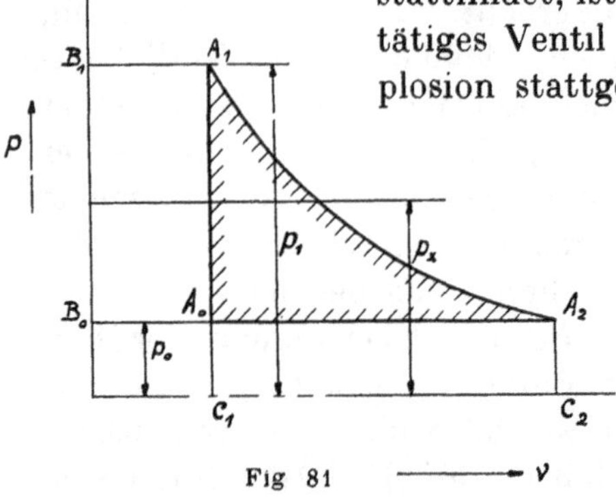

Fig 81

[1]) Vgl. Holzwarth, Die Gasturbine. Oldenbourg 1911. Das Buch bietet trotz thermodynamischer Unstimmigkeiten ein gewisses Interesse.

vor den Düsen ist daher nicht etwa gleich p_1, vielmehr gilt dieser Wert nur unmittelbar nach stattgefundener Explosion, während dann der veränderliche Druck p vor den Düsen herrscht. Dementsprechend ist das verfügbare Gefälle für die Turbine Schwankungen unterworfen, der Vorgang erinnert in mancher Hinsicht an die Arbeitsverhältnisse der Dampfturbine mit Parsonsscher Regelung (vgl. II k). Bei der Holzwarth-Turbine ist eine mäßige Vorkompression vorgesehen, doch möge hiervon zunächst abgesehen werden.

Betrachtet man Fig. 81, so ergibt sich ohne weiteres, daß die verfügbare Arbeit durch die Fläche $A_0 A_1 A_2$ (schraffiert) dargestellt wird, wobei unter $A_1 A_2$ die widerstandsfreie (adiabatische) Expansionslinie zu verstehen ist. Obwohl ein Beweis hierfür eigentlich nicht nötig wäre, möge doch zur Vermeidung irrtümlicher Auffassungen das Energieprinzip herangezogen werden. Vor der Verbrennung wird der Turbine ein Gemisch vom Drucke p_0, dem spezifischen Volumen v_0 und der Temperatur T_0 zugeführt. Diesem Gemisch wohnt eine (innere) Energie u_0 pro kg inne, die, vermehrt um die Arbeit des äußeren Druckes $A\, p_0 v_0$ (in Kal.), der Turbine zugeführt wird. Würde man das Gemisch in einer Bombe — also bei konstantem Volumen — verbrennen lassen, so müßte, damit nach der Verbrennung die Anfangstemperatur wiederhergestellt wird, die Wärmemenge h_v, der Heizwert des Brennstoffes bei unveränderlichem Rauminhalt, entzogen werden, und es wäre

$$h_v = u_0 - u_0^* \quad . \quad . \quad . \quad . \quad . \quad . \quad . \quad . \quad (1),$$

wobei u_0^* die Energie nach der Verbrennung bedeutet.

In Wirklichkeit wird h_v nicht nach außen abgegeben, vielmehr verbleibt h_v zum größten Teile im Gase, so daß nach der Verbrennung das Gemisch den Druck p_1, die Temperatur T_1 und die Energie u_1 aufweist, wobei abgesehen von Verlusten

$$u_1 = u_0^* + h_v \quad . \quad . \quad . \quad . \quad . \quad . \quad . \quad . \quad (2)$$

ist. Es ist ferner

$$h_v = \int_0^1 c_v \, d\, T \quad . \quad . \quad . \quad . \quad . \quad . \quad . \quad . \quad (3).$$

Bei der Integration kann man auch der Veränderlichkeit von c_v Rechnung tragen. Wegen (1) und (2) muß $u_0 = u_1$ sein; denn bei der Verbrennung wird nicht Energie (der Heizwert) von außen zugeführt, vielmehr wird die dem Gemisch bereits innewohnende chemische Energie in Wärme umgesetzt. Für die Darstellung der Prozesse, und zwar sowohl im p/v- als im T/S-Diagramm, kann — wie zuerst

Stodola[1]) gezeigt hat — der wirkliche, nicht umkehrbare Verbrennungsvorgang durch einen gedachten Prozeß ersetzt werden, bei dem der Heizwert wie eine von außen zugeführte Wärme zu behandeln ist. Am Schlusse der Expansion hat das Gemisch eine Energie u_2, die zwecks Aufstellung der Energiegleichung um die Verdrängungsarbeit $A\,p_2\,v_2$ zu vermehren ist. Die verfügbare Arbeit (in Kal.) beträgt, da $p_2 = p_0$ ist:

$$\begin{aligned} A\,L_0 &= (u_0 + A\,p_0 v_0) - (u_2 + A\,p_2 v_2) \\ &= (u_1 + A\,p_0 v_0) - (u_2 + A\,p_2 v_2) \\ &= (u_1 - u_2) - A\,p_0\,(v_2 - v_0) \quad . \quad . \quad . \quad . \quad . \quad . \quad (4). \end{aligned}$$

Für die Adiabate entspricht $u_1 - u_2$ der äußeren Arbeit[2]), also in Fig. 81 der Fläche $C_1 A_1 A_2 C_2$, von der die Fläche $C_1 A_0 A_2 C_2$, entsprechend dem Ausdruck $p_o\,(v_2 - v_o)$, abzuziehen ist. Als verfügbare Arbeit verbleibt demnach Fläche $A_0 A_1 A_2 = L_0$.

Man muß sich hüten, die Berechnung mit Hilfe der Differenz der Wärmeinhalte $i_1 - i_2$ durchzuführen. Die daraus ermittelte Arbeit ist um die Fläche $B_0 B_1 A_1 A_0$ zu groß. Der Grund liegt darin, daß der Wärmeinhalt vor den Düsen veränderlich ist. Will man mit Hilfe des »Wärmeinhaltes« rechnen, so lautet der Ansatz

$$A\,L_0 = \int_0^1 d G\,(i - i_2) \quad . \quad . \quad . \quad . \quad . \quad . \quad (5),$$

wobei i als variabel anzusehen ist. Führt man die Integration durch, so gelangt man wiederum zur Formel (4). Wenn man aus L_0 die ausgenutzte Arbeit L_i berechnen will, so ist zu berücksichtigen, daß der Wirkungsgrad am Radumfang wegen der periodischen Schwankungen des verfügbaren Gefälles veränderlich ist und daß der maßgebende Durchschnittswert des Wirkungsgrades jedenfalls geringer ist als in dem Falle, bei dem das verfügbare Gefälle konstant wäre.

2. Explosionsturbine mit Vorverdichtung.

Das Gasluftgemisch wird zunächst durch einen Kompressor vom Drucke p_1 auf den Druck p_2 gebracht (vgl. Fig. 82). Betrachten wir den reibungsfreien Idealprozeß, so ist hierfür die Arbeit $A L_k = i_2 - i_1$ aufzuwenden, wobei L_k der Fläche $A_1 A_2 B_2 B_1$ entspricht.

---

[1]) Stodola, Z. d. Ver. d. Ing. 1898.

[2]) Wiewohl $u_1 - u_2 = u_0 - u_2$ ist, kann mit $u_0 - u_2$ nicht unmittelbar gerechnet werden, da man die in u_0 enthaltene chemische Energie im Diagramm nicht unmittelbar darstellen kann.

Nun wird der Turbine das Gemisch mit der Energie u_2, vermehrt um die äußere Verdrängungsarbeit $A p_2 v_2$, zugeführt. Daß auch in diesem Falle die Berechnung der Turbinenarbeit mit Hilfe der inneren Energie erfolgen muß, ist darauf zurückzuführen, daß die Verbrennung bei konstantem Volumen stattfindet. Durch die Verbrennung wird der Druck von p_2 auf p_3 erhöht, die Energie ist nach der Verbrennung

$u_3 = u_2 = u_2^* + h_v$, wobei wiederum $h_v = \int_2^3 c_v \, d\,T$ ist.

Die verfügbare Arbeit der Turbine berechnet sich aus:

$$A\,L_t = (u_3 + A\,p_2 v_2) - (u_4 + A\,p_1 v_4) \quad . \quad . \quad . \quad . \quad (6),$$

da die Gase im Zustande p_1, v_4 (Punkt A_4) die Turbine verlassen.

Um den Ausdruck für L im p/v-Diagramm in einfacher Weise darstellen zu können, führen wir nunmehr die Wärmeinhalte ein:

$$i_3 = u_3 + A\,p_3 v_3$$
$$i_4 = u_4 + A\,p_1 v_4.$$

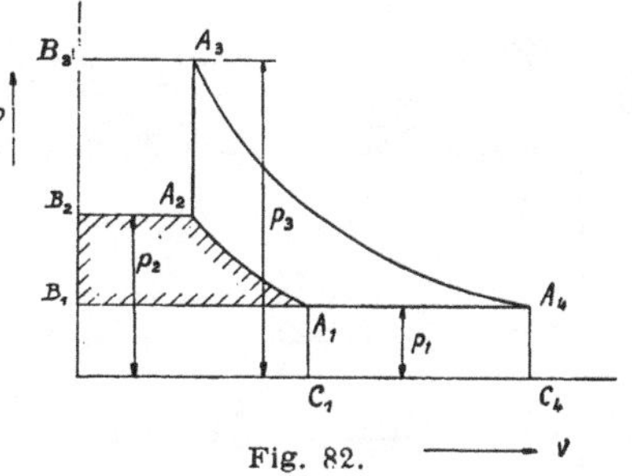

Fig. 82.

Benützt man diese Beziehungen, so erhält man aus (6):

$$A\,L_t = (i_3 - i_4) - A\,(p_3 v_3 - p_2 v_2) \quad (6\,a).$$

Nun entspricht $i_3 - i_4$ der Fläche $B_1 B_3 A_3 A_4$, $p_3 v_3 - p_2 v_2$ der Fläche $B_2 A_2 A_3 B_3$. Die verfügbare Arbeit in der Turbine wird durch die Fläche $B_1 B_2 A_2 A_3 A_4 B_1$ dargestellt. Hiervon ist noch die für die Kompression erforderliche Arbeit abzuziehen, so daß als verfügbare Arbeit Fläche $A_1 A_2 A_3 A_4$ — ebenso wie bei der Kolbenmaschine — verbleibt. Für die Berechnung der wirklichen Arbeit müssen noch die Verluste bei der Expansion und Kompression berücksichtigt werden. Hinsichtlich der ersteren gilt dasselbe wie im vorherigen Abschnitt. Es wird sich empfehlen, bei der Kompression die Endtemperatur durch reichliche Kühlung herabzusetzen.

3. Gleichdruck-Gasturbine.

In dieser wird der Prozeß des Dieselmotors verwirklicht. Fig. 83 stellt den Vorgang im p/v-, Fig. 84 im T/S-Diagramm dar. Die Verbrennung erfolgt bei konstantem Druck, und der Idealprozeß wird durch 2 isobarische und 2 adiabatische Zustandsänderungen gebildet. Der Vorgang kann als Umkehrung desjenigen aufgefaßt werden, der bei Kaltluftmaschinen beschrieben wird. Nimmt man zunächst an, daß die Kompression im Idealfall adiabatisch erfolgt, daß also keine Kühlung vorgesehen wird, so ist

$$A L_k = c_p (T_2 - T_1),$$

worin L_k die Arbeit des Kompressors bedeutet, die der Fläche $A_1 A_2 B_2 B_1$ im p/v-Diagramm entspricht. Nun wird der Turbine ein Gemisch vom Wärmeinhalt i_2 zugeführt und in einer Kammer beim konstanten Druck p_2 verbrannt. Würde es dagegen in einem Kalorimeter (Junkers) verbrannt werden, so müßte, wenn nach der Verbrennung wieder die Anfangstemperatur bestehen sollte, die Wärmemenge h_p, der Heizwert bei konstantem Druck, entzogen werden. Hierbei ist

$$i_3 = i_2^* + h_p,$$

wobei i_2^* den Wärmeinhalt des verbrannten Gases

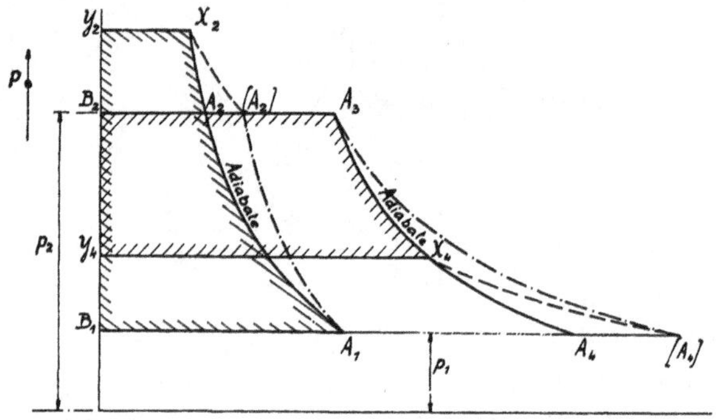

Fig. 83.

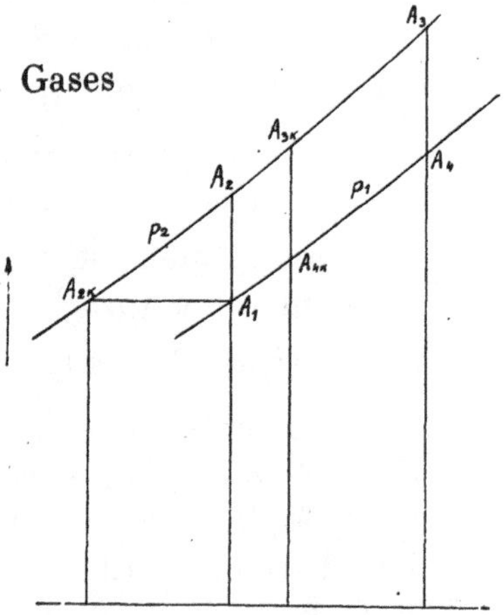

Fig. 84.

im Kalorimeter nach vollzogener Abkühlung bedeutet. Da aber bei der Verbrennung in der Turbine h_p nicht entzogen wird, so ist $i_3 = i_2$.

Die in der Turbine verfügbare Arbeit berechnet sich aus

$$A L_t = i_3 - i_4 = c_p (T_3 - T_4) \quad . \quad . \quad . \quad . \quad . \quad (7).$$

Dabei entspricht L_t der Fläche $B_1 B_2 A_3 A_4$ im p/v-Diagramm. Mit Rücksicht auf die Kompressionsarbeit verbleibt als verfügbare Arbeit $L_t - L_k$, die durch Fläche $A_1 A_2 A_3 A_4$ dargestellt wird.

In Wirklichkeit verlaufen weder Expansion noch Kompression widerstandsfrei. Wenn man die wirklichen Zustandsänderungen im p/v-Diagramm zur Darstellung bringt, so wird die Nutzarbeit der Turbine durch Fläche $Y_4 B_2 A_3 X_4$ — $X_4 [A_4]$ ist eine Kurve konstanten Wärmeinhaltes — und der Arbeitsbedarf des Kompressors durch Fläche $B_1 A_1 X_2 Y_2$ veranschaulicht. Die Differenz beider Flächen entspricht der effektiven Arbeit (ohne Lagerreibung)

$$L_e = \eta_t \cdot L_t - \frac{L_k}{\eta_k} \quad \ldots \ldots \quad (8).$$

Das Verhältnis $\eta_g = \frac{A L_e}{Q_1}$ ergibt den wirtschaftlichen Wirkungsgrad oder Gesamtwirkungsgrad. Q_1 ist der Wärmeaufwand, der in diesem Falle dem Heizwert h_p entspricht.

Zur Verbesserung des Wirkungsgrades muß vor allem eine möglichst isothermische Kompression angestrebt werden, wie Stodola und Baumann[1]) hervorheben. Wie man auch aus der Darstellung im T/S-Diagramm ersieht, erreicht man, wenn die Kompression vollständig isothermisch verläuft, viel geringere Temperaturen. Die Temperatur am Ende der Expansion beträgt T_{4k} statt T_4; für kleine Endtemperaturen ergibt die gekühlte Kompression bessere Wirkungsgrade. Es ist jedoch zu bemerken, daß sich bei zu starker Kühlung der Luft der zugeführte Brennstoff nicht von selbst entzünden kann. Auch mit Hilfe eines Regenerators läßt sich eine Verbesserung des Wirkungsgrades erzielen.[2])

b) Berücksichtigung der Veränderlichkeit der spezifischen Wärmen.

Wenn man die Vorgänge genauer verfolgen will, genügt die auf der Annahme konstanter spezifischer Wärme beruhende Rechnung nicht. Glücklicherweise besitzen wir in dem von Stodola herrührenden Entropiediagramm ein Hilfsmittel, um die Berechnung in ebenso einfacher wie übersichtlicher Weise durchzuführen. Hierbei werden die Rechnungen nicht auf 1 kg, sondern auf 1 Mol bezogen. Das Mol ist diejenige Mengeneinheit eines Stoffes, dessen Gewicht in kg gleich der Zahl ist, die das Molekulargewicht angibt. So entspricht 1 Mol O_2 32 kg Sauerstoff, 1 Mol CO_2 44 kg Kohlensäure. Da die Rechnung mit Hülfe der Mole mitunter Schwierigkeiten verursacht, möge der physikalische Zusammenhang näher erläutert werden.

Die Zustandsgleichung der Gase lautet bekanntlich:

$$p v = R T, \text{ bzw. } p V = G R T \quad \ldots \ldots \quad (9).$$

[1]) Baumann, Z. f. d. ges. Turb. 1905, 1906.

[2]) Vgl. auch Langer, Stahl und Eisen 1911, Nr. 42. In dieser Abhandlung werden u. a. die Gesamtwirkungsgrade des Gasturbinen-Aggregates in Abhängigkeit vom Turbinenwirkungsgrad dargestellt.

Nun gilt für vollkommene Gase, wenn m das Molekulargewicht ist,

$$m R = \mathfrak{R} = 848 \quad \ldots \ldots \quad (10),$$

d. h. das Produkt aus Gaskonstante und Molekulargewicht ist für alle Gase eine konstante Größe.

Wenn man R aus (10) in (9) einführt, so erhält man:

$$p V = G \frac{\mathfrak{R}}{m} T \quad \ldots \ldots \quad (9a).$$

Nun setze man das Verhältnis

$$\frac{G}{m} = n \quad \ldots \ldots \quad (11),$$

wobei n die Anzahl der Mole[1]) bedeutet.

Demnach wird:

$$p V = \mathfrak{R} n T \quad \ldots \ldots \quad (9b).$$

Man kann in einfacher Weise die Beziehung zwischen 1 Mol und 1 Normalkubikmeter (N-cbm), d. i. eines cbm bei 1 Atm. und 15° C aufstellen, und es ergibt sich aus (9a)

$$10000 \cdot 1 = \gamma \frac{\mathfrak{R}}{m} \cdot 288,$$

wobei unter γ das spezifische Gewicht, also das Gewicht von 1 N-cbm zu verstehen ist.

Man erhält

$$\gamma = \frac{m}{24{,}4} \quad \ldots \ldots \quad (12).$$

Da nun wegen (11):

$$G = m \cdot n = V \cdot \gamma$$

ist, so ist im Hinblick auf (12)

$$V = 24{,}4\, n \quad \ldots \ldots \quad (12a),$$

d. h. die Anzahl der cbm ist 24,4 mal so groß wie die Anzahl der Mole. Das Mol entspricht daher 24,4 N-cbm.[2])

Es besteht stets Proportionalität zwischen spezifischem Gewicht und Molekulargewicht einerseits, zwischen Raumteilen und Anzahl

---

[1]) Die »Mole« sind nicht identisch mit den »Molekülen«; vielmehr ist das »Mol« oder »Kilogramm-Molekül« eine in gewisser Hinsicht willkürliche Einheit; vgl. Planck (a. a. O.) S. 24.

[2]) Stodola sieht als Normaldruck ebenfalls 1 Atm., als Normaltemperatur hingegen 0° C an; damit wird 1 Mol gleich 23,1 N-cbm. Diese Darstellung entspricht im wesentlichen den Ausführungen von Prof. Mollier.

der Mole anderseits. Setzt man $m v = \mathfrak{V}$, wobei $\mathfrak{V} = 24{,}4$ bei 1 Atm. und 15⁰ C ist, so schreibt sich auch die Zustandsgleichung:

$$p \mathfrak{V} = \mathfrak{R} T \quad \ldots \ldots \ldots \quad (9c).$$

Zumeist begnügt man sich, die spezifischen Wärmen in linearer Abhängigkeit von der Temperatur darzustellen:

$$c_v = \alpha + \beta T, \quad c_p = c_v + A R,$$

bezogen auf 1 kg, bzw.

$$\mathfrak{C}_v = m c_v = a_v + b T, \quad \mathfrak{C}_p = \mathfrak{C}_v + A \mathfrak{R},$$

bezogen auf 1 Mol.

Da $A \mathfrak{R} \backsim 2$ ist, so setzt man auch $\mathfrak{C}_p = \mathfrak{C}_v + 2$. Durch Einführung der Beziehungen für $\mathfrak{C}_v$ und $\mathfrak{C}_p$ in die Wärmegleichung erhält man folgende Gleichungen:

$$\mathfrak{S} = a_v \lg_n \left(\frac{T}{T_0}\right) + b\,(T - T_0) + A \mathfrak{R} \lg_n \left(\frac{\mathfrak{V}}{\mathfrak{V}_0}\right) \quad \ldots \quad (13)$$

$$\mathfrak{S} = (a_v + A \mathfrak{R}) \lg_n \left(\frac{T}{T_0}\right) + b\,(T - T_0) - A \mathfrak{R} \lg_n \left(\frac{p}{p_0}\right). \quad (13a).$$

Dabei ist $\mathfrak{S} = m s$ die Entropie, bezogen auf 1 Mol.

Nach Langen ist

$$\mathfrak{C}_v = 4{,}47 + 0{,}0012\ T.$$

Dies gilt für H_2, O_2, N_2, CO. Für Wasserdampf und Kohlensäure reicht, wie Pier experimentell nachgewiesen hat, die lineare Beziehung nicht aus. Die Stodolasche Entropietafel ist ein $T/\mathfrak{S}$-Diagramm (bezogen auf 1 Mol), bei der dieAdiabaten eine im allgemeinen geneigte Lage aufweisen (Fig. 85). Die Neigung hängt von dem Werte von b ab. So entspricht die Richtung $O O'$ dem Werte $b = 0$; für jeden anderen Wert von b muß zuerst die Richtung $O O_b$ ermittelt werden, worauf die Adiabaten stets parallel zu ihr anzunehmen sind. Sonst haben die Flächen dieselbe Bedeutung wie in jedem Wärmediagramm.

Um sich das mühevolle Planimetrieren zu ersparen, hat Stodola außerdem die Werte der Energie und des Wärmeinhaltes — bezogen auf 1 Mol — in Abhängigkeit von der Temperatur noch besonders aufgetragen; dies ergibt die Wärmekurve. Dabei ist $\mathfrak{W}_v = m u$, $\mathfrak{W}_p = m i$, mithin $\mathfrak{W}_p - \mathfrak{W}_v = m\,(i - u) = m \cdot A\, p\, v = A\, p\, \mathfrak{V}$, oder, da $p \mathfrak{V} = \mathfrak{R}\, T$, so ist $\mathfrak{W}_p - \mathfrak{W}_v = A\, \mathfrak{R}\,(T - T_0)$. In neuester Zeit[1])

[1]) Stodola, Z. d. Ver. d. Ing. 1912, S. 1008.

hat Stodola eine Gasentropietafel für die ganz neuen Werte der spezifischen Wärme entworfen.

Stellt man sich in Fig. 85 vor, daß die Expansion in einer Gleichdruckgasturbine vom Anfangsdrucke p_2 bis zum Enddrucke p_1 erfolgt, so entspricht das »verfügbare Gefälle« für die ideelle Expansion $\mathfrak{A}_3 \mathfrak{A}_4'$ der Fläche $\mathfrak{M}' \mathfrak{P}' \mathfrak{A}_3 \mathfrak{E}_3$. Bei der wirklichen Expansion $\mathfrak{A}_3 \mathfrak{A}_4$ wird das »innere« Gefälle ausgenützt, das der Fläche $\mathfrak{M} \mathfrak{P} \mathfrak{A}_3 \mathfrak{E}_3$ entspricht. Das Verhältnis beider Flächen ergibt den »inneren Wirkungsgrad« η_i

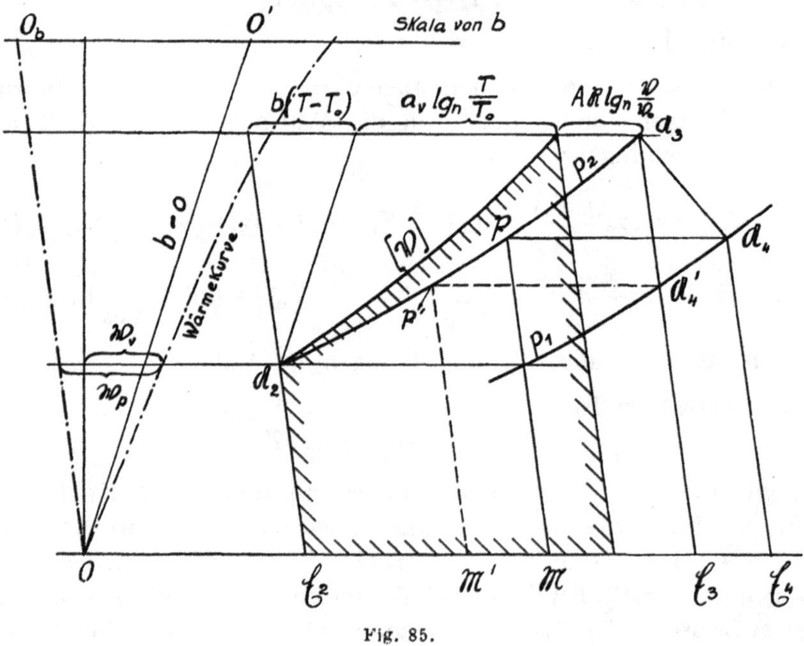

Fig. 85.

für die Turbine allein. Wenn die Verbrennung in $\mathfrak{A}_2$ beginnt, so entspricht die Fläche $\mathfrak{E}_2 \mathfrak{A}_2 \mathfrak{A}_3 \mathfrak{E}_3$ der pro Mol zugeführten Wärmemenge. Für die Verbrennung bei konstantem Volumen käme hingegen die schraffierte Fläche in Frage. Für die zahlenmäßige Berechnung sind noch eine Reihe von Faktoren zu berücksichtigen, so z. B. die Wärmeabgabe an die Wandung beim Verbrennungsvorgange. Da hierüber geringe Erfahrungen vorliegen und die bisher zugänglichen zu einer einwandfreien Beurteilung nicht ausreichen, möge an dieser Stelle von einem Zahlenbeispiel abgesehen werden.

Bemerkungen zu den Bezeichnungen.

Es bedeuten:

G_{sk} die sekundlich durchströmende Gewichtsmenge des Mediums in kg,
L die »Arbeit« bzw. »Leistung« für 1 kg des arbeitenden Mediums (bezogen auf 1 kg decken sich die Begriffe »Arbeit« und »Leistung«),
L_a die »äußere Arbeit« für 1 kg,
L_t die »technische Arbeit« für 1 kg,
N die Leistung in PS oder in KW,
M die Masse,
$\mathfrak{M}$ das Drehmoment,
ω die Winkelgeschwindigkeit,
n die Drehzahl,
p den Druck (kg/m²),
T die absolute Temperatur,
V das Volumen (m³),
v das spezifische Volumen (m³/kg),
S die Entropie,
u die innere Energie für 1 kg,
i den Wärmeinhalt für 1 kg,
H, h das Wärmegefälle,
$K, \mathfrak{K}$ das spezifische Gefälle,
Z die Stufenzahl.

Für die Strömung durch das Laufrad bedeuten:

u die Umfangsgeschwindigkeit,
c die absolute Geschwindigkeit,
w die relative Geschwindigkeit.
Der Zeiger 1 bezieht sich auf den Eintritt,
der Zeiger 2 auf den Austritt.

www.ingramcontent.com/pod-product-compliance
Lightning Source LLC
Chambersburg PA
CBHW081557190326
41458CB00015B/5639

* 9 7 8 3 4 8 6 7 4 1 6 1 2 *